高等职业教育教材

西餐宴会

主　　编　许　磊
主　　审　茅建民
副 主 编　陆　静　阮雁春
参编人员　冯小兰　孙建芳　谢海玲　许文广
总　　纂　赵佳佳

中国轻工业出版社

图书在版编目（CIP）数据

西餐宴会/许磊主编. —北京：中国轻工业出版社，2022.7

高等职业教育教材

ISBN 978-7-5019-9354-3

Ⅰ. ①西… Ⅱ. ①许… Ⅲ. ①西式菜肴－高等职业教育－教材 Ⅳ. ①TS972.188

中国版本图书馆 CIP 数据核字（2013）第 154090 号

责任编辑：史祖福　秦　功

策划编辑：史祖福　　责任终审：滕炎福　　封面设计：锋尚设计

版式设计：王培燕　　责任校对：燕　杰　　责任监印：张　可

出版发行：中国轻工业出版社（北京东长安街 6 号，邮编：100740）

印　　刷：三河市万龙印装有限公司

经　　销：各地新华书店

版　　次：2022 年 7 月第 1 版第 5 次印刷

开　　本：787×1092　1/16　　印张：13.75

字　　数：317 千字

书　　号：ISBN 978-7-5019-9354-3　　　　定价：32.00 元

邮购电话：010-65241695

发行电话：010-85119835　传真：85113293

网　　址：http://www.chlip.com.cn

Email：club@chlip.com.cn

如发现图书残缺请与我社邮购联系调换

220982J2C105ZBW

前　　言

近几年，餐饮行业不断发展。据国家统计局统计：2010 年，全国餐饮业收入 17636 亿元，社会需要越来越多的餐饮一线从业者，并且对他们的专业素养和技术水平提出了更高的要求。作为高素质、高技能人才的主要培训途径，烹饪专业职业教育的重要性更加明显。各院校都在紧锣密鼓地进行课程改革，努力提高教学质量，与此同时，相关教材的开发则是推进课程改革的重要保障。

本教材是在传统的西餐宴会课程基础上的放大和拓展。西餐宴会是一门专业基础课，理论性较强。本教材则是西餐宴会知识、菜单设计和宴会菜品制作的综合体，是对宴会知识、宴会菜肴和具体操作步骤的介绍，是检验宴会菜肴整体构思、烹调工艺与菜品制作水平的试金石。作为一个专业烹调师，能够做出工艺精湛，构思、创意紧扣主题内容，深受消费者欢迎的宴会，不是一蹴而就的事，而是需要以熟练的烹饪技术为前提，良好的科学文化知识为基础，继承传统文化中的精华，面对现实，着眼未来，将人文与科学结合起来进行创造性的工作。

本教材的编写历时半年完成，由江苏省扬州商务高等职业学校的许磊担当主编，茅建民担任主审，陆静、阮雁春担任副主编，孙建芳、冯小兰、许文广、谢海玲、赵佳佳五位老师参与编写。在教材编写过程中，编者走访了许多企业的专家、社会学者，参阅了很多烹饪类教材和书籍，在这里不一一列出，谨表示衷心的感谢！

由于水平所限，本教材的编写可能存在不足之处，望广大读者批评斧正。

编者

2013. 5

目　录

项目一　绪　论

项目二　西餐宴会种类

项目三　西餐宴会服务

项目四　西餐宴会礼仪

项目五　西餐宴会酒水服务

项目六　西餐宴会菜点、菜单设计与制作

项目一　绪　　论

引言：西餐宴会是按照西方国家的礼仪习俗举办的宴会。其特点是遵循西方的饮食习惯，采取分食制，以西餐为主，用西式餐具，行西方礼节，遵从西方习俗，讲究酒水与菜肴的搭配，其布局、台面布置和服务都有鲜明的西方特色，突出西方的民族文化传统。

重点提示：

1. 西餐宴会的形式与特点
2. 西餐宴会的历史
3. 西餐宴会厨房

教师导学：教师借助图片、影像资料向学生介绍西餐宴会的主要形式与特点、接待与宴请的基本礼仪以及西餐宴会的发展历史，使学生对西餐宴会形成基本的了解；通过西餐宴会厨房的实地参观，增加学生的感性认识。

任务一　西餐宴会概述

由于举办宴会的目的、宴请的对象、人数的不同，西餐宴会的形式也有所差异。

一、西餐宴会的主要形式

1. 正式宴会

正式宴会通常是政府和团体等有关部门为欢迎应邀来访的宾客或来访的宾客为答谢主人而举行的宴会。这种宴会适宜招待规格较高、人数不是很多的客人。由于不同国家和民族的生活习惯不同，在菜点内容的安排上也有所不同。正式宴会有时要安排乐队奏席间乐，宾主按身份排位就座。许多西方国家的正式宴会十分讲究排场，在请柬上注明对客人服饰的要求。从服饰规定上来体现宴会的隆重程度，这是西餐宴会较突出的方面。另外，对餐具、酒水、菜肴道数、陈设以及服务员的装束、仪态都有严格的要求。

2. 冷餐酒会

冷餐酒会的特点是不排席位，既可在室内、院里，又可在花园里举行。菜点的品种丰富多彩，以冷食为主，可上热菜。菜肴提前摆在食品台上，酒水陈放在桌上，供客人自取，宾客可自由活动，多次取食，亦可由服务员端送。可设小桌、椅子，供宾客自由入座，也可以不设座位，站立进餐。根据宾主双方的身份，冷餐酒会的规格和隆重程度可高可低，举办时间一般在中午 12 时至下午 2 时或下午 6 时至 8 时。这种形式多为政府部门或企业界举行人数众多的盛大庆祝会、欢迎会、开业典礼等活动所采用。

3. 鸡尾酒会

鸡尾酒会是具有欧美传统的集会交往形式。鸡尾酒会以酒水为主，略备小吃食品，形式较轻松，一般不设座位，没有主宾席，个人可随意走动，便于广泛接触交谈。食品主要是三明治、点心、小串烧、炸薯片等，宾客用牙签取食。鸡尾酒和小吃由服务员用托盘端上，或部分置于小桌上。酒会举行的时间较为灵活，中午、下午、晚上均可，可作为晚上举行大型宴会的前奏活动；或结合记者招待会、新闻发布会、签字仪式等活动举办。请柬往往注明整个活动延续的时间，宾客可在其间任何时候到达或退席，来去自由，不受约束。鸡尾酒会以饮为主，以吃为辅，除饮用各种鸡尾酒外，还备有其他饮料，但一般不上烈性酒。

二、西餐宴会的主要特点

1．西餐宴会是一种重要的交际形式

国际交流、政府、社会团体、单位、公司或个人之间进行交往，经常运用宴会这种交际方式来表示欢迎、答谢、庆贺。人们也常在品佳肴琼浆、促膝谈心、交朋友的过程中疏通关系，增进了解，加深情谊，解决一些其他场合不容易或不便于解决的问题，从而实现社交的目的。

2．西餐宴会讲究规格和气氛

西餐宴会一般要求格调高，有气氛、排场，服务工作周到细致。它对菜品的要求较高，对台面设计、环境布置、灯光、音响、前台、后台工作等都十分讲究，要求宴会部技术人员通力合作才能保证宴会成功，并要始终保持宴会祥和、欢快、轻松的旋律，给人以美的享受。

3．西餐宴会是用酒菜款待聚到一起的众多来宾

赴宴者通常由四种身份的人组成，即主宾、随从、陪客与主人。其中，主宾是宴会的中心人物，常安排在最显要的位置就座，宴会中的一切活动都要围绕他进行；随从是主宾带来的客人，伴随主宾，烘云托月，其地位仅次于主宾；陪客是主人请来陪伴客人的，有半个主人的身份，起着积极的作用；主人即办宴的东道主，宴会要听从他的调度与安排，以达到他的宴请目的。

4．西餐宴会注重接待礼仪

西餐宴会礼仪是西方国家赴宴者之间互相尊重的一种礼节仪式，也是西方国家人民出于交往的目的而形成的为大家共同遵守的习俗，其内容广泛，如要求酒菜丰盛，仪典庄重，场面宏大，气氛热烈；讲究仪容的修饰、衣冠的整洁、表情的谦恭、谈吐的文雅、气氛的融洽以及餐室的布置、台面的点缀、上菜的程序等。重大国宴、专宴除了注意上述种种问题之外，还要考虑因时配菜、因需配菜，尊重宾主的民族习惯、宗教信仰、身体素质和嗜好忌讳等。

三、西餐主题宴会

一般说来，西餐宴会都有特定的主题，如国际友好往来、庆贺新婚、生日、宾朋团聚、各种庆典活动等，这类西餐宴会往往有着明确的目的和意义，整个西餐宴会都围绕主题进行。典型的主题宴会有以下几种。

1．国宴

国宴是国家元首或政府首脑为国家庆典或为欢迎外国元首、政府首脑而举行的正式宴会。这种宴会规格最高，不仅有国家元首或政府首脑主持，还有国家其他领导人和有关部门的负责人以及各界名流出席，有时还邀请各国使团的负责人及各方面人士参加。国宴厅内悬挂国旗，安排乐队演奏两国国歌及席间乐，席间有致辞或祝酒。国宴的礼仪特别隆

重，要求特别严格，安排特别细致周到。西餐宴会厅布置体现庄重、热烈的气氛。

2. 喜庆婚宴

婚宴是西方人在举行婚礼时，为宴请前来祝贺的宾朋和庆祝婚姻美满幸福而举办的喜庆宴会。主办者对婚宴的要求很高，要求提供精美的食物及最佳的服务。

3. 生日宴会

生日宴会是西方人为纪念出生日而举办的宴会。生日宴会一般以老年人居多，老年人喜人多、热闹，现在为小孩过生日而举办的宴会也日益增多。生日宴会要配上生日奶油蛋糕，庆祝生日的程序包括点蜡烛、吹蜡烛、唱生日歌、切蛋糕等。

4. 纪念宴会

纪念宴会是指为纪念某人、某事或某物而举办的宴会，要求有一种纪念、回顾的气氛。因此在西餐宴会布置时有特殊要求：要有突出纪念对象的标志；西餐宴会厅里悬挂纪念对象的照片、文字或实物；在纪念宴会上可能有较多的讲话或其他活动，需及早准备，并相应地做好服务工作。

5. 商务宴会

商务宴会在西餐宴会中占有一定比例。商务宴会要求西餐厅为他们提供增进友谊、联络感情的宴请和业务洽谈、协议签约、资料信息交流的工作条件。西方国家商务宴会有的是事先预定，有的是临时决定，消费水准以中上等为多。西方商务宴会有以下要求：在预定时要了解洽谈双方的特点和爱好；在设计时，布置一些双方共同爱好的东西，表现双方的友谊，使协商、洽谈在良好的环境中进行；在宴会进行过程中，宾客双方往往边谈边吃，服务人员要及时与厨房联系，控制好上菜节奏。

6. 庆典宴会

庆典宴会是西方国家社会团体为庆贺各种典礼活动而举办的各种宴会，如毕业典礼、庆功宴会、颁奖宴会等。这类宴会的主要特点是宴会规模大，气氛热烈；事先要做充分准备，服务程序以简洁为主；宴会突出庆贺的主题，往往在开宴前进行简短的致贺词；在开宴过程中，人们互相举杯庆贺。

四、西餐宴会的内容

西餐宴会通常分三个阶段。

第一阶段：晚上 6 时至 8 时为宴会的前奏，进行鸡尾酒会，主要由小吃、小点、鸡尾酒、饮料所组成。就餐方式有自助台，客人可以自取，也可由服务员分派。就餐氛围比较宽松，以相互介绍认识为主。主办场地通常可在花园、中厅等地方举行，但此时是不能进入主宴会厅的。

第二阶段：晚上 8 时至 11 时，此时为正餐时间。古典式西餐宴会菜的道数较多，如今已大大减少，有 3 ~ 4 道也就足够了。

一般西餐宴会的菜单如下。

（1）古典传统宴会菜单　冷盆，通常是一种原料为主，然后加一些配菜，装在7寸盆内；汤，有清、浓、冷、热之分；热头盆，即热的开胃菜，可以是小虾、蜗牛等；鱼，俗称小盆，也可是野味类；主菜，猪、牛、羊、禽类，装在10寸盆内；烧肉、冷烧肉，为两道主菜中间的开胃菜；烧烤肉，即烤牛肉，为两道主菜之一；碎冰果汁，用果汁或香槟酒做成的开胃冰霜；沙律，即素生菜，在两道主菜中间上，起清口作用；蔬菜，热主菜的配菜；甜品，甜的西式点心，有冷热之分，或是冰激凌、巧克力、奶酪等；水果；咖啡；红茶。

（2）现代西餐宴会菜单　冷盆跟干雪利酒；汤跟雪利酒；热头盆跟白葡萄酒，如果是野味，则跟玫瑰酒；主菜肉跟红葡萄酒；沙律、甜品跟钵酒；水果、咖啡、红茶跟白兰地。

西餐宴会有时更简单，菜的道数更少。例如，2002年10月26日墨西哥总统福克斯款待参加APEC会议的各国领导人的宴会，首先是鸡尾酒会，各位领导人可以品尝白葡萄酒或红葡萄酒，墨西哥特有的龙舌兰酒或用龙舌兰酒调制的各种鸡尾酒，享受几种非常有特色的墨西哥风味小吃，如鸡肉卷（玉米面饼卷鸡肉）、托斯塔达（玉米小脆饼上加蔬菜丝、奶酪和辣椒汁的一种食品）、克萨迪拉斯（一种用油炸的玉米饼加奶酪或南瓜花等蔬菜类）等。正式宴会开始，第一道菜为棕榈嫩芽汤，第二道为韦腊克鲁斯风味的瓦奇南科鱼（一种海鱼，外表为红色，鱼做熟后，浇上用西红柿、葱头等炒成的汁，为墨西哥韦腊克鲁斯州的一道名菜），第三道是浇巧克力汁加椰丝、芒果丁的冰激凌。

第三阶段：餐后酒会部分，此时可以在会客室进行，也可在餐桌边进行。一般男女分开，男宾们谈生意、谈政治；女宾们谈家常。此时主要提供咖啡、红茶、立娇酒、巧克力等。此阶段酒会有时也是举行舞会的时间。

五、西餐宴请的特点和程序

1．西餐宴请的特点

西餐宴请是指宴请时的菜点饮品以西式菜品和西洋酒水为主，使用西餐餐具，提供西式服务和礼仪服务。其基本特点如下。

（1）宴席菜点以欧美菜式为主，饮品使用西洋酒水。西餐酒类较多，不同的酒适用不同的酒局，并与不同的菜肴相搭配。

（2）宴席餐具用品、厅堂风格、环境布局、台面设计、音乐伴餐等均突出西洋格调，如使用刀、叉等西式餐具，餐桌为长方形等。

（3）西餐采用分餐制，各点各的菜，想吃什么点什么。上菜后，人各一盘，各吃各的，各自随意添加调料，一道菜吃完后再吃第二道菜，前后两道菜绝不混吃。按西餐进行习惯应当右手拿刀，左手持叉，由左手将食品送入口中。不同形状、不同大小、不同规格的刀叉为不同食品的餐具。

（4）西餐宴席菜肴通常包括开胃品、汤、主菜、甜食等四大类。西餐的上菜顺序与中餐不同，按照冰水、开胃菜、汤、海鲜、肉食、主菜、甜食、水果、咖啡、红茶的顺序进行。

（5）宴席服务程序和礼仪都有严格要求，进餐讲究文雅而有风度。席间不宜大声谈笑，进餐时尽量不发出声响。

（6）宴席形式多样，西餐宴席根据菜式与服务方式的不同，又可分为法式宴席、俄式宴席、英式宴席和美式宴席等。

2. 西餐宴请接待程序

在西餐厅请客吃饭，从预约到结账，都必须依各式各样的礼仪程序来进行。

（1）预约　事先预约，不论对提供服务的一方还是对享用餐点的一方来说，都能够让用餐进行得更加顺畅，所以一定要养成预约的好习惯；还要考虑宴席规模的大小，根据主宾的情况，列出陪同客人的名单，发出宴席请柬；被邀者赴宴前，应根据请柬要求着便装或礼服。

（2）到达　如果你作为主人，在西餐厅请客的话，按规矩你应提前到达餐厅，以便迎接客人。特别是，如果餐厅对于客人来讲是一家新店，他还不熟悉，让他（或她）等未免显得有些不懂礼貌。

正式宴会上，由一位男服务员站在大门口迎接客人，并帮助客人脱外衣。男、女主人则在大厅里迎接客人，微笑握手表示欢迎。

在客人到达时，要热情迎接。打招呼时应该遵循女士优先的原则。如有多名女士，问候应从年长的女士开始。一般伸出右手递给对方，握手要真诚实在，以表你的真心实意。进入餐厅时，男士应先开门，请女士进入。如果有服务员带位，也应请女士走在前面。入座、餐点端来时，都应让女士优先。就算是团体活动，也别忘了让女士们走在前面。因为餐厅已属于外界天地，陌生地带，这种情况，男人应尽力保护女人，对她或她们的安全和舒适负责，所以，男人在这种场合，应给女士引路，以显绅士风度。如果有订桌的话，在踏入餐厅时，告知你的姓名和预订的时间，领位会引导你们到你的订桌。如没有订桌的话，最好也是由男士来询问餐桌，女士在此不必太主动。

（3）入席　进入饭店，先不要着急找座位坐下。西方人在这种场合一般都要各处周旋，待主人为自己介绍其他客人。此时你可以从服务员送来的酒和其他饮料里面选一杯合适的，边喝边和其他人聊天。等到餐厅门打开，男主人和女主人会带着大家走进餐厅，女主人和男主宾应该走在最后，但如果男主宾是某位大人物，女主人和他也许会走在最前面。

西餐入席的规矩十分讲究，席位一般早已安排好，这时，和你同来的先生或女士绝不会被安排坐在你身边。欧美人认为熟人聊天的机会多得很，要趁此机会多交朋友。男女主人分别坐在长方形桌子的上、下方，女主人的右边是男主宾，男主人的右边是女主宾。其他客人的坐法是男女相间。男士在上桌之前要帮右边的女士拉开椅子，待女士坐稳后自己再入座。

最得体的入座方式是从左侧入座。进入餐厅后，应由服务员带领并从椅子的左方入座，不要自行就座。帮助女士安置座位是男士体现绅士风度的另一个小细节。在女士站在

桌子和椅子之间的一瞬间，男士可把椅子适当向后拉一下，以便女士靠近桌子，然后再向前推进，直至女士有个安稳舒适的位置坐定为止。

（4）就餐　在点完餐后，第一道菜尚未上桌之前，请先将餐巾展开，然后将餐巾对折或是折三折，折痕对向自己放于膝盖。除了起身离开桌子，餐巾始终是在腿上，不应该放在桌子盘碟下面。

吃饭的时候不要把全部精力都放在胃的享受上，要多和左右的人交谈。甜品用完之后，如果咖啡没有出现，那可能是等会请你去客厅喝。总之，看到女主人把餐巾放在桌子上站起来后，你就可以放下餐巾离开座位。这时，懂礼貌的男士又要站起帮女士拉开椅子。

六、西方国家的宴请礼仪

不同的国家、不同的民族，有不同的商务宴请礼仪。比如，法国商人视宴客为工作场所活动的一部分，美国商人因工作需要，过了吃饭时间才会请吃快餐和晚餐。一般来说，在美国商务午餐比较多，商务晚餐很少。德国商人一般不宴客，除非有重要的合约，因为他们不愿意浪费时间。了解并掌握不同国家的商务宴请礼仪，对每个涉外工作人员来说都是很重要的。

1. 美国

美国人请客吃饭，属公务交往性质的，多安排在饭店、俱乐部进行，由所在公司支付费用，关系密切的亲朋好友才邀请到家中赴宴。

美国人不喜欢大摆宴席，倒是喜欢借早餐、午餐之机，边进餐边谈工作，讨论业务，称为“商务早餐”或“商务午餐”。美国总统就常和国会领导一起共进早餐，以了解他所提出的法案完成立法手续的前景。

在美国，商务午餐很普及，时间也很紧凑，一般在中午11∶30左右开始，午餐时一般不喝酒。

当美国人请你去做客时，一定要给人明确回复并记清时间、地点，不可错过，若突然有事去不了，一定要打电话说明原因，好让主人早做准备。一般赴宴需准时到达，或者在约定时间的5分钟前后到达。

一般受邀参加宴会，并不需要特别携带礼物。但是如果受邀到家里做客，则最好带一点小礼物，如鲜花、酒或糖果，送给女主人，表示感谢。至于圣诞晚宴，是一定要准备礼物的。在美国，圣诞节时交换礼物是一种很平常的习俗，就像中国人过年收红包一样。如果收别人礼物而未准备与主人交换的礼物，将会很失礼。

2. 法国

对法国人来说，吃饭是做生意的开幕式，他们很重视选择适当的饭店和菜式，以此来表达对客人的尊重和诚意。

法国人把工作餐看得很重要。所以，在开始谈生意之前，要明白是和一个什么样的人做生意，最好的办法就是吃工作餐，脱离正式的工作环境，来到一个轻松的环境。有一个统计，法国人工作餐的平均时间是124分钟，而美国人的工作餐平均时间是67分钟。法国人与新客户的工作餐可以维持3个小时，而晚宴在下班后可能持续更长时间。

在法国，商务宴请的另一种形式是公司酒会。这种公司酒会有时候仅限于职员参加；有时候则由每个职员另带一位客人，这位客人可以是妻子或丈夫，也可以是其他人。在公司酒会上，上级对下属可以随意、亲昵一些，但是作为职员不要忘形而表现得对上司过于随便。在有来宾的酒会上，作为来宾的妻子或丈夫，与公司老板谈话时要注意，不要抱怨自己的妻子或丈夫工作太忙、收入太少，或透露家庭困难。任何秘书都不要纠正上司所讲的事情，即使那是不真实的，来宾也不要传播闲言碎语。

一般而言，商务宴请多在下列场合邀请配偶：外地的商业客人携配偶来访；曾和配偶一同参加宴请后回请对方；商业中的社交宴会，比如公司酒会等；商业交往中宴请个人朋友等。

商务宴请一般不需要像社交请客那样一一回请。比如同上司一同出差，上司请了下属，下属不必回请上司。公司中下属一般不能邀请上司外出吃饭；如果上司请下属到家中吃饭，则可以回请上司，邀请应以书面的形式向上司及其配偶发出，男性下属应由妻子写邀请函。

3. 英国

英国商人一般不喜欢邀请客人至家中饮宴，聚会大都在酒店、饭店进行。在英国，不流行邀对方在早餐时谈生意。午餐和晚餐是业务宴客中的两种最普遍形式，与正常的社交惯例有两种主要区别，一是完全为了“谈业务”，二是由于资辈次序不同而可以不按常规排列席位。同时，即使有妇女参加，通常也为数极少。重大的宴请活动，大都放在晚餐时进行。

假如没有女主人的话，主宾应坐在主人的右边，第二位重要客人则应坐在左边。业务上所居的地位优先于社会地位，一个高级负责人所坐的席位应优先于下级负责人，即使这个下级是一个伯爵。但有时席位的先后可全都不考虑，人们往往坐在最需要和他们谈话的人旁边，或者公司职员与来宾相间就座。在正式的宴会上，一般不准吸烟。进餐吸烟，被视为失礼。

英国商人的饮宴，从某种意义上说，以简朴为主，他们讨厌浪费的人。比如，要泡茶请客，如果客人有三位，一定只烧三份的水。英国人对饮茶十分讲究，各阶层的人都喜欢饮茶，尤其是妇女嗜茶成癖。英国人还有饮下午茶的习惯，即在下午3~4点钟的时候，放下手中的工作，喝一杯红茶，有时也吃块点心，休息一刻钟，称为“茶休”。主人常邀请你共同喝下午茶，遇到这种情况，大可不必推却。

4. 德国

德国人很少邀请同事或业务上的客人去家中吃饭，因此一旦受邀，应当视为一种荣誉，一定要接受邀请，并得体、准时到达，还要为女主人带一束鲜花，而且送前要打开包装。但不要送带有浪漫色彩的红玫瑰，也不要送十三之数或偶数的花。

若是小型的私人晚宴，有时贴心的主人也会特别发函邀请，宴请的方式在这张邀请卡上多半会注明清楚，到底是派对式的热闹场面，还是正式的晚宴，是否需要帮忙准备餐点等细节，如还有不太清楚的地方，不妨直接询问主人。一旦事先了解了宴请的种类与方式，在参加宴请时，也就不用担心会失礼了。

如果主人是位女性，而且又是在饭店里宴请客人，作为女主人应当注意避免男宾尴尬，因为西方商业传统上是男人的天下，尽管妇女担任高级经理人员的数量逐渐增多，许多男士仍不习惯由女士支付账单。如果只有一两位客人，可以选择在办公室里宴客。在餐厅宴客，女主人应该在请柬上或在用餐一开始就向客人清楚说明他们是公司的客人，而不是她个人的客人。最好事先安排把账单送到办公室，或者事先与餐厅的负责人讲清，她是请客的主人。当男客人进来时，她不必站起来。

作为主人，应当选酒，但是由于男宾一般习惯了自己选酒，所以可以先征求一下他的意见。如果他随意点了菜，那女主人就应该毫无意见地同意。如果餐后客人要付账，她应该坚持说，一切都安排好了，并把话题转开。作为男宾，应该把女主人当作男子来对待。但是，宴席结束后，男宾还要帮助女主人穿上外套，并为她开餐厅门。不过，在德国，男性总是先于女性进出餐厅。

如果宴会是在夜间，宴会结束时，男士应设法解决无男性伴侣的女士的交通工具问题。男士可以将女士护送回其住所，或亲自送上出租车，不能只向女士道晚安就离开。

5．俄罗斯

商务用餐一般用于庆祝合同的签订而非谈判。主人点菜，适当喝一点酒，以帮助建立紧密的关系。

在大部分商务和社交宴请中，都会有很多轮祝酒。伏特加是俄罗斯的国酒，一般用小玻璃杯盛着而且不加冰。聪明的做法是慢慢品尝而不是一饮而尽。

用餐之时，俄罗斯人多用刀叉。他们忌讳用餐发出声响，并且不能用匙直接饮茶，或让其直立于杯中。通常，他们吃饭时只用盘子，而不用碗。

参加俄罗斯人的宴请时，宜对其菜肴加以称道，并且尽量多吃一些。俄罗斯人将手放在喉部，一般表示已经吃饱。

6．意大利

意大利人热情好客，如果你被人邀请，不能拒绝，因为那样做是不礼貌的。午餐是一天中最丰盛的一餐，时间一般持续两三个小时。在意大利，互相赠送商务性礼物是很普遍的。意大利人交谈的话题一般有足球、家庭事务、公司事务以及当地新闻等，避免谈美式足球和政治。

意大利商人经常在午餐时谈业务，因此可能吃上 3 个小时。意大利食物不仅仅是通心粉和批萨饼，而是至少有 7 种不同地区风味的菜肴。在意大利，喝酒宜浅酌而不要过量。因为，喝醉酒被认为是一件有失体面的事。

7．荷兰

荷兰商人喜欢相互招待宴请，上午 10 时休息吃茶点，午餐是丰盛大餐，下午四时又休息吃茶点，晚上 7 时正式吃晚餐，睡前还有一次宵夜。所以如果老板要请客，切记带着你的肠胃药。如果荷兰人邀请你到他家坐坐，大多只请你喝几杯酒，然后出去上饭馆吃饭，记得带花送给他太太，但务必是单数，5 朵或 7 朵最好。

工作午餐通常十分简单，也许只有三明治、奶酪和水果。上午和下午都有休息时间，可以用些小点心。咖啡是全天最好的选择，一般只在下午才喝茶。荷兰的奶制品是世界有名的，啤酒和杜松子也同样不错。

荷兰人习惯吃西餐，但对中餐也颇感兴趣。荷兰人倒咖啡有特别的讲究，只能倒到杯子的三分之二处，因为倒满是失礼的，被视为缺乏教养。

想一想：西餐宴会与中餐宴会在特点方面有哪些区别？

任务二　西餐宴会的历史

一、古罗马的宴会

有关西餐宴会最早的描绘出自公元1世纪彼得罗尼的《情狂》，书中的描写是这样的：

“首先是餐前小吃：开场菜盘里立着一尊古雅的科林斯铜驴，背上驮着两个篮子，篮子一端装着白橄榄果，另一端装着黑橄榄果……提前接好的小桥架在盘子上；盘子里装着浸在蜂蜜里的睡鼠，上面撒着罂粟籽。烤架上还有热香肠，下面是李子和石榴米。硕大的长圆形托盘里面装着一个盛有木鸡的篮子，木鸡身下是达半磅的大鸡蛋。蛋是以面粉为原料，油炸制成，打开鸡蛋，调过味的蛋黄里面包着啄木鸟。

第一道主菜配合甜葡萄酒享用，它们是黄道十二宫食物——双子宫盘中放着腰子，金牛宫盘中放着牛肉，摩羯宫盘中放着鹰嘴豆，室女宫盘中放着骟母猪肚，如此等等。

第二道主菜是一头巨大的公猪，头上戴着自由帽，猪牙上挂着棕榈叶编织成的小篮子，一个篮子里装有新摘的枣，另一个篮子里装着各种埃及干果。公猪被用油酥面做成的小乳猪包围着。猎人模样的切肉工用屠刀刺进公猪的两肋，一群画眉鸟立即飞了出来。

……最后还有甜食。”

在公元1世纪的罗马时代，大型宴会已成为界定身份的场所，主人会用山珍海味、肉山酒海让客人对他刮目相看。到了公元1世纪的中叶，西餐宴会在技艺和礼仪上都达到了非常成熟的高度，人们赴宴时衣着讲究，并且餐前沐浴，甚至带着仆人赴宴，按照一定的等级秩序被安排在座位上。烹饪技法奢华考究，有诸如长翅膀的兔子和装饰成海胆的梨这样的造型菜。宴会上还有歌手、舞蹈演员、杂技演员和话剧演员的表演。

每个时代都有其可以称作原型的宴会，维多利亚时代的晚宴可以标志英国人的身份，古罗马的宴会则界定了人们的社会地位。从一开始，大家聚在一起吃饭就把一个必需的生理功能转化为更为重要的有社会意义的事件了，从而逐渐形成了达成共识的此类聚会的行为准则。在经典的古代风俗里，这是最早区分文明人和半野蛮人的行为之一。对古希腊和古罗马人而言，宴会是代表文明的一块重要基石。餐桌和那些应邀聚在桌子周围享受宴会之乐的人可以把宴会当作社交聚会和结盟的手段，可以通过排座次把人分成三六九等，甚至把人拒之门外，由此强化阶级区别。精心挑选的少数几个人聚在一起吃饭是寡头政治的表现形式，而大众聚在一起吃饭是民主的表现形式。设宴招待上司表示出主人的谦卑和顺从，同僚聚会则表示这个群体有共同的利益。

古罗马的宴会有别于古希腊的宴会，因为由于伊特鲁里亚人的影响，在古罗马，妇女可以参加宴会。宴会在古罗马生活的中心地位来源于它在平衡各种关系方面是一篇难做的文章。从不举办宴会的人被看作是吝啬，而参加宴会太多的人又被贬斥为寄生虫。宴会的主人既要避免显得小气，同样又要避免不必要的炫耀。西塞罗、塞尼加、塔西佗、小普利尼的著作里充满了对受过教育的上层社会人士一同进餐的描写，这些人既在城里参加宴会，又在乡下别墅参加宴会，还到海边参加宴会。对他们而言，宴会是标志文明的高雅礼仪，是个人在家中同亲朋好友一道品尝自己的厨艺成果，进而向同僚展示成就的时候。作为一种社会运行机制，古罗马的宴会与18世纪法国的沙龙或者英国维多利亚时代的晚宴一样重要。

到了古罗马晚期，出席宴会需要穿特殊的衣服，由短袖束腰长外衣和一个看起来不大的披风组成，二者质地相同，印染鲜艳，绣着复杂的图案。根据季节和天气的不同，披风可轻可重，披风的大小和下垂方式则根据个人喜好和所出席的场合变化多端。妇女同样穿这种服装。但是，同人们所熟知的古罗马人穿的宽外袍不同，这种形式的服装只在私下穿，不能穿到公共场合去。讲究穿戴的人可以在一次宴会上更换几次服装。

公元前2世纪古罗马开始有个人资助的公共宴会。当时，富人担心会出现社会动荡，把资助宴会当作安抚大众的手段。公共宴会成了古罗马人一年的几个标志。例如，3月17日是宴会之父利伯的纪念日，所有的人都到大街上开怀畅饮。其他在诸如孩子出生、十七岁成年、结婚等场合也举办公共宴会。事实上，结婚要举办两次宴会——结婚当天在新娘家举行一次，第二天在新婚夫妇自己家再举办一次。在给亡者最后的洁身礼前，也要在准备安葬亡者的地方举办宴会。

二、古希腊的宴会

早在公元2世纪，巴比伦人就建立了将一起吃饭喝酒等同于书面合同的传统，如在婚礼和签订盟约时就如此。美索不达米亚的君主们在诸如取得军事胜利或者是使节到来、新的宫殿或庙宇落成等重大场合，大摆宴会。这种场合的礼节极为讲究：国王在一旁斜躺在躺椅上，不远处是他的王后，客人们则根据身份分成若干个组。侍臣要讲究很多礼仪，比如洗手礼仪，客人们得到一个小玻璃瓶油，里面泡着香椿、姜和番樱桃，用来在宴会开始和结束时涂在身上。烤肉和炖肉放在薄面包上上桌，之后是水果和蜂蜜浸过的精制糕点。另外还有娱乐：音乐、歌曲、小丑表演、摔跤、杂耍和话剧。

这种宴会规模宏大，阿瑟纳色帕尔二世在新宫殿落成之际为至少69574名客人大摆了10天宴会。吃掉的食物生动地向所有到场的人表明统治者是如何令整个波斯帝国都进贡的。从遥远地区运来的食品和酒水突出了政府的优越地位，做出的饭菜又显示君王同贵族的同盟。同时，宴会成为一种追求美的过程，倡导高雅、举止的得体、礼节的周到以及剧院表演的一切形式。

古希腊菜肴以海产品为主。古希腊水域里的鱼种类繁多：金枪鱼、青鱼、梭子鱼、鲶鱼、海鳗、鳐鱼、鲟鱼、鲤鱼、旗鱼、鲨鱼，另外还有章鱼、鱿鱼、墨鱼、牡蛎、螃蟹和龙虾。肉被看作上等食品但相对稀有。在早期社会里，驯养的牲畜更多的是用来挤奶剪毛、在田间耕作，而不是用来杀了吃肉。但是，古希腊人吃绵羊、猪、山羊、狗、马，野味包括野兔、野猪、野山羊、野驴、狐狸、鹿和狮子，以及画眉、华鸡、百灵、鹌鹑、雷鸟、野鹅、鸽子、野鸭和雉鸡等飞禽。随着园艺学的改进，蔬菜的品种也相当可观：芹菜、水芹、芦笋、甜菜、马蹄、甘蓝、茴香、黄瓜。在水果方面，他们有橄榄、李子、樱桃、甜瓜、苹果、无花果、梨和葡萄，以及众多的坚果。葡萄用来酿酒，橄榄用来榨油。这两种产品对于古希腊烹调的演变非常关键。所有这些原料，再加上进口的调料，尤其是从中国、印度、阿拉伯和非洲进口的胡椒，使古希腊烹调名噪一时。

古希腊的烹饪起源于向神上供。如上所述，肉相对稀少，只有在用驯养的牲畜向神上供后才能吃到。此时，上供的肉被均分，然后烤熟了吃（肉被均分，人们抽签取肉，这意味着当时没有屠宰业。但是，无论是否如此，古希腊人，至少是古雅典人，更热衷于吃鱼，因为鱼从不用在宗教祭奠仪式上，只是民间食物。）。随着烹饪的关键工具——锅的发明，肉或鱼可以用煮或炖的方式加工了。之后，更有心计的人开始向锅里加其他作料，如加盐提味，用蜂蜜作甜味剂，用一些植物作香料等。烹饪技术就这样诞生了，并且在希腊迅速成熟起来。雅典纳斯的书至少提及 30 本古希腊的烹饪著作，最早的一部可以追溯到公元前 5 世纪。这些书所记载的烹饪技艺似乎大多是由公元三四世纪从西西里岛来的厨师传到古希腊的。而此时，酿酒业也完全成熟，酒的地域差别已经可以明显地辨认出。这个时期的烹饪采用大量的肉和鱼，做工复杂，而且还有不胜枚举的饼干、面包和蛋糕。

当时的烹饪技术所追求的是达到甘和苦的平衡，酸和其他异味的平衡，所用的新鲜的和晒干的草本植物和香料不可胜数，同时运用的还有蜂蜜、醋和一种在后来的古罗马和拜占庭菜肴里作为基本作料的鱼酱油。古希腊人的鱼酱油制作方法是用盐腌整条鱼，发酵三个月后挤干水汁装瓶。这种调料从一开始就接近工业化批量生产。

一首由菲洛克斯纳斯写的题为《宴会》的诗描绘了一场可以追溯到公元前 5 世纪后期或者公元前 4 世纪早期的宴会，场面宏大，很可能是在像公元前 4 世纪早期的雅典那样的城市举行。参加宴会的只有男人。宴会以洗手和分发长春花花环拉开序幕。随后“装在篮子里的雪白的大麦卷”上桌，接着是一系列悦目的鱼盘：海鳗、鳐鱼、墨鱼、鱿鱼和闪着蜂蜜光彩的大虾，以及“裹着一层薄薄的油酥面的幼鸟”。下一道菜是肉：猪肉、小山羊、绵羊肉（炖烤两吃）、香肠、小公鸡、鸽子和鹌鹑。吃完这些菜接着喝酒，外加被罗马人称作“第二桌”的东西：“甜油酥卷”、烤饼、奶酪糕、芝麻奶酪、蜜饯、杏仁和胡桃。

古希腊的正式宴会都是男人的特权，妇女和孩子被排斥在外。大一些的男孩可以参加宴会，但是要坐在父亲或者是朋友的躺椅上。至关重要的是，这是一个男人统治的社会。宴会开始时，室内已经被高悬的油灯照亮，而且也已经用油和有甜味的叶子熏过。用餐时有仆人伺候，先上的是用篮子盛着的小麦和大麦制成的面包片。接着上的是类似餐前小吃的东西——新鲜水果、甲壳类鱼、烤鸟、腌鲟鱼和金枪鱼，以及泡在浓味酱汁里的精制肉食食品。随后上的是鲜鱼，压轴菜是用慢火煨的或用烤肉铁钎烤的小绵羊。之后，桌子上的一切都撤走为“第二桌”腾地方，“第二桌”的食物是蛋糕、蜜饯、坚果、果干和奶酪。向酒里加水的仪式标志着宴会的开始。

事实上，古希腊有许多形式的宴会，但都是以献贡品开始，接下来是进餐，最后喝酒。酒在古希腊社会占有重要的位置。宴会由男人统治，吃饭和喝酒被视作相对独立又彼此相连的两个部分。然而，不仅如此，任何形式的宴会都已经涉及礼仪、等级和表演，且不论艺术——不仅是指烹调艺术，而且还有同舞台演出相关的艺术，如音乐、舞蹈和歌曲，都在那个社会有所表现。

三、西餐宴会原料运用的发展

文艺复兴时期古代食物的复兴开始于法国松露和菌类的使用，海鱼、牡蛎和鱼子酱的地位逐渐上升到淡水鱼之上；并且开始利用内脏、软骨和碎骨制作菜肴，人们尤其偏爱猪肉、龙须菜、甘蓝和洋葱属的蔬菜。除此之外，水果种类大增。人们的口味有了新的变化，即喜欢咸酸，因为盐在古代作为圣物被推崇，所以烧菜时增加了用盐量。

香料的出现代表着富贵，这对以展示财富为精髓的宫廷烹饪来说无疑至关重要，于是，古老的中世纪调味汁继续被使用，另外，对烧烤、馅饼、果馅饼及造型食品的热情丝毫不减。然而，有了很多新的方法来烹制这些食品。譬如，一个烹饪作家就给出了227 种烹制牛肉、47 种烹制舌头、147 种烹制鲟鱼的食谱，中世纪没有任何烹饪书籍可以与这个数字相媲美。

糖塑首先在英国发明，这是餐饮史上英国人首先发明新奇事物的一个例子。在英国，中世纪晚期宴会后前往另一间屋子享受美酒香料的习俗变得更加复杂。16 世纪，仆人在大厅用餐，家人及其宾客正式场合下在大会客室用餐，不太正式的场合下在餐堂用餐。之所以到另一场所是为了更充分地享受宴会的乐趣，而这一惯例促进了宴会厅的发明。

每一次，糖塑都要列队端上桌，给宴会画上圆满的句号。糖塑的目的不只是为了供观赏，而是通过象征意义的奉承向主人及宾客致敬。糖塑以两种方式制成：可以使糖塑像蜡一样具有可塑性，然后用模具塑形；也可以在融化的状态下放入铸模，然后用雕刻刀雕琢。

16 世纪有了来自美洲的新材料，如南瓜、番茄、玉米和豆类植物，当然还有火鸡。对待一些传统材料，人们的口味也有所改变。譬如，牛肉在中世纪被认为只适合仆人吃，不能登大雅之堂，地位却与小牛肉看齐。在古典资料的影响下，令当今人们作呕的一些动物和鱼的部分肢体和内脏被认为是美食享乐之极品：鼻子、眼睛、臀部、肝脏、肠、头、腰、肚、舌、百叶、鸡冠及动物的生殖器等。

17 世纪，人们对食物的品味改变，食用来自异国的鸟（如孔雀和天鹅、仙鹤与苍鹰）的习惯，和吃八目鳗、鲸鱼一样不再时髦。猪肉从此只是以乳猪或火腿的形式出现，或降低其格调，以肉末的形式做馅或做猪油。这个时期受青睐的是牛肉、小牛肉和羊肉（小羊肉被认为没有滋味）。就禽类而言，人们喜爱各种各样的鸡、鸭、鸽子及野生鸟类。一般来说，法国大革命之前，猎物一直是贵族阶级的特权，于是继续作为身份的象征加以限制。火鸡只是在宴会上才见得到。鱼仍然被大量地消费——在天主教国家，古老的斋戒日依旧——只不过人们青睐的是鲑鱼、鳟鱼等淡水鱼。

路易十四的大牌园丁在凡尔赛取得了园艺胜利。栽植的水果和蔬菜的品种成倍增加，而且由于温室的出现，隆冬时节也可以生产出芦笋、草莓等娇嫩之物。各种蘑菇、法国松露、菊芋、莴苣，尤其是豌豆走上了烹饪前线。食谱和菜单表明，蔬菜作为附加的小菜占有受瞩目的地位。

四、西餐宴会餐具的发展

公元1世纪，主人开始提供餐巾，尽管有些客人自己带着餐巾，而且还是很大的餐巾，目的是将没有吃掉的美食打包带回家。食物装在盘子里，客人可以用左手端起盘子，将难以嚼烂的食物切成小块。客人一般用手指拈起食物吃，时刻小心翼翼，以防弄脏了手或脸。也可以用刀尖把食物送入口中，还可以用品种繁多的勺子，从长柄大勺到吃鸡蛋或扇贝一类的小食品用的小勺（叉子到罗马帝国晚期才出现），主人还准备有牙签。个人用的盘子和上菜用的盘子制作考究、华丽，西欧地区到处出土的堆积如山的银盘子足以证明。酒杯有水晶的、金的、镍银的和萤石的，最后者是一种昂贵的不透明石头，据说能增加酒香。酒杯千姿百态，有的有柄，有的无柄，有的刻着浮雕图案，有的甚至镶着宝石。

13 世纪末出现了其他容器，分别被叫做“酒坛”和“水坛”。这些东西放在桌子上或者餐具架上，随着时间的推移，制作材料也变成了金银，那个为人们熟知的名曰“戒酒”的杯子尤为如此。事实上，有钱人把从前用陶土或者木头制成的餐具改为用珍贵的金属制作。到了 15 世纪，国王和王子用的面包盘已经一律由金银制作。这样的餐具已经比较接近后来宴会上用的盘子了。早在 1363 年就出现了放置鸡蛋的杯子，当时诺曼底公爵查尔斯五世的物品清单里列有“一个盛食用鸡蛋的银质小器皿”。到了 1403 年，这种餐具就有了盖子，以便让鸡蛋能够保温。

中世纪晚期的餐具带有形形色色的图案，其中很多滑稽可笑，但又充满智慧，图案的设计目的既是为了娱乐也是为了给人以教育：有飞禽走兽，有传说中的人物，有乡间村夫，也有海上妖魔，有锦旗纹章，也有带基督教的各种象征画。所用这些物品既有碧玉、玉髓、玻璃、水晶，也有奇异的贝壳、坚果和鸵鸟蛋，所有的材料镶金镀银，搪瓷抛光，或镶嵌宝石。

在较低的社会阶层，餐具通常是铜、铁或者木头制作的。但是逐渐地，任何想显示地位的人都有了几个银勺子。地位的显示也不仅仅局限于金属器皿上，因为随着 13 世纪陶瓷制造业在欧洲的兴起，值得在餐具架上展示的精美豪华餐具首次亮相。同盘子出现时的情形一样，为了适应越来越复杂考究的进餐方式，新式样的餐具应运而生。瓷器上的釉不仅反映了地域差异，而且也标志着不同的用途。例如，在法国一些地方，灰色是厨房用品，红色或者白色才是餐桌用品。但是随着起源于西班牙的艳丽彩釉陶器的兴起，陶瓷制品 1450 年后逐渐失宠。彩釉陶器是专供展览的上等餐具。当然，酒杯和酒壶还是用玻璃制作。处在社会金字塔底层的农民发现，木头和树根为他们提供了所需的盘子、碗、勺子和餐具刀。即便如此，这也比他们以前使用的餐具有了进步。

五、西餐宴会上菜顺序的发展

传统的西餐宴会进餐时首先吃的是餐前小吃，主要是蔬菜、草本植物、橄榄、煮鸡蛋片、蜗牛和扇贝，同时饮用一种加有蜂蜜的酒。如果是盛宴，还可能有诸如牡蛎、画眉和剥睡鼠等。然后才是宴会的核心部分，最重要的菜无一例外地是利用祭神的肉做成的，或许是一头猪，或许是一头怀胎的牛。小山羊肉被认为是上等美食。可能会有野鸡或者鹅、火腿或兔肉，同时还有形形色色的鱼，其中最受偏爱的是七腮鳗。客人从上桌的饭菜中挑选自己喜欢的，吃完最后一道菜后即上甜食，有苹果、梨、坚果、葡萄和无花果，有时还配有扇贝和幼鸟。

文艺复兴时期的意大利宴会比过去更多地用了蔬菜，而新的上菜顺序与餐饮供应桌有关，所谓供应桌是在墙角支起的一张桌子，在上面摆放上桌前的凉菜。人们开始更看重白肉，如小牛肉和野味，吃这些东西代表着贵族的地位。16 世纪出现的宴会结构发展成广受青睐的“意大利式上菜法”，以这种方式，凉菜以不同的顺序与热菜交替上桌。譬如，宴会开始时可以先从餐饮供应桌上开胃小菜，如凉色拉和肉、鲜果肉馅饼、果肉冻、瓜、葡萄以及蘸葡萄酒吃的特殊饼干等。接下来厨房送来一道或几道烧烤、煎炸或填塞的肉菜，诸如炸肉饼、炖肉丁、香肠意大利式馄饨、意大利宽面、通心面、意大利汤团、片状通心面。那时，人们嗜好吃当今人们觉得恶心的东西，如用羊眼和耳或烤羊睾做馅饼。接下来，又从餐饮供应桌端上另一道或熟或生的蔬菜、果馅饼、面粉糕饼、乳酪、牡蛎及牛奶布丁。最后（指餐桌上而不是其他的最后一道菜）是甜食，如糖泡水果和糖煮种子。

一般认为意大利式上菜法是凉菜与热菜交替，凉菜从餐饮供应桌上，热菜从厨房上。即使在盛大的场合下，菜的道数大量增加，这个节奏却得以维持。例如，1583 年 5 月，教皇克里蒙七世在圣天使城堡宴请巴伐利亚公爵威廉五世的三个儿子。宴会囊括了文艺复兴时期宴会的全部标准食物，其中第二道菜令人恶心：给每位客人上了一个雏鸡，同时还上了一个用鸡冠、睾丸和西洋醋栗果作馅的面粉糕饼，装着羊眼、羊耳和睾丸的大馅饼，以及去骨填馅的小牛头。第四道菜炫耀的是一碟公鸡睾丸和用山羊脚做的色拉。

六、西餐宴会等级制度的发展

社会等级不仅决定进餐者的座位，而且还决定其食物分配。瓦卢瓦统治时期，皇太子亨伯特二世曾颁布法令，将其家人分成五类：皇太子本人、男爵和上等骑士、下等骑士、乡绅以及小教堂里的神父牧师，最底层是仆人。法令进一步规定了每个等级的供应量，而定量的前提是社会等级越高，获得的食物越多。家禽从不给地位最卑微的客人吃，也不给仆人吃，只有上面几个等级的人才能吃到鸡。小羊肉和新鲜猪肉也被认为只有上等人才配食用，仆人们有牛肉和腌猪肉吃就足够了。然而，所有的人都能吃新鲜的蔬菜。

将食物同等级联系在一起的做法极其普遍。塞维利亚的万圣公会详细记载了他们1838～1469年期间的进餐情况，记载表明，虽然万圣公会成员同他们的穷客人同桌吃饭，他们吃的食物却不同。诺瑟姆勃兰德五世公爵的家法明确规定食物紧缺时，只有他本人可以享用鸡和小羊肉。举办宴会的日子里，只有公爵的餐桌上才能吃到野鸡、仙鹤和野鸭等山珍。事实上，限制个人消费的立法承认食物同社会等级之间有直接的联系。15世纪德国北部城镇的立法不仅规定了每次宴会可以上菜的数目，而且还规定了可以参加宴会的人数。

进餐过程也弥漫着等级观念。在理查德三世的加冕典礼宴会上，只有国王的餐桌上上了三道菜，贵族及女士的桌上上了两道菜，而普通人的桌上只上了一道菜。贵族及女士得到了稍微次一等的精美食品，只有国王享用了孔雀。1416年，亨利五世在温莎为获得嘉德勋章者举办了一次宴会，西吉斯芒德皇帝出席了宴会，三个图案精美的菜都送到了主桌上。到了1517年，英国花在宴会上的开支失控，颁布了旨在控制宴会的政令。政令规定，宴会所上菜的数目应该根据在场最高等级之人予以调节：红衣主教九道菜，国会成员勋爵六道菜，年收入达到500英镑的公民三道菜。

到1900年，由于大规模生产的结果，仅仅拥有一系列餐具已不足以将一个人定位为上层阶级。于是，那些时髦的人们采用了新的餐具。譬如，刀从过去的尖刃发展出圆滚刀，可以用无处不在的叉子将食物按在盘子里。这是因为最安全的规则是能用叉子的时候不要去用汤匙或刀。

刀应在食用炸肉排、禽类或野味时使用，刀与叉用来食用芦笋，一切烹制的菜肴都要用叉子来食用，所有的甜食也要用叉子，但食用水果馅饼时，允许加用勺子。

七、西餐宴会礼仪的发展

所有重要宴会都有一个固定的仪式，即桌布的层叠。1475年，在科斯坦佐·斯福扎与亚拉冈的卡米拉的婚宴上，主桌更换了几次桌布，其他餐桌的桌布也换了两次。16世纪的论文谈及三层桌布：第一层是入席时就有的，第二层在宴会中间揭开，第三层是为甜点准备的。

17世纪，每一道菜的碟数根据就餐人数按一定比例计算。譬如，一顿25人用的四道菜酒席就意味着要有100个菜肴，在此基础之上还可以成倍增减。增加就餐者的人数并不像今天一样意味着只是将相同的那些菜肴加量制成。相反，这要求更多不同的菜肴。结果是，虽然像烤肉这样的大盘菜肴仍保持着地位，但它们更倾向于成为餐桌上的垫底菜，周围会有一大群小盘菜围绕。

饭菜分道上——两道、三道或四道，虽然有些宴会可能只有一道菜，另加甜点。准备任何饭都需要内廷两个完全独立的部门来完成，炊事房负责大部分菜，配膳室负责甜点。1742 年版的《现代厨师》提供了一次两道菜晚餐的餐桌设计图和菜单：16 个银质餐盘摆在一长方形的餐桌周围，所有盛食物的容器均为银器，对此进行研究能够给我们一些启示。在中央位置上，有一椭圆形大浅盘，内盛一只小牛腿，两边的豪华汤盘和一对砂锅里盛着汤。餐桌四角是四盘以家禽为料的附加菜，它们中间有六盘其他菜肴，两盘小的，四盘大的，以及各式主菜前的小菜：菊芋羊肉段、鸡胸，还有意大利汁鳝鱼，这些菜肴同样对称摆放。第一道菜时，两个汤盘会被撤去，换上汤后菜：一盘鲽鱼、一盘鲑鱼，摆在与原来完全一样的位置以保持整体平衡。第二道菜重复这一模式，但换上了新的菜肴，火腿成了中心菜，蛋糕取代了鲑鱼和鲽鱼先前的位置。然后清理餐桌，为上配膳室准备的菜，而这总是一道奇观，一幅精致的画卷，可能包括奶酪，新鲜的、腌渍的或煮制的水果、冰激凌、冰果汁饮料和布丁。

到 18 世纪末，从巴洛克时代演化而来的传统法国餐饮形式已经受到冲击，尽管此种形式开始时十分合理。一系列菜肴摆放在餐桌上，人们要么自己动手，要么有仆从伺候。一切都完全对称地摆放，一道菜过后，盘碟被清理掉，换上同样对称地另一道菜。当时的规矩是菜肴数目根据客人的数目成倍增加，这就意味着一张餐桌可能一次就会摆上多达 100 只盘碟，其中主要的有两种：带盖的深汤盘以及椭圆形或圆形的杂烩炖锅。然而到 1800 年，容器和餐桌其他用品大大增加，于是庆典餐桌上林立着葡萄酒冷却器、玻璃冷却器、盛调味汁器皿、粗罐、油罐、芥末罐、奶油罐、糖罐、糖匙、冰激凌瓶、面包篮、开胃菜盘碟、火锅及香料盒，尚未提及倍增的餐具。这些东西随着同样烦琐的服务程序而调用。结果是大量的食物因无人食用剩下，而且，对于就餐者而言，更糟糕的是食物不可避免地要么半冷半热，要么就完全冷却。

女主人上汤，男主人在餐桌上切肘子。餐桌的一头放着带盖的深汤盘，旁边是一摞碟子。女主人盛汤，由一仆从端给用餐的宾客。喝完汤之后，盖在餐桌另一头烤肉上的钟形盖被撤去，男主人过来切肉。这时，其他各种各样的汤盘盖同时揭去，仆从上来帮忙。温热的菜肴从厨房端进来或从壁炉旁的菜肴加热器里端出来。烫菜放在桌垫上，以免烫坏桌面，每个位置上有面包和餐巾，旁边有刀叉。

在更讲究的宴席上，鱼和汤会一起摆上餐桌，接下来，炸烤的荤菜作为第二道菜端上。之后，每上一道菜前，餐桌都要清理干净，直到最后撤去桌布，端上甜点。用餐者不打算再吃某一盘菜肴时，会将刀叉平行放置于盘子上（与今天的做法一样，而在欧洲大陆餐具是交叉而放的），这时仆从会将盘子撤去，为他拿来新的干净餐具。

上层阶级迫切地效仿发源于法国的变化。1810 年 6 月在巴黎附近的克里奇的一个招待会上，俄罗斯外交官以一种全新的方式宴请宾客。与以往人们一进入餐厅就发现食物已摆在餐桌上做法不同的是，这次餐桌上什么都没有。相反，餐桌中央点缀着一个镶边的狭长桌垫，上面摆放着分支烛台、花瓶和搁物架，同时还陈列着人造花卉（大约1850年前，人们一直认为真花的气味会转移人们对食物的注意力）以及将作为甜点的水果和甜肉。接着，当客人们落座后，等待他们的是一个更大的惊奇。仆从一对一为每个就餐者端上一个已经盛满的盘子，他们要自己动手享用，食物已经准备好，去了骨或切成薄片，并配有合适的调味汁、配料或小菜。几道菜都是以这种方式上桌的，每一道都是烹调好从厨房端入，大型菜肴则由仆从迅速地在墙角的支桌上切好。很自然，上来的食物更热，而且客人第一次有机会品尝每种食物。这种新的上餐形式开始被称为俄式餐。经过一个世纪，俄式餐饮逐渐在西欧传播开来。

在法国，直到19世纪最后十年俄式餐饮才成为常规。即使如此，国宴或是盛大场合，为了显示豪华，仍然保留法式餐饮，俄式餐饮主要用于职业性较浓厚的场合，或主要目的是融洽交谈的场合。俄式餐饮最终普及后建立了至今人们仍然熟悉的上菜顺序：开胃小菜或汤、鱼、肉与蔬菜、甜食、咸味食品和甜点。

除了增加了热气腾腾的食物，俄式餐饮还增加了菜的道数，但是俄式餐饮真正受欢迎的原因还是花在餐桌上的时间大大减少了。在过去的体系中，一顿饭可以持续几个小时，而一顿俄式餐饮至多持续一个半小时。英国19世纪70年代的上菜顺序如下：入席时餐桌上摆好了开胃小菜、两个汤（一个清汤、一个浓汤）、鱼、间菜、肘子或块肉、冰镇果汁饮料、烧烤和色拉、蔬菜、热甜点、冰激凌、甜点、咖啡和利口酒，这些加在一起组成十二道菜。然而到19世纪90年代，由于关于饮食结构新思想的出现，菜的道数已经减少到八道。

大量的餐具、杯子和亚麻制品摆列在那里迎接客人。白色的锦缎仍然具有不可取代的特质，挺直、浆硬、具有映衬效果等品质使其备受青睐。大量的餐具摆放在白色的锦缎之上。典型的布置包括两把大型的刀具、食用鱼时用的银质刀叉、汤匙以及三把大叉子。18世纪，餐具没有这么多，那时的风俗是将餐具拿开，清洗后随着宴席菜肴的更换将其重新摆上。现在，整顿饭所需要的每一件餐具——除了甜点所需的——从一开始就摆放好备用，用餐者从外向内依次使用。刀刃是朝里还是朝外，叉齿是朝上还是朝下都可以不同。甚至出现了特殊种类的餐具，譬如鱼刀，以往只是用叉子来吃鱼，可以用一片面包帮忙。水果中的酸被认为可以腐蚀钢质的餐具，从而导致了特殊甜点餐具的出现：银质的、镀银的或金质餐具。每件物品都成倍地增多并被归类，这种做法反映出来的是维多利亚时期典型的对事物进行归类的喜好。

用餐者左边放着一个侧盘，盘子里面，一块餐巾包裹着一卷或一片面包；右边是一小组玻璃杯；正前方放着菜单；手边则是盐罐。这一切大多可以直截了当地对付，只有那些玻璃杯例外。玻璃杯一般会有三个：第一个用来盛雪利酒；第二个盛德国白葡萄酒；第三个杯子盛香槟酒。盛水的大杯放在餐具厨架上，只要客人要求，仆从就会将其取来。18世纪的餐桌上不放玻璃杯，那时仆从把玻璃杯端上餐桌，客人饮酒后再拿走去清洗。现在，玻璃杯俯首可得，于是也可以加在餐桌摆设的行列里了。这种现象大约在1800年英国的摄政时代就已经出现；19世纪20年代在法国流行开来。随着19世纪的推进，由于不同形式酒的发展，出现了特殊大小和形状的玻璃杯。在某些情况下——譬如喝德国白葡萄酒——可以用带颜色的杯子。

进餐方式一般是固定不变的。首先饮酒，喝汤后上雪利酒，德国白葡萄酒和鱼一起上，第一道菜后（并一直继续到甜点上来时）喝香槟酒。在此期间，清理餐桌，之后，每位就餐者面前摆上一个甜点餐盘（如果要上冰，还要有一个盛冰的盘子）。盘子上放着花饰巾，上面摆着洗指碗以及舀冰的金质或银质勺子，还有甜点用餐刀和餐叉。就餐者移开餐具，将其摆放在盘子的任意一边，将花饰巾上的洗指碗摆在正前方。这时，饮用雪利酒和红葡萄酒的玻璃杯摆上来，还有红葡萄酒罐，另外两个装着雪利酒的凉瓶摆放到主人面前。摆在餐桌中央的水果这时也被拿到近处。

与此同时，会客室中的女士们会得到咖啡，之后餐厅里的绅士们也得到咖啡。男士们最终出来后，可能会上茶，继续一般的交谈，也许某个人会弹奏一曲或唱一段。这一切最多持续一个小时，晚上 10:30 时，活动结束。这时，男主人要送主要女客们到她们的马车跟前。该世纪早些时候还有个风俗：仆从们排队等待小费，然而到世纪中期，这种行为被认为“极端粗俗和不明智”。还有一个小的尾声：宴请过后一周内，客人们要回访主人。这时主人们无疑已经在忙碌筹划下一次聚会，而这整个过程又要重新开始。

练一练：简述西餐宴会的发展历史。

任务三　西餐宴会厨房

一、西餐宴会厨房组织设计考虑要点

西餐宴会厨房组织的目的在于：适当地分配工作，让工作人员了解自己的角色及职责所在，正确且有效地完成被分配的工作。此外，在编制西餐宴会厨房组织时，必须考虑许多客观因素，现分述如下。

1. 餐厅的类型

不同类型的餐厅所服务的顾客也不同，因此厨房的组织也不同。精致的餐厅组织编制较为细致，而大众化餐厅组织则较为简单。

2. 营业的规模

接纳客人的数目及食物的供给数量，是影响西餐宴会厨房工作量多少的重要因素。因此规模越大，组织的规划应越仔细。

3. 菜单的内容

菜单的内容决定了厨房的实际工作项目。因此内容越是多元化，厨师必须担任的职责也越多，组织因菜单内容的不同应加以调整。

4. 厨房的设备

厨房购置的设备越是科技化，越可以简化厨师们的工作项目，精简厨房的组织。因此，西餐宴会厨房的组织与职责和厨房的设备息息相关。

二、西餐宴会厨房人员的组织结构

厨房人员主要是由厨师长和厨师等组成，其组织结构和人员结构根据厨房规模的大小而不同。一般中小型厨房由于生产规模小，人员也较少，分工较粗，厨师长和厨师都可能身兼数职，从事厨房的各种生产加工。大型厨房，生产规模大，部门齐全，人员多，分工细，其组织结构复杂。

1. 行政总厨

行政总厨亦称厨师长，全面负责整个厨房的日常工作：制定菜单及菜谱，检查菜点质量，负责厨房的烹饪和餐厅的食品供应等生活活动，包括宴会和各种饮食活动。

2. 行政副总厨

行政副总厨协助厨师长负责主持厨房的日常工作，参与菜单的制定，负责对菜点质量进行检查等。

3. 副厨师长

副厨师长协助厨师长负责厨房的菜点制作和供应等工作。

4. 厨师领班/主管

厨师领班/主管主要负责厨房某一部门的管理，负责本部门人员的工作安排和菜点烹调，控制菜点的质量等。

5．沙司厨师

沙司厨师主要负责制作厨房所需的各种基础汤、基础沙司、热沙司等。

6．岗位厨师

岗位厨师负责厨房的某一个具体烹饪操作岗位，如煎炸烹饪岗位，烧扒烹饪岗位等。

7．汤菜厨师

汤菜厨师主要负责各种奶油汤、清汤、肉羹、蔬菜汤等汤菜菜肴的制作。

8．烧扒厨师

烧扒厨师主要负责烧、铁扒等菜肴的制作。烧扒厨师一般是经过全面专业技术培训、技术高超、经验丰富的厨师。

9．蔬菜厨师

蔬菜厨师主要负责厨房所需的各种蔬菜的清洗、整理及蔬菜菜肴的制作。

10．替班厨师

替班厨师的责任是接替因厨师休息等原因出现的空缺岗位。替班厨师应是技术全面、擅长各个烹饪岗位职责的厨师。

11．冷菜管理员

冷菜管理员主要是负责冷菜部的管理，监督并制作冷调味汁、沙拉、部分开胃菜和水果、冷盘的切配及冷菜菜肴的装饰等。

12．饼房厨师

饼房厨师主要负责各种面包冷、热、甜、咸点心等的制作。

13．面包师

面包师主要负责各色面包、餐包、热面包、煎包等的制作。

14．肉类加工师

肉类加工师主要负责肉类、禽类、鱼类及海鲜原料的初加工，各种猪排、牛排、羊排等原料的分档。

15．黄油/冰雕师

黄油/冰雕师主要负责利用黄油胶、冰块等材料，制作用于各种宴会装饰或烘托氛围的黄油雕、冰雕等。

三、西餐宴会工作人员应具备的特点

在21世纪，身为专业的西餐宴会厨师，除了必须认清自身所扮演的角色（即具有高超的厨艺技能、专业的学识素养和高尚的品德修养）之外，对于餐饮的趋势、时代的潮流及脉搏等，都必须进行深入地探讨和研究，方能成为一位优秀的大厨师。所以西餐宴会工作人员除了从事烹饪的工作以外，对于厨房人、事、物的管理及对客人的情绪反应处理都必须面面俱到。因此，西餐宴会工作人员应该具有以下几个特点。

1．积极的工作态度

在西餐宴会厨房中，当用餐人数增加，忙得不可开交之际，只有那些具有积极工作态度的厨师，做起事来才能干净利落且高效，也只有经验丰富的厨师，才能适时地激舞工作士气以提高效率。

2．扎实的专业基础

许多杰出的厨师都想要突破传统的束缚，研发前所未有的新菜单。在这些求新求变的过程中，若没有扎实的专业基础是无法成功的。而对于一个初学者而言，具有专业的基础能力，将有助于经验的吸取。

3．坚忍的毅力

从事西餐宴会的工作人员，工作时间比其他行业长，工作量也比其他行业大。因此不论在生理上或心理上，都需具有健康的体魄、持久的耐力，以及努力工作的意愿。

4．团队合作的精神

一次成功的宴席，并非一个人的努力就可实现，而是需要相当多人的通力合作才能达成。

四、西餐宴会工作人员卫生法规

“民以食为天”，饮食在我们的生活中占有极其重要的位置。人体健康的维护及对疾病的抵抗与治疗，均依靠从食物中摄取营养。西餐宴会工作人员，不仅要将食物的美味带给人们，还必须考虑到对人们的身体健康有益。

下面从西餐宴会工作人员的健康管理、卫生习惯及卫生教育等三方面进行探讨。

1．健康管理

西餐宴会工作人员的健康是饮食卫生管理的最基本要求。《中华人民共和国食品卫生法》第二十六条规定：食品生产经营人员每年必须进行健康检查：新参加工作和临时参加工作的食品生产经营人员必须进行健康检查，取得健康证明后方可参加工作。

凡患有痢疾、伤害、病毒性肝炎等传染病（包括病原携带者），活动性肺结核，化脓性或者渗出性皮肤病以及其他有碍食品卫生的疾病的，不得参加接触直接入口食品的工作。

2．卫生习惯

坏习惯绝非是一朝一夕养成的，因此去除西餐宴会工作人员的坏习惯是件相当重要的事。而良好的卫生习惯可从基本的服务仪容、手部的卫生及改善不良的工作习惯等方面去培养。

我国《餐饮业食品卫生管理办法》第十五条对食品加工人员的卫生要求规定：

（1）工作前，处理食品原料后或接触直接入口食品之前都应当用流动清水洗手。

（2）不得留长指甲、涂指甲油、戴戒指。

（3）不得有面对食品打喷嚏、咳嗽及其他有碍食品卫生的行为。

（4）不得在食品加工和销售场所内吸烟。

（5）服务人员应当穿着整洁的工作服，厨师操作人员应当穿戴整洁的工作衣帽，头发应梳理整齐并置于帽内。

西餐宴会工作人员多以手为活动中枢，手也是与食品接触最多的部位，所以保持手部清洁是很重要的。而保持手部清洁最有效的方法就是养成正确的洗手方式，但对于一些藏于皮肤内的细菌，却无法清洗掉。因此，当必须用手直接接触食物时，最好能戴上手套，确保食物的卫生。

除了上述手部的清洁之外，其他还有几点需特别注意，例如：不可蓄留指甲、涂指甲油，若手部有疮口、脓肿者，不可直接用手去接触食品等。

3．卫生教育

卫生教育的目的在于培养餐饮从业人员良好的工作习惯。而卫生教育应针对员工不同的需求加以规划和实施。我国《餐饮业食品卫生管理办法》第七条规定，餐饮业经营者应当依据《食品卫生法》有关规定，做好从业人员的培训。如对新进的人员，应告知正确的食品卫生知识，而对在职人员，可针对平时所出现的问题加以改进。

以下列出几点，可在教育训练时特别告知员工：

（1）烹调时，不得用着烹调工具进行直接试吃，应使用另一餐具，如盘、小碗等。

（2）在西餐宴会厨房内，或正在工作时，禁止吸烟、吃东西，非必要时切勿交谈。

（3）不可用手直接抓取熟食或直接生吃食物，应利用夹子或戴手套来取用食物。

（4）煮好的食物必须加上盖子，以防止苍蝇、蟑螂及灰尘的污染。

（5）将污水或残渣妥善处理。

（6）端送食物和餐具时要使用托盘。

（7）保持餐具干净，手指不可触摸杯子或碗、盘的内部，以免污染餐具。

五、西餐宴会厨房运作区域及工作内容

西餐宴会厨房就像是一间小型的生产工厂，从工厂运来材料进行各项加工，将产品制造出来。为了能及时供应订单，在短时间内完成顾客的菜肴，发挥团队合作精神及西餐宴会厨房工作区域的分配与规划就显得相当重要。西餐宴会厨房运作的区域通常分为：进货验收区、原料储存区、前处理区、主要烹调区、备餐区（出菜处）、餐具洗涤及储放区、厨房办公室及员工休息室等八大区域。

在西餐宴会厨房作业过程中，各作业区域的范围及工作内容是明确的。进货验收区为污染区，食品原料必须稍加处理后再予以储存；从前处理区至备餐区为清洁区，制备时必须注意卫生的维护，这样才能给顾客提供美味又卫生的菜肴。每个区域都有特定的工作内容与范围，以下将介绍西餐宴会厨房每一个运作区域的工作内容。

1．进货验收区

通常位于餐厅的后门或侧门，采购的食品原料送于进货处，经验收员一一核对签收后，将食品原料分门别类地送至适合的储存库房，当天使用的食品原料则送至前处理区，以备使用。

2．食品原料储存区

食品原料储存分为低温储存（冷冻与冷藏）和常温储存两类。将食品原料洗净、包装处理后予以分类，储存于冷冻、冷藏库房及干货库房，并定期或不定期打扫，以保证库房的整洁。

3．前处理区

将蔬菜与肉品洗净，切割成所需的尺寸，若需要可先予以腌制等，以备主要烹调区的使用，所以该区又可称为“初步处理区”。

4．主要烹调区

此区为厨房最主要区域，通常分为热厨房、冷厨房与点心房三部分。

西餐宴会厨房三大烹调区域及其工作内容

区域	工作内容
热菜烹调区	1. 肉、禽类与海鲜的烹调，如：焗烤、炭烤、油炸、煎、水煮等 2. 热菜的沙司制备 3. 热汤的制备 4. 蔬菜与淀粉的制备
冷菜调理区	1. 沙拉与沙拉汁的制作 2. 各项冷菜的调理，如开胃菜、酒会小点、宴会冷盘等制作 3. 各项三明治的制作
点心房与面包房	1. 各式点心的烘焙 2. 点心的装饰与排盘工作 3. 各式面包的搅拌、整形与烘焙工作

5. 备餐区

将调理完成的菜肴集中于备餐区，经主厨检查菜肴的品质后，由外场人员将菜肴端送至客人面前。通常在出菜口设有保温设备，使菜肴保持应有的温度。

6. 餐具洗涤区

餐具洗涤区负责将使用完毕的餐盘洗净、消毒、沥干后，储放于餐具储存柜内。因洗涤时会产生较大的噪音与污染，所以必须与用餐区隔离，以确保顾客用餐环境的安静。此区虽处于内场，但通常由宴会部或外场人员负责此区工作。

7. 厨房办公室

食品原料的采购、菜单的拟定、员工的管理、报表的制作等宴会管理工作都在厨房办公室进行，是主厨或副主厨办公的场所，通常必须配备计算机设备，以便厨房的文书处理工作顺利进行。

8. 员工休息室

员工休息室是员工在工作之余休息、用餐、更衣或从事其他休闲娱乐活动的场所。休息室内可包括更衣间、置物柜、休息室、厕所及书报架等设施，提供员工空班时间的休息场所，让员工受到尊重，以提高工作士气。

西餐宴会厨房的区域划分及其工作内容因时因地而异，必须依实际的需要加以分区管理，并配合厨房组织的编制，适当地分配工作，让工作人员了解自己的角色及职责所在，正确且有效地完成工作，让厨房的工作更有效率。

议一议：作为一名西餐宴会厨房的厨师，应该具备哪些素质？

讨论与探究：

1. 西餐宴会与中餐宴会有哪些共同点？

2. 请拟定一份西餐宴会厨房人员配备计划。

项目二　西餐宴会种类

引言：西餐宴会种类繁多，并且不同的宴会具有不同的特点，在原料准备、服务程序、用餐礼仪等方面也各不相同。本项目主要介绍鸡尾酒会、冷餐会、自助餐、茶话会、美食节、西方国家国宴及婚宴。

重点提示：

1. 鸡尾酒会
2. 冷餐会
3. 自助餐会
4. 茶话会
5. 美食节
6. 西方国宴
7. 西方婚宴

教师导学：教师借助图片、影像资料向学生介绍鸡尾酒会、冷餐会、自助餐、茶话会、美食节、西方国家国宴及婚宴的特点、程序、礼仪等相关知识。

任务一　鸡尾酒会

一、鸡尾酒和鸡尾酒会

鸡尾酒（Cocktails）是由两种或两种以上的酒掺入鲜果汁调配而成的酒。传说，从前有位国王的驸马会调配混合酒，很受宾客们欢迎。一次调酒时，不小心把勺子掉进酒桶里，情急之下，他顺手拔下帽饰上的鸡尾毛来搅拌，从此人们便称这种混合酒为“鸡尾酒”。使用鸡尾酒来招待宾客的餐会形式，称鸡尾酒会（Cocktail Party）。

鸡尾酒会已成为目前世界各地最流行的一种款待方式。政府机构为庆祝节日、开幕典礼、落成典礼、勋章授予，为欢迎访问团、民间团体或社会人士，为介绍重要宾客及庆祝节庆，常举行酒会。欧美及拉丁美洲国家举行酒会，已成为外交场合主要应酬活动。

很多人都以为鸡尾酒就是酒加牛奶加糖加果汁，实际上，鸡尾酒的调法很多，唯需注意不要太烈。宾治（Punch）混合酒饮料，由各种不同混合酒饮料调和而成，通常有烈酒、朗姆酒（Rum）、威士忌（Whiskey）等，加上苏打水、白糖、果汁、鲜橙片、什果粒，或柠檬汁、柠檬片等，有时加入薄荷或香料混合而成。如 Champagne Punch 为香槟酒混合者；Claret Punch 为红葡萄酒混合者；Milk Punch 为牛奶混合者；Rum Punch 为兰姆酒混合者；Whiskey Punch 为威士忌混合者。但在正式外交场合，尤其寒带地区则以喝威士忌、马丁尼酒居多。故宜熟知什么是威士忌冰块（Whiskey on the Rocks）、威士忌矿泉水（Whiskey with Water）、威士忌苏打水（Whiskey Soda）、酸威士忌（Whiskey Sour）、曼哈顿（Manhattan）、干马丁尼、清马丁尼、甜马丁尼（Dry Martini、Perfect Martini、Sweet Martini）、琴东尼（Gin and Tonic）、琴苦味（Gin and Bitters）、琴费司（Gin Fizz）、露西鸡尾酒（Rose Cocktail）等。

二、鸡尾酒会的特点

与其他各种形式的宴会相比，鸡尾酒会具有轻松活泼、品位高雅、方便交际、来去自由、不受束缚、节省开销等多种特点，所以，近年来它变得越来越流行。

1. 非正餐，食品淡化

参加鸡尾酒会的客人多以饮用配制的各种鸡尾酒为主，一般不饮烈性酒。食品主要是三明治、点心、面包等各种小吃，客人用牙签取食。鸡尾酒会的桌上多摆放口纸、花瓶和烟缸等，在酒会大厅中设一到几个类似自助餐的餐台，陈列小吃、菜肴。鸡尾酒和小吃由服务员用托盘端上敬让，或部分置于小桌上。

2. 来去自由，方便活泼

鸡尾酒会举办的时间一般在下午的3时至5时，这在美国叫做鸡尾酒时间。客人可以在此期间到达和退席，来去自由，不受拘束。鸡尾酒会一般不设座，只在边上为年老者或愿落座者设少量桌椅。客人大都站着边谈边吃，可随意走动，自由交谈。其实，有些在正式宴会前举办的鸡尾酒会也兼有等人、聚会的性质，使宾主聚齐，再正式步入宴会大厅或开始宴会。因此，宾客之间走动、寒暄、打招呼、交流就是鸡尾酒会的主要组成内容了。

3. 注重气氛，比较隆重

鸡尾酒会通常气氛轻松活泼、热烈奔放。因此，举办鸡尾酒会的地点、场景布置，大多新颖别致、舒心宜人。在鸡尾酒会上，宾主之间交流信息，联络感情，可以进一步深化友谊；男男女女把酒而谈，翩翩起舞，有机会结识和了解；在其他酒会或宴会上受到了东道主或某些宾客的周到照顾，可以邀请他们参加自己举办的酒会以示答谢。

三、鸡尾酒会的名称和种类

不同名称的酒会中，以酒会或招待会（Reception）较为正式。通常政府机关及外交团为节庆及其他官方活动，请柬常用酒会或招待会。至于鸡尾酒会（Cocktail Party）及家中（at home）酒会则常用于民间的酒会。现今鸡尾酒会已成为最流行的款待方式之一。在目前社会，很少的家庭雇有仆佣，而雇用临时帮手或外烩酒席的费用又不是大多数家庭财力所能负担，所以鸡尾酒会的优点比起宴会来要多。酒会的名称，无论以招待会、鸡尾酒会或在家中举行的小型酒会为名，举行的时间视情形而不同，一般午前不举行，通常在午后4时至6时、5时至7时或6时至8时，以1小时至2小时为宜，须于请柬上注明几时至几时，规模可大可小，形式可以简单些，也可以讲究些，方式要较正式宴会更为自由。

1. 常见的鸡尾酒会

（1）纯鸡尾酒会（Cocktail Party）　饮料以供应各种鸡尾酒为主，食品主要是三明治、点心、面包等各种小吃，客人用牙签取食。

（2）鸡尾酒自助餐（Cocktail Buffet）　酒会后接着举行自助餐会，主人通常只邀请其中的一小部分宾客参加。

（3）鸡尾酒及舞会（Cocktail and Dance）　酒会后接着举行舞会。

无论采取何种方式，都应事先在请柬上注明。

2. 招待会、鸡尾酒会的共同准则

不论酒会使用的名称为何，皆具有共同准则，即：

（1）酒会采取自由方式，宾客皆站立，不需要排座位。各种酒类及饮料或放在一处，由客人前往自取，或由侍应生巡回递送。

（2）酒会以酒水招待为主，酒会中必须准备各种酒类，如威士忌、马丁尼酒（Martini）、琴酒（Gin）、伏特加酒（Vodka）、朗姆酒（Rum）等，以及调备的鸡尾酒如混合酒饮料（Punch）。同时还需准备不含酒精的饮料，如果汁、番茄汁、可乐、矿泉水（Mineral Water）、姜汁汽水（Ginger ale）等。

（3）酒会无需准备饭后烈酒（Liqueur），一般准备的酒类包括：荷兰蛋黄酒（Advocaot）、法国紫色利乔酒（Amoarette）、黄梅白兰地娇酒（Apricot Brandy）、泵酒（Benedictine，DOM）、樱桃白兰地（Cherry Brandy）、樱桃威士忌（Cherry Whisky）、干邑（Cognac）、薄荷酒（Creme de Menthe）、摩卡咖啡酒（Creme de Moka）、荷兰茶酒（Crème de Decco）、苏格兰杜林标以利乔酒（Crème de Decco）、威士忌甜酒（Drambuie）、法国草莓酒（Fraisia）、橙汁白兰地（Orange Brandy）、樱桃巧克力（Royal Cherry Chocolate）、巧克力薄荷酒（Royal Mint）等，同时还准备咖啡和茶。

（4）酒会中必须准备咸的和甜的小食品，如马背上的天使（Angels on Horseback）是用培根咸肉片包裹生蚝放在小片吐司面包上烘烤的小块食品，以及各式小面包、小香肠、芝士等，置于桌上由客人自行以牙签取食，带壳的虾、大块的食品应避免。热食点心如小香肠、各种油煎食品等，多由侍应生巡回递送。

四、酒会主人的礼节

酒会中的礼节，应注意作为男女主人及宾客的礼节，大致而言，男女主人应备礼节如下。

（1）酒会场所的布置应与举办酒会的目的符合，如为官方场合，可考虑布置国旗，民间场合可考虑悬挂横条，不可夸张，必须得体。鸡尾酒会的会场布置简单，不必有固定的桌椅，气氛随和，宾客可无拘无束地边饮边谈。通常宾客都站着话叙及享用餐点饮料，会场周围可备有沙发及座椅供来宾休息时使用。鸡尾酒会期间，可以自由出入，迟到不为失礼，早退也没有关系。

（2）男女主人柬邀宾客时，必须有所选择。应邀的客人身份，须与主宾身份相称，或有关系。如主宾忌讳记者，则不请记者；主宾为阿拉伯国家的官员或人士，则不宜邀请犹太人；请了当地执政党决策人士，则不宜请反对党。至于明知某要员嗜好杯中物，不醉不归，则应避免邀请。

（3）男女主人的衣着必须与酒会的性质符合。如仅是普通酒会，男女主人却穿着盛装，着晚礼服待客，会使宾客因穿着普通装而受窘；如是正式的酒会，在驻在国礼俗上已形成习惯，而主人不察，淡然处理，例如代表政府赠勋，当地惯例皆着晚礼服，主人却以便服处之，不但自贬身价，而且诸多不敬。故男女主人必须斟酌酒会性质，规定服装，在请柬上清楚注明。

（4）由于酒会宾客常有早到情形，故男女主人宜于酒会前十分钟在门口接待宾客。如主宾要欢迎某贵宾，则应请主宾夫妇同站在接待地点，迎宾线的排列顺序应为：男主人，男主宾，女主人，主宾夫人。但不宜使主宾夫人孤单排尾，故宜安排另一地位相当的男士，如副主管等陪在末尾。

（5）在官方酒会或民间较大规模酒会中，男女主人不必侍候客人拿取饮料或小食品，应示意侍应生服务。

（6）由于酒会的时间有弹性，难免有客人不懂规矩滞留忘归，致使主人为难。这种情形下，主人不宜下逐客令直接示意客人，唯可让侍应生收拾台面或酒吧，使客人醒悟；倘若客人有几分醉意仍然不能醒悟，则主人不妨借口已另邀客人餐宴或本身须出席其他约会，委婉辞退滞留客人。

五、酒会宾客的礼节

酒会为十分重要的社交场合，作为外交人员，仪表是个人言谈举止形象的补充。在酒会上，个人的行为举止反映出身份地位、文化教养和道德面貌，故应注意礼节，不可放浪形骸，务必进退有节，避免给人留下恶劣的印象。一般而言，应注意的礼节如下：

（1）服装　必须注意请柬上规定的服装。如为晚礼服，则穿晚礼服；如为深色便服，便着深色便服。切忌奇装异服，或学时髦穿鲜艳服装，亦忌满身珠翠。外交场合的服饰，已有成例，男士不宜足蹬高跟鞋，着喇叭裤，大翻领上装；女士旗袍开叉不宜过高，或袒胸露背。

（2）仪容　女性化妆固然是礼貌，切忌盲目模仿银幕女明星的妆容。基本礼仪必须注意：指甲是否修剪，头发是否整洁，衣服是否笔挺，鞋子是否擦亮，不能大声谈话或争辩，不得开怀大笑，不得“紧身贴人”靠近对方谈话，不要故意卖弄风情，企图吸引男士们的注意，亦忌过度热情或冷若冰霜，不要打断人家的交谈，谈笑进退要有分寸。

（3）守时　必须注意请柬上注明的时间，不宜早到，依时辞退，不能认为自己晚到，就应该多留一些时候。

（4）走动　酒会容许客人半途离开正在和他谈话的客人，而去与别的朋友谈话，但态度方面应注意，免得使人有突兀之感。

（5）适饮　喝酒要适量。半分醉意已不相宜，酩酊大醉就是失仪。

（6）取食　端着盘子，自行拿取小食品，取食原则为多次少取。站着进食是酒会的特色，宾客如要寻觅目标，周旋谈话，应先吃些东西再参加酒会。

（7）结交　宾客如要结交权贵，可请主人特别介绍，比毛遂自荐更佳。

（8）信息　宜事先查明宴客中有何人参加，便可准备谈话资料。

（9）花篮　如为重要节庆，如国庆酒会，勿忘送花篮。

（10）道别　中途要离去的客人，得在人群中找到男主人，向他道别。如果主人很忙，客人不必拘泥他一定要抽身送客。

（11）酒会后　宜函谢，或送花给女主人表示谢意。

（12）大学生参加外交周酒会　参加酒会是一种社交训练。大学生须服装整洁美观：男同学结领带，鞋袜清洁，不可穿白袜黑鞋；女同学须穿丝袜，着裙装，不可穿露脚趾的凉鞋。仪容端庄、气宇轩昂，态度应该不卑不亢、落落大方。学习适应有外宾的场合，练习运用外语交谈，自我介绍及互相介绍，谈吐宜稍具深度，不宜专门询问，更不可探人隐私。面对驻华使节，可以谈其本国的事情，谈论天下大事或趣闻，或介绍母校、母系教学概况等。

六、酒会菜点的享用

1．掌握餐序

鸡尾酒会上提供的餐食品种不一定多，但取用时一定要依照合理的顺序而行，才能吃饱、吃好。标准的酒会餐序依次为：开胃菜、汤、热菜、点心、甜品、水果。鸡尾酒可在餐前或吃完甜品时喝。

2. 排队取食

在用餐时，不论是去餐台取食，还是从服务员手里的托盘上选择酒水，均应遵守秩序，认真排队，依次而行，必须自觉摈弃插队、不排队、哄抢等坏习惯。在取用洋酒、软饮料或小食品时，可请身边的人先动手。

3. 多次少取

选取菜肴时，不论是爱吃的还是尚未尝过的，都应一次只取一点，若不够可以下一次再取。若狂取一通，是十分失礼的。

4. 力戒浪费

在酒会上，自己取酒水、点心、菜肴时，切记不要超标过量。取来的东西必须全部吃完，扔掉或浪费是不允许的。

5. 勿施于人

在鸡尾酒会上，除家人、至交外，千万不要擅自去替别人代取酒水、点心、菜肴，因为自己不可能知道此刻对方是否有此需要或是否喜欢。

6. 禁止外带

在鸡尾酒会上，吃喝多少都行，但是绝对不能“顺手牵羊”，把酒会上的东西外带回家。

七、酒会注意事项

举办酒会应注意的事项，依酒会性质不同而异，大体而言，下列事项应周详准备及注意：

（1）场所　场所布置宜清洁大方，一定要考虑到停车场，要有衣帽间，停车场及衣帽间宜有人招呼，酒会大厅中应设有长方型的点心桌，点心桌宜布置有鲜花。酒吧应酌备若干座椅，供宾客疲惫时歇息。卫生设备（洗手间）中，必须准备卫生纸、肥皂、镜子、清洁毛巾等。

（2）酒水　酒或混合酒饮料应充分供应。通常在酒会中，每人具有喝三杯饮料的平均量。不宜使用纸杯。应僱请调酒员（Bartender）及侍应生，调酒员专门负责各种饮料的调制与供应，侍应生要穿制服。稍大规模的酒会，由侍应生巡回递送，穿梭奉酒、饮料及小点心，并随时注意桌面清洁。

（3）点心　酒会供应的点心以咸点心和小巧食物为宜。在外国，如小香肠、软炸鸡肝、小热狗、煮熟去壳之虾、小牛肉片、小三明治等；在中国，如蟹肉、龙虾片、春卷、咖喱饺、肉丸、小面包夹烤鸭片或薄皮包烤鸭片、不带汁小包子等，颇受欢迎（带汁的小笼包和带壳的虾都不适宜）。点心务求够量，尤其是请柬只注明开始时间而不列结束时间者，更应准备充分。点心桌上应备牙签及简单餐具，便于取食；餐巾纸，便于取带油性食品及拭手之用。

（4）其他布置　如需致词，要准备好麦克风。由于酒会中大家站立，故致词宜短，且事先准备，不宜长篇大论。

至于民间非正式酒会，晚宴前、舞会前或婚礼后的酒会，在客厅、饭店或交谊厅举办的酒会，一般均较轻松，或坐或立，悉随君便。

八、酒会供应方式

鸡尾酒会是较流行的社交、聚会宴请方式，以供应各种酒会饮料为主，并附设各种小吃、点心和一定数量的冷热菜，是一种简单且活泼的宴客方式。鸡尾酒会不需豪华设备，一般不摆台、不设座，只在边上为年老者或自愿落座者设少量桌椅，这样最伤脑筋的席次问题也不存在了。桌上摆口纸，花瓶和烟缸等。与会者不分高低贵贱，着装可以随意一些，可以自由交谈，选择自己喜好的酒和食物，气氛热烈而不拘泥形式。

由于酒会具有实用、热闹、欢愉且适合在各种不同场合举办的优点，颇符合现代社会求新求变又不拘泥形式的需求，以至于越来越多的人选择以举办酒会的方式宴请宾客。从酒会的主题来看，多是欢聚、纪念、庆祝、告别、开业典礼等，无论是隆重、简朴或严肃的形式，酒会都不失为可行的西餐宴会方式。

一般而言，鸡尾酒会的形式较为自由。席间由主人和主宾即席致词，宾客可以迟到或早退。为避免出现宴会主人不好意思宣布宴会结束的尴尬情况，酒会通常有时间上的限制。酒会的举办时段，以下午3:00～5:00或4:00～6:00为宜，但西餐宴会时间仍然可作适度调整，以给予主人及与会宾客充分的自由与方便。

尽管酒会的举办方式相当多元并且具有很大的发挥空间，我们仍可根据价格及举行的方式，将酒会分为三种不同类型。

1. 仅供应简单的开胃品

酒会中的开胃品通常放置在酒吧台或沙发旁的茶几上，供客人自行取用。这些开胃品一般是一些洋芋片、腰果、花生、蔬菜条、面包条等简单且方便食用的小餐点。

2. 除开胃品外，再供应一些绕场服务的食品

这些食品由服务人员端着来回穿梭于客人之间，供宾客们依个人喜好自行取用。这种类型的酒会在正式宴会开始之前的30分钟通常会提供餐前酒给宾客饮用。餐前酒的招待，不但能使宾客在用餐前享受酒的美味，也可以帮助先到达会场的客人在自由轻松地气氛之下与他人寒暄，打发等待其他与会宾客到齐的时间，而不至于感到乏味。

3. 采用“餐台式”举行酒会

若以这种方式举办酒会，必须提供一些冷盘类食物以及其他简单易食的热食类餐点。除此之外，小餐盘和叉子的设置也是餐台式酒会不可或缺的。

如上所述，酒会的类型可以简单分成三种。其中，前两种举办方式都不供应小餐盘或叉子，因此所有的食物都必须较不油腻，并且以方便单手取用为供应原则。本教材主要探索第三类酒会形式，即餐台式酒会服务方式。

九、酒会服务程序策划

1. 鸡尾酒会的准备工作

(1) 摆放桌椅，准备设备　根据“通知单”的具体细节要求摆放桌椅，餐桌可布置为V型、T型或S型长台，置于餐厅中间，准备所需各种设备。

(2) 酒吧台及酒水的准备　宴会时，酒吧台均采用临时性活动吧台，由酒吧部门负责准备。如果与会宾客众多，则可直接采用宴会桌来当酒吧台。杯子的数量约为参加人数的3倍，其中必须包括红葡萄酒杯、白葡萄酒杯、白兰地酒杯、果汁杯、啤酒杯、黑灰杯、

利口杯、雪利杯、鸡尾酒杯等。准备各种规定的酒水、冰块、调酒用具，在宴会开始前必须清楚记录，结账时才不会有所遗漏。酒会开始前，应请宴会主人先行清点所有准备用来供应宾客饮用的酒水数量，结束后仍需请其再清点一下，以确定实际的使用数量。清点结果记录在酒会领料及退料表上。

（3）食品台及食品的准备　鸡尾酒会的菜肴是放在食品台上供客人自由选取食用的。因此，供应的菜肴必须是即使放置时间长也不会走味的冷餐。鸡尾酒会的各种小吃，一般为长6厘米、宽3厘米的薄皮烘面包，刮上黄油作底板，上面铺着各种肉类，如鸡肉、火腿、鸡蛋、蛋肠、鱼子酱等，高级鸡尾酒会还准备肉车为宾客切割牛柳、火腿等。酒会前要根据客人的人数将食品台分散，每一张食品台上可放二三十人的菜肴，用大盘装，旁边配置一些餐碟，以便每位客人能自由进行自助式用餐。

（4）餐具的准备　准备直径15厘米骨盘，平均放在餐桌各个角落，骨盘的数量约为参加人数的2.5~3倍；准备点心叉或餐叉，数量为参加人数的2~2.5倍，将服务匙及服务叉放置在餐桌的服务盘上，供客人取用；准备餐巾纸，分散放置在每一张餐桌上，并随时补充；所有盛装配料、调味料的器皿下方需放置底盘座，并垫上花边纸，同时将茶匙置于底盘座上，以方便宾客取用又不失美感；有些绕场服务类的食物必须准备迷你叉供客人使用。

（5）小桌椅的准备　小桌摆放在西餐厅四周，桌上置花瓶、餐巾纸、烟灰缸、牙签盅等物品，少量椅子靠墙放置。

2. 鸡尾酒会的服务工作

西餐宴会厅主管根据酒会规模配备服务人员，一般以1人服务10~15位宾客的比例配员。由于酒会中宾客没有固定坐位，所以服务人员很难划分服务区域，只能用分组的方式来服务客人。一般将酒会服务人员分成三组来进行服务工作，第一组负责绕场服务和照料餐台，第二组负责酒类、饮料的服务，第三组则负责收拾空杯残盘及整理会场。其工作细节说明如下。

（1）负责绕场服务和照料餐台　协助厨房照料餐台，并且通知厨房补菜、整理及补充餐台上的备用物品。此外还需负责执行绕场服务的任务，即在酒会中协助端拿绕场服务小吃类食品在会场来回穿梭，以供宾客取用。

（2）负责酒类、饮料的服务　酒水服务是整个酒会的重头戏，它的服务是否到位，关系到整个酒会的服务质量。它的服务要求是：

① 酒会开始时的操作：所有酒会在开始的10分钟是最拥挤的。到会的人员一下子拥入会场，如果饮料供应不及时的话，酒吧就有被挤垮的危险。第一轮的饮料要按酒会的人数，在10分钟之内全部送到客人手中。大中型的酒会，调酒师要在酒吧里，将酒水不断地传递给客人和服务员。服务时，服务员需使用托盘拿持酒杯给予客人，并随杯附上一张小餐巾纸。若与会人数众多，通常会由调酒员预先调好一些常见的酒类或饮料，然后由一部分服务人员端着放置了小餐巾纸、各式饮品数杯的托盘排队站在入口处让客人自行挑选偏好的酒类或饮料；另外一部分饮品同样置于托盘中，但由服务人员端着穿梭于会场中，随时为宾客提供饮品服务。负责酒会指挥工作的经理、酒吧领班等还要巡视各酒吧摆设，看看是否有酒吧超负荷运转，如有，应立即抽调人员支援。

② 放置第二轮酒杯：酒会开始10分钟后，酒吧的压力会逐渐减轻，这时到会的人手中都已有饮料，酒吧主管要督促调酒员和服务员将空杯（干净的）迅速放上酒吧台，排列

好，数量与第一轮相同。

③ 倒第二轮酒水：第二轮酒杯放好后，调酒师要立刻将饮料倒入酒杯中备用，大约15分钟后，客人就会饮用第二杯酒水。

④ 到清洗间取杯：两轮酒水斟完后，酒吧主管就要分派服务员到洗杯处将洗干净的酒杯不断地拿到酒吧补充，既要注意酒杯的清洁，又要使酒杯得到源源不断的供应。

⑤ 补充酒水：在酒会中，经常会因为人们饮用时的偏爱而使某种酒水很快用完，特别是大中型酒会中的果汁、什锦水果和白兰地。因此，调酒师要经常观察和留意酒水的消耗量，在有些酒水将用完时分派人员到酒吧调制什锦水果和其他饮料，以保证供应。

⑥ 酒会高潮：酒会高潮是指饮用酒水比较多的时刻，也就是酒吧供应最繁忙的时间，常是酒会开始后10分钟、酒会结束前10分钟和宣读完祝酒词的时候（自助餐酒会在用餐前和用餐完毕也是高潮）。这些时间要求调酒师动作快，出品多，尽可能在短时间内将酒水送到客人手中。

⑦ 注意事项：有时客人找不到自己喜欢的饮料，会向服务员点酒吧设置中没有的品种。如果是一般品牌的酒水，可以立即回仓库取，尽量满足客人的需要；如果是名贵的酒水，要先征得主人的同意后才能取用。

⑧ 清点酒水用量：在酒会结束前10分钟，要对照宴会酒水销售表清点酒水，确切点清所有酒水的实际用量，在酒会结束时立即统计出数字，交给收款员开单结账。

（3）负责收拾空杯残盘及整理会场　负责收拾的服务员必须端持托盘穿梭在会场之间，一旦看到客人手上的杯子已空，便可上前询问需不需要将空杯收走。宾客有时可能会向此组服务人员点酒。遇到这种情况时，虽然点酒不在其服务范围内，但仍应和颜悦色地回应“请稍候，马上请其他服务人员为您服务！”之类的言语，并尽快请负责人员进行服务。另外，第三组人员还要负责收拾摆在小圆桌上的空杯、餐盘、叉子等，若发现地上掉有东西也应立即拾起，以随时保持会场的场地清洁。

3. 鸡尾酒会的结束工作

鸡尾酒会一般进行两个小时左右，酒会结束，服务员列队送客出门。宾客结账离去后，服务员负责撤掉所有的物品。余下的酒品收回酒吧存放，脏餐具送洗涤间，干净餐具送工作间，撤下台布，收起桌裙，为下一餐做好准备。

鸡尾酒会的计费方式有以下三种。

（1）以实际消费量计价　即以杯计价，此种方式需请宴会主人在事前及事后与西餐宴会厅领班一起清点饮料并将结果记录在计价表中。

（2）一定时间内无限畅饮　宴客主人包下酒吧提供的酒水，使宾客能在固定时间内无限量畅饮。此类酒会通常会提供A级及B级酒吧供选择，其中供应的酒单随酒会价位的不同而有所差异。

（3）仅负责标准餐内的酒水费　主办单位只负责酒会标准餐内的酒水费，而超出标准的费用则由宾客自付。此时，服务人员要及时为点酒水的宾客提供服务，同时又要及时结账，以免出错。

4. 鸡尾酒会的服务要点

（1）宴会厅　因为客人是站着用餐的，所以宴会厅可以招待比平常多一倍的客人。

（2）餐桌　只设食品台和吧台，不设座位，但在宴会厅四周仍设有少量座位，专供客人中的老年人和病弱者使用，服务员要给予照顾。

（3）设备　讲台、立式麦克风、沿墙长椅、公司标志、标题横幅等。

（4）花卉　根据主办单位的要求和宴会厅的情况选用，预算时作为一般收费项目。

（5）菜单　可按确定的鸡尾酒菜单准备，价格根据质量确定，也可选用特定的菜单，如某国的特色菜等。注意帮助年老人取用，随时准备加干果、点心。

（6）酒水饮料　由各种酒吧供应，如果包价中含饮料酒水，则根据标准选用酒水品种。带汽的酒和贵重酒类应随用随开，减少浪费。各种鸡尾酒的调制要严格遵循规定的比例和标准操作。服务过程中，注意不要发生冲撞，尤其不要碰着客人和客人手中的酒杯。

（7）音乐　一般采用轻音乐作为背景音乐，可备有主办国的国歌、古典音乐等。

（8）其他　冰雕是鸡尾酒会的常见装饰品，最好有专人根据主办单位要求雕刻其产品或公司标志，起装饰作用。

练一练：尝试制作一份鸡尾酒会设计方案。

任务二 冷 餐 会

冷餐会，又称冷餐酒会或冷酒会，是一种客人既可以自由取食又可以在轻松愉快的气氛中与较多友人交谈的立式便宴形式。一般的欢迎宴会、招待宴会都采用这种形式。

一、冷餐会的特点

1. 冷菜为主，热菜为辅

冷餐会要准备餐桌，餐桌上同时摆放着各种餐具，菜肴、饮料集中放在大餐桌上。宾主根据个人需要，自己取餐具后选取食物。冷餐会上供应的酒水一般单独集中一处，宾主既可自己上前选用，也可由服务生托盘送上。

在菜肴的组成上，冷餐酒会的特点是以冷菜为主，热菜为辅，菜点的品种丰富，一般都在 20 种以上。冷菜大都放在大型的冷菜盘中，热菜则有保温措施。

2. 形式随意，不排座次

冷餐会举行的地点，可以是大型餐厅或者露天花园。一般情况下，冷餐会设有菜点桌、餐桌、餐椅，露天冷餐会还要设置遮阳伞。现在，越来越多的时尚人士在家里用冷餐会的形式取代了烦琐的正式宴请，利用客厅、餐厅或者花园进行冷餐会，也称 Home Party。

冷餐会场地布置灵活多样，一般都不排席位，不设主宾席，亦无固定座位，宾客自由入座。设长桌，有时也用小桌；既可设座椅，也可不设座椅，站立就餐，赴宴者可自由活动。

冷餐会举行的过程中，客人可以坐立两便，可以到处走动，边走边吃，寻找老朋友，结交新朋友。这种令人轻松自在的就餐方式和聚会，更有助于人际交流。

根据宾主双方身份，冷餐会规模及隆重程度可高可低，举办时间一般在中午 12 时至下午 2 时、下午 5 时至 7 时左右，也可在晚上举行。

3. 讲主题，重环境

冷餐会不同于一般的宴请，是讲主题、讲环境、讲氛围、讲品格的宴请方式，是既有档次又不失轻松的交流场所。不同的冷餐会应有不同的明晰的主题，不同的冷餐会要创造或设置不同的环境。譬如重大的节日宴请、有影响的活动宴请，都有不同的主题。

冷餐会在餐桌设置、上菜及宴会厅布置方面也有很大特点。一般在宴会厅中间部分设置长条形主桌，桌次和桌形的摆设可根据客人多少而定，有“T”形、“U”形、“E”形、“一”字形、“口”字形等多种形式。所有的菜肴应在客人入场之前全都准备好放在主桌上。主桌上除了菜肴外，还应该准备足够数量的供客人取食用的刀叉和餐盘。有条件的还可以在主桌中间或宴会厅四周提前精心设计和安排一定的装饰品，如冰雕、黄油雕、食品雕刻和鲜花篮等，尽量使其反映出冷餐会的豪华场面。宴会厅里除了主桌外，还要准备一些小圆桌和座椅，但不一定一席一座。可临时增设卖品部，为客人供应各种名酒和饮料。

优美的音乐和训练有素的乐队，是大型冷餐会高档次的重要表现。乐能助酒，乐能助兴，好的音乐和乐队能使参会宾客流连忘返，更能使参会宾客敞开心扉，相互交流。这也是冷餐会举办的宗旨所在。

4. 自主取菜，边吃边谈

冷餐会一般以自助餐的形式出现，最大的特点是宾客边吃边谈，按照个人所好选用菜点，在无拘无束的氛围下进行感情沟通。大家在就餐、交流的同时，通过视觉心理反应，观察和欣赏周边的环境及桌上的菜点，尤其是冷餐会的菜点在客人进入餐厅前已经摆放在餐桌上。因此烘托主题的装饰食品和绚丽多彩、富于变化的菜点不仅诱人食欲，还给人以一种艺术的享受。

二、冷餐会的优点

冷餐会之所以广为流行，是因为它具有其他宴请形式所不能比拟的优点。

1. 主办者的优越之处

(1) 省去了很多因排列客人的席位而引起的烦恼。

(2) 一次宴会可以招待较多的客人。

(3) 可以同较多的客人进行广泛的接触和交谈。

(4) 菜肴基本是一次上齐，减少了上菜过程中的麻烦。

(5) 可以省去较多的服务人员，减轻了服务员的体力和精神压力。

2. 客人的优越之处

(1) 可以节省较多的时间。

(2) 冷餐会比较自由、随意，可以不拘泥于礼节。

三、冷餐会与鸡尾酒会比较

冷餐会与鸡尾酒会都是当今较流行的服务方式，冷餐会是从鸡尾酒会发展演变而来的，因而二者有许多相似方面，但也有几点不同之处。

(1) 冷餐会适用于会议用餐、团体用餐和各种大型活动，一般用餐时间在正午或晚上。鸡尾酒会适用于不同场合，从主题来看，多是欢聚、庆祝、纪念、告别、开业典礼等，可以在任何时候举行。

(2) 冷餐会一般有坐式和立式两种就餐形式，有全自助、半自助和 VIP 服务。鸡尾酒会一般不摆台不设座（只在墙边为年老者或愿落座者设少量桌椅），客人站着自助式用餐，菜肴放在食品桌上供自由选取食用。

(3) 冷餐会的特点是规模大、布置华丽，场面壮观，气氛热烈，环境高雅。鸡尾酒会则显得简单随意，它不需要豪华设备，不必十分讲究背景环境和气氛，更不拘于礼节。

(4) 冷餐会菜肴丰富，服务准备工作量大，宴会进行中服务较简单。鸡尾酒会以供应各种酒水饮料为主，食品提供的量相对来说少得多。

（5）冷餐会对客人有一定的要求，鸡尾酒会则不拘形式，客人不分高低贵贱，可以迟到或早退，着装可以自由一些。相对于冷餐会而言，鸡尾酒会形式能招待更多的人，不存在座次问题，宴会的主人不必为不好意思开口结束宴会而担忧。

四、大型冷餐会策划

大型冷餐会因其气氛热烈、摆台美观、自取自用、轻松随意而被许多重要活动采用。一般大型冷餐会的操作规程、环境设计、食品摆台与气氛营造都要求实用价值与艺术价值并重，具体来说，应注意以下几个方面。

1. 突出冷餐会特点

冷餐会以各式冷餐食品为主，进餐时间较长，人们需要在一个美好的环境里细细品味、娓娓而谈。因此宾客对环境的要求比较高，冷餐宴会的设计者要特别注意对环境的设计。就餐环境应该宽敞，色调应以明快为主，灯光宜采用暖色，现场烤肉在粉红色灯光下进行，更加突出了肉质的鲜美，令人垂涎。背景音乐宜选用悠扬、舒缓的传统乐曲，空气要保持清新。

2. 主题设计

冷餐会不同于传统的西餐宴会，是讲主题、讲环境、讲氛围、讲品格的宴请方式，又是既有档次又不失轻松的交流场所。所以，不同的冷餐会应有不同的明晰的主题，不同的冷餐会要创造或设置不同的环境。譬如，重大的节日宴请，有影响的活动宴请等，都有其独特的内涵和外延，都有不同的主题，必须在冷餐会的主题和环境上有不同的体现，既有共性，又有个性。

大型冷餐会场面大，参加人数多，特别是有些国际性的冷餐会，因与会者的国籍、身份、职业、风俗习惯、宗教信仰和忌食特点的不同而相差很大。为满足不同客人的饮食口味和欣赏情趣，必须根据宴会特点设计出若干个不同主题的餐品，形成各具特色的风味中心。

例如，以“巴黎之夜”命名的主题餐台，应设计成典型的法兰西情调，摆放各色具有法国特色的食品。为促销葡萄酒和乳酪而举办的酒会，可以用主办单位提供的红、白葡萄酒和乳酪来布置餐台。如某航空公司举办的酒会，实景要配合主办单位的公司形象，可以用草席和一些简单的物品，搭配动物造型的冰雕和壁画，让餐台及整个会场呈现出原始丛林的风貌。

3. 台面设计

冷餐会台面，是冷餐会中最占据视线、最反映氛围的部分，是冷餐会的大色块、大布局，是宴请的主色调。一般来说，有冷色调或暖色调之分，APEC 冷餐会就采用了蓝白横拼的冷色调，反差冷峻而不失高雅。国庆招待会中则采用黄红相间的暖色调，糅入国旗的基本色彩，充满节日的喜庆而又不入俗套。所以，台面设计的基本要求，既要兼顾各国文化的传统习俗，更要追求色彩的创新和谐，体现冷餐会的主题和主人的爱好。

4. 菜单设计

菜单设计首先要坚持整体性，在为主题服务的前提下，充分考虑宾主的意见和餐饮习惯。同时又要坚持多样性，每一组菜不要少于 50 种。在烹制上要技法兼顾，在用料上要“海、陆、空”兼顾。菜单设计与台面设计要相辅相成，台面较深，主菜色彩可以从浅；

台面较浅，主菜色彩可艳丽些，冷暖搭配，深浅搭配。菜单设计要注意预制菜肴、厨房热菜和冷餐会现场操作的配合，实践证明，现场操作，既可增加进食气氛，也有利于提高菜肴质量，特别为宾客所青睐。

5. 立体及平面摆放

冷餐会的桌面菜肴摆放，大有文章可做。以往，大多是平摊着几个盒子，平排着几个保温锅，“相貌平庸”。现在可用置放托架的办法来体现立体感；用高托架底放置水果盆的办法来反映层次感；用有机托架下放置雕刻作品的方式，既增加了菜肴美感，又在菜肴取完后起到点缀作用。菜肴、水果、花草、雕刻、冰雕等在菜台上的多层次置放、立体展示等，操作得当，可以起到画龙点睛之效，使整个桌面“活起来”。

6. 餐具及盛器

餐具及盛器从来就是餐饮文化中的重要一环，俗话说：好马配好鞍，好菜配好盘在冷餐会上尤为重要。现代制造技术及文化的发展创造了各种无与伦比的新材料、新工艺、新造型、新产品，其中许多是堪为餐饮业增辉添美的。所以，要大胆寻找和使用具有现代造型美的器皿，用于冷餐会的菜肴、点心、水果等的装盆、点缀，能起到事半功倍的效果。

7. 装盆与点缀

冷餐会菜肴装盆，既要美观又要实用，既要丰富多彩又要便于取食。比如，装盆要象形，有一定的造型，有完整的外观，给人以美感，但冷餐会自由取食的特点，又要求在装盆时必须为取食提供方便，便于快捷取食。

装盆的点缀，一般都以素菜作为烘托，不能喧宾夺主，要突出主菜本身，点缀的素菜，又要在品种和形式上富于变化，不能都是萝卜花、香菜叶、黄瓜环等，千篇一律。

8. 灯光使用

局部灯光的使用是冷餐会上很重要的内容，这里主要是指直接照射菜肴的辅助光源的设计和使用。辅助光源（如射灯）照射在菜肴上，可以起到两个基本作用：保温和增色。所谓保温，可以对热菜或点心起到防冷及增脆作用。所谓增色，即不同光谱的灯光，可以给不同颜色的菜肴增添色彩，增加美感。如果再配以一定的烟雾效果等，更能够增进菜肴的色、香、味功能。

9. 乐队和音乐

优美的音乐和训练有素的乐队，是大型冷餐会高档次的重要表现。乐能助酒，乐能助兴，好的音乐和乐队，能使参会宾客流连忘返，更能使参会宾客敞开心扉，相互交流。这也是冷餐会举办的宗旨所在。

10. 食品饮料设计

食品饮料的设计和器皿、餐桌椅等的摆放要考虑到客人走动取食、边吃边谈的特点，应做好如下几点：

（1）要根据主题设置特色食品。

（2）要在会场适当位置重复摆放主要食物、饮料和餐具。这样可以防止会场一端的客人到另一端长距离行走取用食物而造成不必要的拥挤。

（3）餐桌的安排既要有中心主桌，又不能使其他客人感到受排挤，过于靠边角。餐桌的尺寸和分布根据就餐人数而定，宁少勿多，宁小勿大，以便留出较大的活动空间。餐桌以供3~4人站立用餐的标准摆放，也可适量备些座椅。一般餐桌处于中心餐台外围。餐桌上可铺放一种橡胶软垫，既可防滑，又可避免出现碗碟碰撞的噪声，桌面四周边缘可设计略高一点，也可防止器皿滑落。

（4）盛放食物与饮料的器皿宜采用多种材料和造型，如银器、瓷器、玻璃、水晶、原木、果蔬外壳等，还要注意摆放环境的形式与内容协调。

（5）酒水的设计，名酒应摆放在衬有精制丝绒的木雕或仿古铜炮车模型上，华丽高雅，不落俗套。

11. 席间娱乐设计

席间娱乐和现场操作是冷餐会的两大要素，一般席间娱乐有歌舞表演、音乐欣赏、时装表演等形式，室外冷餐会还可以增加篝火和焰火晚会等，可根据酒会特点适当选择安排。

12. 现场烹饪设计

现场烹饪是一种能够渲染气氛、引人注目、促进销售的服务方式。厨房现场烹饪制作食品在冷餐会上经常被采用，往往成为最受欢迎的节目，如各式现场烧烤、调制鸡尾酒、燃焰表演等。

五、冷餐会服务程序设计

1. 准备工作

（1）冷餐会场地布置　从“宴会通知单”上了解参加人数、台型设计、菜肴品种、布置主题等事项，环境布置要围绕宴会主题。一般冷餐会的摆设，通常将餐台中央部分架高，并加上主办单位的标识及冰雕，以凸显冷餐会的主题。

（2）餐台的摆放与布置　餐台的摆放形式多种多样，除了设完整的自助餐台外，也可将一些特色菜分列出来，如沙拉台、甜品台、切割烧烤肉类的切割车等。餐台的摆设应方便宾客选取菜肴，并注意宾客流动方向。餐桌摆放要突出主桌并留有通道。

布置餐台时，先在餐台上铺台布，然后围上装饰用的桌裙和装饰布，台中央可布置冰雕、黄油雕、鲜花、水果装饰物点缀，以烘托气氛，增加立体感。

（3）菜肴及其他物品的摆放　菜肴陈列应根据通知单上所列菜肴品种和宾客的取食习惯来排列。立式自助餐应附有杯托夹、餐刀、餐叉、餐巾等用具。沙拉、开胃品和其他冷菜放在宾客最先能取到的一端，并注意美观；接着摆热蔬菜、肉类菜肴，跟配的调味汁应与菜肴摆放在一起。热菜通常要用保温锅保温，菜肴前应摆放菜名牌。甜品、水果一般单独设台摆放，也可放在主菜的后面，即宾客最后去的一端。

（4）坐式餐台的摆放　宾客就餐的餐桌应摆放头盘用小号刀叉、汤勺、餐刀、餐叉、甜品叉、甜品勺、面包盘、黄油刀、餐巾、胡椒和盐瓶、桌号、鲜花、烛台等。

2. 迎宾工作

在冷餐会开始前半小时或15分钟，一般在西餐宴会厅门外为先到的宾客提供鸡尾酒、饮料和简单小吃，直到冷餐会时间才请宾客进入宴会厅。服务员见到宾客应礼貌问好并热情引领客人至宴会厅。

3. 入座就餐服务

除了主桌设坐席卡外，其他桌用桌号区别，宾客自由选择或根据请柬要求入座。服务员为每位宾客斟冰水，并询问是否需要饮料。主人待宾客全部入座后致辞、祝酒并宣布冷餐会正式开始。客人排队从餐台上选取自己喜爱的食品回到座位享用，也有一些冷餐会主桌的开胃品、汤由服务员送到餐桌上。

（1）自助餐台服务　自助餐台应有厨师值班。厨师负责向宾客介绍、推荐、夹送菜肴和分切肉车上的各类烤肉；负责及时添加菜肴，检查食品温度，回答宾客提问并负责保持餐台整洁。

（2）席间服务　服务员要随时接受宾客点用饮料，并负责送到餐桌或宾客中；巡视服务区域，随时撤空盘、换烟灰缸等。

4．结账收尾工作

冷餐会接近尾声时服务员要清点酒水，核实人数，协助收款员打出账单。当主办单位或个人示意结账时，按规定办理结账手续，询问宾客对活动的满意程度。宾客离座时帮助拉椅，提醒携带随身物品，感谢宾客光临，礼貌送客。宾客全部离开餐厅后，厨师负责将余下的菜肴全部撤回厨房分别按规定处理。服务员负责清理餐台、清点餐具，恢复宴会厅原样并为下一活动做准备。

六、参加冷餐会的礼仪

1．衣着装饰不可过于随意

虽说冷餐会不像其他宴请要穿礼服，但是去繁就简并不等于没有要求。在任何一个公共场合，都是展示个人良好教养、审美品位的机会。因此，冷餐会穿正式服饰为宜，绝不可以随便乱穿一气，类似短裤、运动鞋或赤脚穿凉鞋等。女性也不应穿超短裙、小背心等休闲装出席冷餐会。如果出席在室外举行的冷餐会，无论当时的阳光多么强烈，都不宜佩戴太阳镜，以免妨碍自己与他人的交往。另外，用餐时不可戴手套。

2．按序取菜，多次少取

取食要按照顺序，不要抢先。取食物的人过多时，也可以先取饮品。正确的取食顺序是依照冷盘、沙拉、汤、热菜、主食点心、水果、冰激凌这一大致的顺序，每次选取一两样适合自己口味的，吃完了再去尝试其他东西。

在冷餐会上取食物，务必记住“一次少取，多次取食”的原则，“多次少取”是冷餐会的基本要求。每一次少取一些，宁可不够吃再去添几次，也不要一次就盛得冒尖，一来不雅观，二来盛得太多吃不完浪费。此外，如果盘子里的食物堆得太多，杯子里的饮料倒得过满，在走动过程中，食物容易从盘中掉下或饮料从杯里溢出，成为笑柄。

凡是取入自己杯盘中的食物，一定要食用干净。遇到有骨、刺等异物时，可以放在盘边，也可以到服务台上另取一只干净盘子使用。

3．使用公用餐具盛食物

在冷餐会上自取食物时，一定要记住用每道菜品旁边的公用筷子、勺子或叉子盛食物，切不可用自己的餐具（即使是干净的刀叉）。

4．别误食他人的食物

由于习惯了大家围坐在一桌，共食所有的菜肴，所以，大家在一张桌上用餐时，有些人可能会误吃别人点的食物，因此需要注意。

想一想：冷餐会的特点有哪些？

任务三　自 助 餐 会

一、自助餐会概述

自助餐是起源于西餐的一种就餐方式。厨师将烹制好的冷、热菜肴及点心陈列在餐厅的长条桌上，由客人自由取食，自我服务。这种就餐形式起源于8～11世纪北欧的“斯堪的纳维亚式餐前冷食”和“亨联早餐”。相传这是当时的海盗最先采用的一种进餐方式，至今世界各地仍有许多自助餐厅以“海盗”命名。海盗们性格粗野，放荡不羁，以至于用餐时讨厌那些用餐礼节和规矩，只要求餐馆将他们所需要的各种饭菜、酒水用盛器盛好，集中在餐桌上，然后由他们肆无忌惮地畅饮豪吃，吃完不够再加。海盗们这种特殊的就餐形式，起初被人们视为是不文明的现象，但久而久之，人们觉得这种方式也有许多好处，对顾客来说，用餐时不受任何约束，随心所欲，想吃什么菜就取什么菜，吃多少取多少；对酒店经营者来说，由于省去了顾客的桌前服务，自然就省去了许多劳力和人力，可减少服务生的使用，为企业降低了用人成本。因此，这种自助式服务的用餐方式很快在欧美各国流行起来，并且随着人们对美食的不断追求，自助餐的形式由餐前冷食、早餐逐渐发展成为正餐；由便餐发展到各种主题自助餐，如：情人节自助餐、圣诞节自助餐、周末家庭自助餐、庆典自助餐、婚礼自助餐、美食节自助餐等。按供应方式，由传统的客人取食，餐桌成品发展到客前现场烹制、现烹现食，甚至还发展为由顾客自选食物原料，自烹自食，真可谓五花八门，丰富多彩。

1. 自助餐的特点

自助餐之所以称为自助餐，主要是因为可以在用餐时调动用餐者的主观能动性，由其自己动手，自己帮助自己，在既定的范围之内安排选用菜肴。一般而言，自助餐有如下几个明显的特点。

（1）一席一座，不固定席位　自助餐的餐台设在餐厅四周，也可在餐厅中间设一主餐台，放置各种食品，另外专设用餐小桌和座位，要求一席一座。正规的自助餐，往往不固定用餐者的座次，甚至不为其提供座椅。这样一来，可免除席次与座次排列的难题，省去不少麻烦。当客人们自己选择座位时，先后次序和是否适意并不是主人的责任。

（2）招待多人，节省费用　自助餐适合于多方、多人就餐。当用餐者人数较多，尤其是当来宾方不止一家时，接待方为之安排正式宴会往往较难。以自助餐待客，不仅可款待数量较多的来宾，而且还可以较好地处理众口难调的问题。一般的自助餐，均不提供高档的菜肴、酒水，因而可令主办者节约许多开支，并避免浪费。

（3）各取所需，方便灵活　正规宴会，不管是实行分餐还是一道接一道上菜，就餐者对任何菜肴均应略加品尝。万一碰上忌食之物或厌食之物，往往会陷入尴尬境地。而在自助餐上，人们完全可以各取所需，同时主人也不必担心菜单是否符合所有人的胃口。如果提供了很多菜肴，客人可以避开那些自己不喜欢的。而且自助餐任何时间都可以，早餐、午餐、晚餐均适宜。

（4）自寻方位，自主交际　自助餐可令在场宾客自主交际。在享用自助餐时，所有用餐的人不仅可以自选现场的交际对象，甚至还可以不与任何人进行应酬。

总而言之，自助餐的最大优点是简便易行，可使所有就餐的人节约时间、费用和精力。

2．自助餐的优点

其一，它可以免排座次。正规的自助餐，往往不固定用餐者的座次，甚至不为其提供座椅。这样一来，既可免除座次排列之劳，而且还可以便于用餐者自由地进行交际。其二，它可以节省费用。因为自助餐多以冷食为主，不提供正餐和高档的菜肴、酒水，故可大大地节约主办者的开支，并避免浪费。其三，它可以各取所需。参加自助餐时，用餐者碰上自己偏爱的菜肴只管自行取用，完全不必担心他人会为此而嘲笑自己。其四，它可以招待多人。每逢需要为众多人士提供饮食时，自助餐不失为一种首选。它不仅可用以款待数量较多的来宾，而且还可以较好地处理众口难调的问题。

3．自助餐的档次

各种自助餐虽然表面看没什么大的差别，但实际上各有不同。根据标准的不同，档次也有很大的不同。但一般自助餐的布置、用料及菜品的种类大多是西餐中的焖、烩、煮类菜肴，再配上些沙拉、面包、甜点、饮料作为辅助。头盘为开胃品，基本上是具有特色风味的咸、酸为主的菜。第二道菜是汤，包括浓汤、茸汤和清汤。第三道菜一般为鱼类菜肴，餐厅档次的高低都从这道菜开始明显体现。这里包括各种淡水鱼、海水鱼、贝类，一般档次较高的餐厅，鱼类菜肴以空运进口为多。肉禽类菜肴是第四道菜，也称为主菜，有牛、羊、猪肉，也有鸡、鸭、鹅，可煮、可炸、可烤、可焖。牛排、羊排等肉禽的新鲜度和烹调口味也同样体现自助餐厅的档次和功底。蔬菜类菜肴一般安排在肉类菜肴之后，也可以与肉类菜肴同时食用，品种有生菜类，也有熟食类。西餐的甜品一般是在主菜之后食用，如果冻、薄饼、冰激凌、水果等。特别要说的是，高档餐厅的烧菜比重较少，甚至没有，有些餐厅会安排厨师现场制作一些烤、烧类菜品，客人现点现食，以保证火候和新鲜程度。

4．自助餐的种类

（1）按自助餐设座与否划分　按宴会厅设座与否，自助餐可分为设座式自助餐和站立式自助餐。

① 设座式自助餐：就餐客人有自己适合的餐桌和餐座，除非离桌去餐台取拿各种食物，其他时间均在自己的座位享用食品。设座式自助餐，客人抵达餐厅，一般由餐厅引座员征求客人意见，将其引领到合适的位置，客人在妥善处理随身携带的小件包裹物品或外套衣衫之后，顺势熟悉一下就餐位置及环境，然后按照服务员指示的餐台位置，自行去餐台送取食物。客人用餐由于有座位，可边休息、边用餐，故从容休闲，就餐速度不会太快，用餐全程比较舒适。

② 站立式自助餐：用餐客人来到自助餐厅，自由取食，自由走动，没有座位。这种方式的自助餐除了陈列菜点食品的餐台外，还设有若干餐桌，以方便客人临时放餐盘或杯具。客人整个用餐过程都是站立的、走动的，交流起来更方便。

（2）按开餐的时间划分　按开餐的时间划分，自助餐可分为自助早餐、自助午餐、自助晚餐和自助宵夜。

① 自助早餐：即以自助餐的形式，提供早餐用餐服务。自助早餐，多在上午六七点钟开始，至九十点钟结束。

② 自助午、晚餐：即自助正餐，自助午餐和晚餐，消费标准接近，菜点品种丰富齐全。晚餐的进程多慢于午餐。

③ 自助宵夜：多以小吃、点心、小菜等为主要品种，售价相对便宜，经营时间长。自助宵夜有些类似自助早餐，但菜点添加节奏伴随客人用餐速度，一般比早餐要慢。

（3）按自助餐是否有主题划分　自助餐是否有主题，可分为主题自助餐和常规自助餐。主题自助餐是指为某一专项活动，针对某一特定日期、对象专门组织举办的自助餐，比如圣诞节自助餐、某公司庆典自助餐等。与之相对，平日正常经营的自助餐可谓常规自助餐。

① 圣诞节自助餐：又叫圣诞自助大餐，因圣诞节日重大、自助餐场面宏大、食品丰富、主题突出、餐间活动丰富而得名。圣诞节自助餐，除了制作出一定数量的西餐菜点以满足西方人欢度一年当中最隆重节日的需求外，其中一些具有传统性、典型性的圣诞菜点通常是必不可少的，比如圣诞烤火鸡、圣诞布丁等。

② 公司庆典自助餐：是公司为开张、周年或其他庆祝活动而举办的自助餐。这类自助餐，要根据公司的名称、性质、业务范围及其人数、标准、季节等因素专门设计。餐厅的环境、气氛布置尤为重要。比如餐厅、餐台针对性、象征性艺术品陈列、公司徽标的庄重使用等，这样更能使自助餐的主题突出、气氛热烈。

5. 自助餐的吃法

（1）传统吃法　方法是依照菜肴由便宜到贵的顺序，让胃口也逐渐由弱到强有个适应过程。夹菜前先将所有的菜色巡视一遍，然后每样都夹一点点，试试口味，然后再决定着重吃哪些。不要先吃面包或汤，尤其不要先喝添加了奶油的汤，就算要喝汤也要在沙拉之后。沙拉对消除肉类的胀腻感极有效，然而选择酱汁时需要注意，柠檬汁最好，不要选择千岛酱。吃肉类等主食时千万别忽视了芥末、酸黄瓜和橄榄的作用，它们可以刮去肚子里的油腻。吃甜点后不要马上喝咖啡，可以喝点加了柠檬的红茶，不管点心多么诱人，也一定要放到最后吃，而喝一小杯茶可再度激发战斗力，提升战绩。

（2）绅士吃法　这种吃法看似优雅，但性价比较高。诀窍是在取舍间占尽便宜。吃自助餐循序渐进是一种享受，但对于那些食量较小的女士或绅士们来说，一味贪多坏了胃口，甚至日后还要花钱减肥，是他们所不愿意的。因此，绅士的吃法是在取菜时将热食和冷菜分开。如果将生鱼片和热菜混杂在一个盘子里，不但影响味道，更会破坏美感。其实，对很多人来说，吃自助餐的乐趣除了尽情吃饱外，夹菜摆盘也是一种视觉享受。在了解食物的特色后，精致的摆盘也是提升食欲的一种方法。

（3）淑女吃法　这种吃法的关键在于低热量高价格。事实上对于大多数人来说，特别是对爱美又注重健康的饮食男女来说，如何满足口腹之欲，又不至于吃得大腹便便才是永远值得探讨的话题。因此，采用低热量荤食与高价格果蔬相间的吃法是很多淑女的选择。先用猕猴桃果、火龙果之类的水果稍微果腹，选择海鲜类的食物为主食，这类食物通常比较容易消化，又不容易有油腻饱胀的感觉。如果实在不舍得放弃牛排、猪排等美味，建议让厨师在加工时口味清淡些，食后立即吃些杨梅等酸性水果帮助消化。一些补血养颜的羹汤也值得一尝。

二、自助餐会、冷餐会与酒会

1. 自助餐会与冷餐会

接待零散宾客的自助餐会有价格实惠、品种多样、节省时间等特点，消费比一般零点餐厅低。冷餐会相对于自助餐会来说具有菜肴丰盛、气氛热烈、消费较高的特点。但西餐宴会厅用自助餐会形式为会议用餐、团队用餐和各种大型活动的团体客人服务时，自助餐会与冷餐会区别不大，因为冷餐会就是一种以自助餐会形式提供的宴会。

2. 自助餐会与酒会

自助餐会与酒会的共同点：

（1）各式菜肴食品用十分漂亮的方式陈列出来。

（2）服务员能同时接待许多客人。

（3）与在餐桌上用餐接受的服务相比，客人得到较少的个别服务。

一般人常误以为酒会就是自助餐，其实不然。酒会和自助餐是有所区别的。其差异性大致反映在举行时间、菜式及价格上。

自助餐会与酒会的不同点：

（1）举行时间　酒会一般比较适合在上午9:00～11:00、下午3:00～5:00或4:00～6:00举行，自助餐会则适合在午餐或晚餐时间举行。

（2）菜式　举行酒会一般都让客人站着，很少为客人摆放座位，所以在菜式上比较精致，大多为手工制食物，不须再经过刀叉切割即可入口，而且没有沙拉和汤类菜肴。酒会提供的菜肴通常并非以让客人吃到饱为目的，若是要举办可以吃到饱的高档酒会，事先需向饭店说明。自助餐会中设有座位供客人就座，所以在菜式方面不像酒会那样精致，每种菜式的分量会比较多，并供应沙拉和汤类，以能够让客人吃饱为原则。有些自助餐会是采用站立式的，形式如同高档酒会。

（3）价格　一般酒会的基本起价会比自助餐会低，因为酒会的餐点有一定的供应量，吃完便不再供应；而自助餐会采取无限量供应，让客人可以随兴吃到饱，所以是按人数计价。

三、自助餐会的服务特点

（1）客人参与服务使他们习惯于自己伺候自己，同时也可以自由地选取自己喜爱的食品。需要的服务员人数较少，可以节省劳动力、降低成本。

（2）在自助餐会服务时间内，厨房压力小，只需少量人手就足够，因为各种冷盘菜肴均已事先准备好，而各种热菜又是固定的菜谱。

（3）服务员领班在整个自助餐会服务中始终负责督导西餐宴会厅与厨房的配合情况。服务人员身着整洁的制服站在供应台的后面，随时为客人服务。

（4）简单的自助餐会服务几乎完全是客人自我服务。进入餐厅后，在自助餐桌的一端，客人首先拿托盘、餐盘、刀、叉、勺等餐具，然后沿着自助餐桌挑选自己喜欢的食品，最后端到餐桌上用餐。这种简单的自助餐会非常省事、经济，不用做任何摆台工作，只要几个服务员帮助客人切分大块的烤肉和检查食品、餐具的供应就行了。

（5）较高级的自助餐会服务是在客人到达之前已摆台完毕，餐具可与美式服务方式一样。客人到后，由服务员上开胃品或汤，同时供应饮料、面包、奶油及甜点等。客人自己挑选喜欢的主菜。这种服务方式远比其他服务方式更受客人欢迎，效率也非常高。

四、自助餐会的桌面摆设

（1）一般西式自助餐不摆设垫底盘，而将餐盘摆设在餐台上，所以餐桌上只需摆放餐巾即可，餐巾摆在离桌缘3～4厘米处。

（2）餐刀置于餐巾右侧，餐叉置于餐巾左侧，两者相距11～12厘米，以刚好能放置一个大餐盘的距离为原则，刀叉离桌缘1～2厘米。

（3）汤匙放在餐刀右侧，离桌缘1～2厘米。

（4）点心叉放在餐巾上方5～6厘米处，叉柄朝左，点心匙放在点心叉上方，匙柄朝右。

（5）面包盘摆在餐叉左侧，离桌缘1～2厘米处。

（6）面包盘上方右侧摆放奶油刀，与餐叉平行。

（7）咖啡杯（盘）及茶匙摆在点心叉匙上方，并将咖啡杯耳及咖啡匙柄朝右。

（8）水杯摆在餐刀正上方2～3厘米处。

（9）将胡椒罐、盐罐及花摆设上桌，完成西式自助餐摆设。

五、自助餐会的菜肴摆放

菜肴按计划摆放在桌子上，一般食品要考虑菜单的顺序，摆放要求如下：

（1）以沙拉、开胃品、汤、熏鱼、热蔬菜、烤炙类或其他热的主菜、甜品、水果为顺序摆放菜肴，摆放时图案新颖美观。将某些特色菜分台摆放，如甜品、水果台或切割烧烤肉类的服务桌等。烤制食品及烧熟的主菜，菜肴的配汁应与菜肴摆在一起。每盘菜肴都要摆放一副取菜用的公用勺、叉。菜肴前摆放菜牌。

（2）热主菜通常要用保温锅保温，宾客来后由服务员揭开盖子或宾客自揭盖后取菜。

（3）为了不使供应桌过于拥挤，开胃品、饮料、甜点可分放在其他桌子上，也可服务到客人桌上。汤汁、调味品等应摆在相关菜肴的旁边，如沙拉旁边放蛋黄酱，火腿旁边放酸果酱等。

（4）布置冷菜及热菜时，热的主菜项目应是有限的，这对降低食品成本和减少厨房工作量关系重大。成本较低的主菜应布置在冷菜之后。客人盛满沙拉、凉菜、开胃品后，只得减少选择热菜的数量。

（5）中心菜台菜肴多达几十种，必须摆放得当。一般的摆法是，造型放正中，各种菜肴分放两盆，对称对角摆，要做到荤、素、色彩搭配均匀，避免混淆不清，宾客所喜爱的菜肴要居中放，以便宾客挑选。

（6）布置菜肴时应注意使用加热炉，以保持菜肴的适宜温度，或使用冰块保护其冷度。同时服务员应注意加热炉的燃烧情况和时常更换盛冰块的盘碟。蜡烛要垂直放置，避免滴油。为防止客人发生意外事故，加热炉及蜡烛的摆放位置要远离客人。任何场合，所有盘碟及托盘应摆在离桌缘6~9厘米的地方。

（7）冰雕、黄油雕、果蔬雕刻、鲜花、水果或餐巾花等都可用作自助餐台的装饰点缀。

六、自助餐会服务程序设计

1. 自助餐会的迎宾服务

（1）在入口处设主办单位列队欢迎的地方，摆华丽屏风，铺红地毯。必要时，给欢迎行列进行聚光照明。

（2）客人入场，男女服务员一半在场内，一半排列在入口附近欢迎客人，同时不断地将客人引进场地。

（3）主管在门口处掌握来客人数，并将总数和自助餐会进行情况随时通知厨房，使上菜的速度与自助餐会进行的速度相适应。

2. 自助餐会的就餐服务

（1）入座就餐。设座式的自助餐会除了主桌设座席卡外，其他各桌用桌花区别。宴会开始时，宾客自由选择入座，服务员为每位宾客斟冰水，询问是否需要饮料。主办单位等全部宾客就座后致辞、祝酒宣布自助餐会正式开始。较高档的坐式自助餐会中的开胃品和汤常由服务员送到餐桌上，而面包、奶油是提前派好的。菜肴仍由客人自取，而后端回桌上食用，饮料可由客人自取或由服务员送到客人面前由客人选取。

（2）调酒员要迅速调好鸡尾酒，当客人到酒吧取酒或饮品时要礼貌地问询客人的需要。

（3）宾客饮完酒、饮品或不再饮的酒和饮料，服务员要勤收换，要保持食品台、收餐台和其他台的台面清洁卫生。

（4）服务员在餐厅里要勤巡视，细心观察，主动为客人服务。巡视过程不得从正在交谈的客人中间穿过，同时客人正在交谈的，也不能打扰客人交谈，若客人互相祝酒，要主动上前为客人送酒。

（5）主人致辞、祝酒时，事先要安排一位服务员为主人送酒，其他服务员则分散在宾客之间给客人送酒，动作要敏捷、麻利，保证每一位客人有一杯酒或饮品在手中，作祝酒仪式之用。

（6）客人取食品时，要给客人送碟，帮客人拿取和分送食品，服务人员还要经常注意菜的量，一旦某种菜已取完，应及时从厨房取出补充。当然要注意节约，若已近尾声，则不必再作过多的补充。每个冷餐盘里和大托盘里大约有30份食物。客人自取食物，公用叉勺容易弄脏，调味汁、容器外围容易滴上汤汁，看到这种情况应马上换叉勺或擦干净。另外，自助餐台应有厨师值台，负责向宾客介绍、推荐、夹送菜肴，分切肉车上的大块烤肉，及时更换和添加菜肴，检查食品温度，回答宾客提问。

（7）宾客在进餐过程中，服务员应分成两部分，一部分继续给宾客送酒、饮品及分食，一部分负责收拾杯、碟，以保证餐具的周转。同时要注意保持食品台、收餐台等整洁，及时撤换烟灰缸。

（8）服务人员要及时收取脏杯脏盘，并调换烟灰缸与餐具。值得提醒的是，服务人员在送菜、送酒或者送餐具时，都应使用托盘而不能直接用手端送。收拾脏餐具要迅速，不要惊动客人，尤其应避免与客人相撞。

（9）自助餐会一般举行1.5～2小时，后半段服务往往松懈，应高度重视，坚持提供一流服务。

3. 自助餐会的结束工作

自助餐会管理人员应在现场检查服务运转情况，协调厨房生产与餐厅服务工作，处理各种突发事件，指挥员工圆满完成自助餐会的各项服务工作。

（1）结账工作　由主管或经理负责及时结账，检查所有账目。

（2）送宾工作　冷餐会结束时，客人纷纷相互道别，宴会秩序相对较乱，此时，服务人员应检查会场所有角落，有无客人遗忘的物品，并礼貌地向客人道别，列队送客。

（3）结束工作　等客人全部离开后，厨师负责将余下的菜肴全部撤回厨房分别处理，服务员负责清理餐台、食品台，将用过的餐具物品送洗涤间，由宴会负责人进行服务小结，不断提高服务质量。

议一议：西餐的自助餐与中餐的自助餐有何区别？

任务四　茶　话　会

一、茶话会的特点

1．借茶引言，以茶助话

茶话会是一种备有茶及甜点的社会性集会形式，既随和，又庄重。它主要通过饮茶品点，达到畅叙友情、寄托希望、交流思想、讨论问题、互庆佳节、展望未来的目的。

茶话会有别于正式的宴会，它不提供主食，不安排品酒，而是只提供一些茶点。茶话会重“说”不重“茶”，当然更不重“吃”，所以没有必要在吃的方面过多地下工夫。

2．随意就坐，简便易行

茶话会通常设在会议厅或客厅，厅内设茶几、座椅，一般不设席位，但有贵宾出席时可考虑将主人与贵宾安排坐在一起，而其他人随意就座。宾主共聚一堂，饮用茶点，漫话叙谈。正式茶话会简便易行，在服饰上没有什么严格规定或特殊要求，席间可安排一些短小的文艺节目助兴，宾主可以随意交谈。

3．气氛随和而热烈

茶话会简便而不失高雅，气氛随和而又热烈。与会者通过交谈、畅叙，感受他人的思想感情，增进相互间的了解和友谊。

二、茶话会的种类

茶话会有非正式和正式之分。非正式的茶话会，一般是民间自发组织或形成的，如很多熟人聚在一起聊天，主人自然会给每人敬一杯茶。大家边说边喝，热热闹闹，热气腾腾，谈话一般没有固定的议题。正式的茶话会一般有主办单位或主办人，事先要发通知或请柬给被邀请人，正式茶话会除了备有足够茶水之外，一般还备有糖果、糕点、瓜子、水果等。在正式茶话会上的发言可以是祝贺、发感叹、谈思想、作总结、提建议、谈远景，也可以是吟诗作唱、畅叙友谊，无固定模式，气氛也比较活跃、轻松、自由。

三、茶话会的准备

1．主题的确定

茶话会的主题，特指茶话会的中心议题。在一般情况下召开的茶话会，主题大致可分为联谊、娱乐、专题三类。

以联谊为主题的茶话会，是日常所见最多的茶话会。在这类茶话会上，宾主通过叙旧与答谢，往往可以增进相互之间的进一步了解，密切彼此之间的关系。除此之外，它还为与会的社会各界人士提供了一个扩大社交圈的良好契机。

以娱乐为主题的茶话会，主要是为了活跃现场的气氛，增加热烈而喜庆的氛围，调动与会者人人参与的积极性。与联谊会不同的是，以娱乐为主题的茶话会所安排的文娱节目或文娱活动，往往不需要事前进行专门的安排与排练，而是以现场的自由参加与即兴表演为主。它不必刻意追求表演水平的一鸣惊人，而是强调重在参与、尽兴而已。

以专题为主题的茶话会，是指在某一特定的时刻，主办单位就某一专门问题集中反映，听取某些专业人士的见解，或者是同某些与本单位存在特定关系的人士进行对话，而召开的茶话会。此类茶话会，尽管主题既定，但仍需倡导与会者畅所欲言，并且不拘情面。为了促使会议进行得轻松而活跃，有些时候，茶话会的专题允许宽泛一些，并且许可与会者的发言稍许有所离题。

2. 来宾的确定

茶话会的与会者，除主办单位的会务人员外，即为来宾。邀请哪些方面的人士参加茶话会，往往与其主题存在直接的因果关系。因此，主办单位在筹办茶话会时，必须围绕主题来邀请来宾，尤其是确定好主要的与会者。

一般情况下，茶话会的主要与会者，大体上可分为本单位人士、本单位顾问、社会贤达、合作伙伴、各方面人士等五种类型。

以本单位人士为主要与会者的茶话会，意在沟通信息，通报情况，听取建议，嘉勉先进，总结工作。有时，这类茶话会亦可邀请本单位的全体员工或某一部门、某一阶层的人士参加。有时，它也称作内部茶话会。

以本单位顾问为主要与会者的茶话会，意在表达对有助于本单位的各位专家、学者、教授的敬意。他们受聘为本单位的顾问，自然对本单位贡献良多。同时，特意邀请他们与会，既表示了对他们的尊敬与重视，也可以进一步地直接向其咨询，并听取其建议。

社会贤达，通常是指在社会上拥有一定的才能、德行与声望的各界人士。作为知名人士，他们不仅在社会上具有一定的影响力、号召力和社会威望，而且还往往是某一方面的代言人。以社会贤达为主要与会者的茶话会，可使本单位与他们直接进行交流，加深对方对本单位的了解与好感，并且倾听社会各界对本单位直言不讳的意见或反映。

合作伙伴，在此特指在商务往来中与本单位存在一定联系的单位或个人。除了自己的协作者之外，还应包括与本单位存在着供、产、销等其他关系者。这种茶话会，重在向与会者表达谢意，加深彼此之间的理解与信任。这种茶话会，有时亦称联谊会。

有些茶话会，往往会邀请各行各业、各个方面的人士参加。这种茶话会，通常叫做综合茶话会。以各方面人士为主要与会者的茶话会，除了可供主办单位传递必要的信息外，主要是为与会者创造一个扩大个人交际面的社交机会。

茶话会的与会者名单一经确定，应立即以请柬的形式向对方提出正式邀请。按惯例，茶话会的请柬应在半个月之前送达被邀请者之手。

3. 时空的选择

一次茶话会要取得成功，其时间、空间的具体选择，都是主办单位必须认真考虑的问题。

(1) 时间的选择　在举行茶话会的时间问题上，举行的时机问题是头等重要的。唯有时机选择得当，茶话会才会产生应有的效益。通常认为，辞旧迎新之时、周年庆典之际、重大决策前后、遭遇危难挫折之时等，都是商界单位酌情召开茶话会的良机。

根据国际惯例，举行茶话会的最佳时间是下午4点左右。有些时候，亦可将其安排在上午10点左右。需要说明的是，在进行具体操作时，可不必墨守成规，而应以与会者尤其是主要与会者的方便与否以及当地人的生活习惯为准。

对于一次茶话会到底举行多久的问题，可由主持人在会上随机应变，灵活掌握。也就是说，茶话会往往可长可短，关键要看现场有多少人发言，发言是否踊跃。不过在一般情况下，一次成功的茶话会，大都讲究适可而止。若是将其限定在1个小时至2个小时之内，它的效果往往会更好一些。

（2）空间的选择　按照惯例，适宜举行茶话会的场地主要是主办单位的会议厅、宾馆的多功能厅、主办单位负责人的私家客厅、主办单位负责人的私家庭院或露天花园等。

在选择举行茶话会的具体场地时，还需同时兼顾与会人数、支出费用、周边环境、交通安全、服务质量、档次名声等诸多问题。

4. 座次的安排

总体而言，在安排茶话会与会者的具体座次时，必须使之与茶话会的主题相适应。具体来说，根据约定俗成的惯例，主要有环绕式、散座式、圆桌式、主席式四种形式。

环绕式排位指的是不设主席台，而将座椅、沙发、茶几摆放在会场的四周，不明确座次的具体尊卑，而听任与会者入场之后自由就座。这种方式在当前流行面最广。

散座式排位多见于室外的茶话会。它的座椅、沙发、茶几的摆放，貌似散乱无序，四处自由地组合，甚至可由与会者根据个人要求而自行调节，随意安置。其目的，就是要创造出一种宽松、舒适、惬意的社交环境。

圆桌式排位是指在会场上摆放圆桌，请与会者在其周围自由就座的一种安排座次的方式。茶话会上，圆桌式排位通常又分为两种具体的方式：一是仅在会场中央安放一张大型的椭圆形会议桌，请全体与会者在其周围就座；二是在会场上安放数张圆桌，请与会者自由组合，各自在其周围就座。当与会者人数较少时，可采用前者，而当与会者人数较多时，则应采用后者。

茶话会上，主席式排位并不意味着要在会场上摆放出一目了然的主席台，而是指在会场上，主持人、主人与主宾应被有意识地安排在一起就座，并且按照常规，居于上座之处。例如，中央、前排、会标之下或是面对正门之处。

总体而言，为了使与会者畅所欲言，并且便于大家进行交际，茶话会上的座次安排尊卑并不宜过于明显。不排座次，允许自由活动，不摆与会者的名签，乃是其常规做法。

四、茶话会的基本程序

正常情况下，商界举办的茶话会主要有如下四项程序。

1. 主持人宣布茶话会正式开始

茶话会一般设主持人。茶话会开始时，一般由主办人致辞，讲话应开宗明义地说明茶话会宗旨，还要介绍与会单位代表或个人，为交际和谈话创造适宜的氛围。

在宣布会议正式开始之前，主持人应当提请与会者各就各位，并且保持安静。而在会议正式宣布开始之后，主持人还可对主要的与会者略加介绍。

2. 主办单位的主要负责人讲话

他的讲话应以阐明此次茶话会的主题为中心内容。除此之外，还可以代表主办单位，对全体与会者的到来表示欢迎与感谢，并且恳请大家今后一如既往地给予本单位以更多的理解，更大的支持。

3. 与会者发言

根据惯例，与会者的发言在任何情况下都是茶话会的重心所在。为了确保与会者在发言中直言不讳、畅所欲言，通常主办单位事先均不对发言者进行指定与排序，也不限制发言的具体时间，而是提倡与会者自由地进行即兴式发言。有时，与会者在同一次茶话会上，可以进行数次发言，以不断补充、完善自己的见解、主张。

4. 主持人总结，宣布散会

与会者发言后，主持人略作总结，即可宣布茶话会至此结束，散会。

五、茶话会的礼仪

1. 一视同仁，防止疏漏

上茶通常在客人就座后，座谈会开始前。上茶时最好用托盘，手不可触杯面，按先宾后主、先女后男、先主要客人后其他客人的礼遇顺序进行。茶不要从正面端来，而应从每位客人的右后侧递送。

在茶话会上，要随时注意客人杯中茶水的存量，及时续水。续水一般在活动进行30～40分钟后进行。如不小心将水洒在桌上或茶几上，要及时用小毛巾擦去。

茶话会应安排专人给客人续茶，续茶时服务人员走路要轻，动作要稳，说话声音要小，举止要落落大方。续茶时要一视同仁，不能只给一小部分人续，而冷落了其他人。倒水、续水都应注意按礼宾顺序和顺时针方向为宾客服务。

2. 文明礼貌，雅致得体

当别人上茶时不要以手去接，以免增加上茶者的困扰。但若是领导或长辈亲自给你上茶，则要起身双手恭敬地迎接。受人招待上茶时，如无法说感谢，要以和蔼的眼神予以上茶者回应，绝不能视而不见，听而不闻，这是非常失礼的行为。如需调和糖或牛奶，应在调好之后，茶匙横放在碟子上，再以右手端起杯子（除非你惯用左手）。

3. 引导话题，维护气氛

在茶话会上，主持人所起的作用往往不限于掌握、主持会议，更重要的，是要求他能够在现场审时度势、因势利导地引导与会者的发言，并且有利地控制会议的全局。在众人争相发言时，应由主持人决定孰先孰后。当无人发言时，应由主持人引出新的话题，或者由主持人恳请某位人士发言。当与会者之间发生争执时，应由主持人出面劝阻。在每位与会者发言之前，可由主持人对其略作介绍。在其发言的前后，应由主持人带头鼓掌致意。万一有人发言严重跑题或言辞不当，则应由主持人提出转换话题。总之，主持人要随时注意来宾在茶话会上的反应，随时把话题引导到大家都感兴趣的或轻松愉快的话题上。

与会者在茶话会上发言时，表现必须得体。在要求发言时，可举手示意，但同时也要注意谦让，不与人争抢。不论自己有何高见，打断他人的发言插嘴，都是失礼的行为。在进行发言的过程中，不论所谈何事，都要保持语速适中、口齿清晰、神态自然、用语文明。肯定成绩时，一定要实事求是，力戒阿谀奉承；提出批评时，态度要友善，切勿夸大事实，讽刺挖苦；与其他发言者意见不合时，要注意“兼听则明”，并且一定要保持风度，切勿当场对其表示不满，或是私下对对方进行人身攻击。参加茶话会的每个人都有义务维护茶话会的气氛，不使茶话会冷场，也不可使秩序太乱。因此，与会者的现场发言，在茶话会上举足轻重。如果在一次茶话会上没有人踊跃发言，或者是与会者的发言严重离题，都会导致茶话会的最终失败。

4. 热情送客，礼貌道别

茶话会结束前，主持人应再次感谢各位的光临，并就茶话会所达到的目的作简要的小结。送客时，主持人应站在门外，与客人握手告别，并致以简短的祝颂语，如晚上举行茶话会，可祝与会者“晚安!”；举行新年茶话会时，可祝“新年快乐!”等。总之，在道别时，要以依依不舍的心情，与客人热情地说一声“再见”。

说一说：简述茶话会的基本程序。

任务五 美 食 节

美食节又称食品节，它是一些具有一定实力的餐饮企业在正常经营的基础上举办的多种形式的系列餐饮产品促销活动，也可以说美食节是企业精美食品的展示会。

一、美食节的特点

1. 方式灵活多样

美食节可以采用灵活多样的方式，如美食周、美食月、花园烧烤节、池畔晚餐会等。其活动内容、活动方式大多根据市场需要来确定的；活动地点可以在各种西餐厅、西餐宴会厅；活动形式可以是宴会，也可以是自助餐；菜点品种和就餐环境布置则根据活动内容、活动方式、活动地点等来确定。

2. 内容丰富多彩

饭店每一次美食节的活动内容、活动方式和菜点品种都不完全相同。如“意大利美食节”，其产品内容主要是意大利饮食名优产品；“法国美食周”，其产品内容则以法式名优食品为主。每次美食节活动的菜单大多是根据活动计划、活动内容、活动方式单独设计的，其产品内容丰富多彩，没有餐厅正常经营的常年菜和季节菜之分。

3. 策划创意多样

美食节没有固定的活动方式，这就要求进行市场可行性分析，大胆想象，吸引顾客，改进服务，标新立异，以求获得大众关注。各种美食节活动又可以同时举办演唱会、文艺演出、名曲欣赏、钢琴演奏等，西方国家美食节的创意是多种多样的，如“花园自助美食节”在欧洲较为普遍，在露天宽敞的花园内，摆上桌椅，陈列食品，花香四溢，环境幽雅，品美酒，尝美食，自由选取，十分惬意。“画廊美食周”中间摆放餐台，陈列食品，餐厅中间不设餐椅，而是在墙边放置。顾客手拿盘子，边吃边欣赏绘画，年轻的朋友还可以随着音乐摆动，疲倦了可以到一边休息。

二、美食节时机选择

1. 以各种有影响的节假日为契机

这种美食节多选在各国各地区节假日期间，期限多在一周左右。活动方式同所选国家或地区的节假日民族文化特点相结合，在活动内容安排、就餐环境布置、餐饮服务方式等方面突出该国或该地区的民族风情。活动期间以销售该国、该地区的特色食品为主，食品原材料多从该国引进。主持产品生产的名厨多从该国短期聘请，以确保食品展销活动能够办出经营特色，产生广泛的吸引力，扩大产品销售。

如国庆节美食展销活动，活动期间要挂该国国旗，播放该国音乐。西餐厅布置突出该国首都风土民情，餐厅气氛比较热烈、庄重、美观，销售该国有代表性的特色食品。又如民族文化节食品展销活动，包括情人节、母亲节、圣诞节、狂欢节等，要以该国、该地区的具体节日情趣为中心，突出节日气氛，餐厅布置根据该国传统习惯安排，菜单内容及花色品种亦随节日习惯不同而变化。如圣诞节要布置圣诞树，扮演圣诞老人，准备圣诞礼品。又如墨西哥美食节，其活动中有佩戴大草帽的“墨西哥牛仔”的表演，使整个美食节始终处于异国情调的氛围中。此外，如德国的啤酒节、美国的感恩节等，也是举办美食节活动的好机会。

2. 以本地区即将举行的重大事件为契机

重要的国际会议、学术会议、国际电影节、产品交易会、商品展示会、海外洽谈会等，都可以此作为活动内容。另外也可以选择国内外比较关注的重大文娱、体育比赛活动为契机，如奥运会、世界杯足球赛、国际拳王争霸赛、国际文化节等。选择这些国内外客人都比较关心的重大比赛为契机举办美食节，可以为客人提供聚会交谈的场所。

三、美食节菜品选择

1. 菜肴品种要与主题相一致

美食节的菜品不同于正常经营的菜品，它不要求面面俱到，品种齐全，而是在一个主题之下的一个系列的菜品。主题确定后，美食节菜单就必须根据主题来进行设计，如“海鲜美食节”，其菜单就要围绕海鲜原料而设计。

2. 菜肴品种要有独特风格

独特，是指美食节特有而其他餐台没有或及不上的某个品种、某种烹调方法、某种餐具、某种供餐服务方式等。美食节菜品要在短时间内引起轰动效应，就要有它吸引人的独特之处。因此美食节菜品要精心设计、构思，菜品的色、香、味、形都要有某一方面的特色。

3. 菜肴品种要相对平衡

美食节菜品，应尽量满足不同顾客的需要，口味也应丰富多彩。要讲究搭配，如原料要搭配平衡，应用不同原料的菜品组成，以适应不同口味顾客的需要。即使是以某一类主题的美食节，也要在辅料、调料、烹调法上搭配平衡。原料搭配好可使更多的顾客能选择自己喜欢的品种。确定菜品时还要注意各种营养成分的合理搭配，不能只选择蛋白质丰富的菜，还应配些具有各种维生素的菜。在配制原料时，要尽量多样化，各种营养素配膳均匀，以满足顾客的需要，使就餐者营养吸收合理。

四、美食节环境策划

美食节餐厅的环境策划，目的是为客人创造舒适、雅致、美观的就餐环境。各种不同的美食节布置，同样也体现了它的文化主题和内涵。美食节餐饮气氛与美食节菜点饮品、服务方式、服务特色、服务程序等其他设计工作共同组成一个有机的整体，并一点一滴、细致入微地反映和体现美食节的主题。餐饮空间的环境设计，其主要作用就在于影响和辐射宾客的心境、心态和情趣，调动宾客到餐厅就餐的积极性，并使宾客拥有一段难忘的美食经历和情感旅程，给宾客留下深刻的印象。

环境设计应从如下方面出发：① 灯箱、彩灯、霓虹灯。② 美食节标志。③ 西餐厅的外墙壁画。④ 西餐厅的入口布置（模拟景观、展台布置）。⑤ 西餐厅的天花板。⑥ 西餐厅的内墙。⑦ 西餐厅的地面。⑧ 餐桌桌面。⑨ 餐桌、花瓶、餐巾、台布。⑩ 空中氛围。⑪ 音乐氛围。

比如：海鲜美食节可以选择航海为主题背景，这样，就可以采用船锚、桨、航标、渔网和贝壳等模型作为装饰，用淡蓝色、椰树、海鱼等都可使用餐者产生美好的海洋联想。在描绘一个古老的西方主题时，铜制的盛器，雅致的西餐厅标记，威士忌酒桶等装饰物是非常合适的。夏威夷美食节期间，将穿草裙的夏威夷少女塑像安放在自助餐厅正中，突出了美食节的主题，也给顾客营造了具有异国情调的文化氛围。

美食节的布置应考虑整体的色彩搭配、灯光的强弱等。在色彩上，一定要考虑民族差异，富有民族情趣，符合民族心理，使顾客对自己国家产生亲切感，对别国的气氛有新鲜感，所以应遵循民族化的原则，使色彩搭配与民族心理相吻合。对于灯光的强弱，应掌握好尺度，太亮会刺眼，使顾客缺乏食欲，太暗又会让人感到昏昏沉沉，没有情绪。所以色彩和灯光同样是影响美食节成败的一个重要因素。

五、美食节娱乐策划

只依靠西餐厅的装饰，并不能完全营造美食节的氛围，还要策划一些娱乐节目来增加气氛。恰到好处的娱乐活动可以进一步显现美食节的内涵和特色。不同的美食节采用不同的娱乐形式，可以加深顾客的了解，强化美食节的主题。比如奥地利美食节，要突出其国家特色，娱乐形式可用钢琴演奏贝多芬的音乐作品。娱乐形式与美食节活动相结合，一定要从总体思路出发，从目标顾客、西餐厅的具体风格和情况去考虑，用娱乐强化主题，使顾客理解内涵。

背景音乐是美食节常用的娱乐表现形式。由音乐组成的背景是无形的，它通过声音的传播，影响人的心理、情感和精神，产生所预期的一种遐思意境，使就餐者精神松弛。背景音乐的表现形式和体裁内容很广泛，美食节气氛中背景音乐的选择区别于日常播放音乐，背景音乐所表现出的民俗风情、自然景色、精神内涵等历史文化渊源，都是反映美食节主题的极好素材。同时背景音乐定位于流行，譬如摇滚、爵士乐能暗示美食消费的新潮时尚，加快了生活的节奏。例如：

（1）意大利美食节　选用《桑塔·露琪亚》，一首来自威尼斯水港的船歌，贡多拉小船载着悠扬的旋律，随清风徐徐荡漾。此外还有《重归苏莲托》、德里戈的《小夜曲》等。

（2）美国美食节　选用《Home on Range》、《Green Grass of Home》，来自田纳西州的乡村歌曲和得克萨斯州的牛仔情歌，是美食节特别的馈赠。

（3）欧陆系列美食节　欧洲大陆，音乐英才辈出，值得推荐的曲目有：《蓝色的多瑙河》、《维也纳森林的故事》、《皇帝圆舞曲》、《溜冰圆舞曲》、《拉德斯基进行曲》等。

（4）圣诞节　选用《平安夜》、《伟大的时刻》、《白色的圣诞》、《圣诞快乐》、《神圣之夜》、《银铃》等。

娱乐的项目除背景音乐外，还可以有诸多的选择，如：流行乐队、迪斯科、古典音乐、游牧歌手、桌边魔术等。

六、美食节员工制服

员工服饰是餐厅的名片和徽章。美食节期间，特色服饰可以作为配合美食节主题装饰的一部分，衬托和渲染美食节的主题和气氛。不同的美食节主题，餐厅的环境布置不同，服务员的服饰装束也应该具有差别。统一、整洁、得体的服饰是提高美食节水准、规范服务行为、体现个性特色的重要方面。

1. 热带风情美食节

热带风情美食节常见的服饰有夏威夷衫、波拉衫、草裙、花环等。夏威夷衫、波拉衫花形奔放、色泽浓艳，图案多为大海、太阳、椰树、沙滩、鱼龟、帆船等，充满热带风光，使人陶醉。最传统的夏威夷服饰称“马罗”，“马罗”是一种用树皮制成的黄色或红色的布，如大力士那样缠兜裆布般系在腰上的男子装束。草裙是夏威夷年轻女孩的标志性服饰，在鬓间插花，成堆成束，大如月盘，配上颈项的各种颜色花环，比现代服饰还美丽绚烂。

2. 美国美食节

美国美食节服饰选用花格布衣衫、牛仔裤、牛仔帽，色彩鲜艳的围脖大方巾、长筒皮靴，最具美国风味。除牛仔装束以外，还可采用印第安服饰或印有美国国旗图案的服饰。印第安民族服饰被称作“战争衫”，图案以花卉为主，袖边装饰珠球、簇状鬃毛或动物毛皮等，这种战争衫与深色护腿套裤及围裙配套。印有美国国旗图案的服饰是国家意识的体现，其星条图纹，红、蓝、白三色，直接体现了美国美食节的主题。

3. 西班牙美食节

西班牙美食节宜选用“佛莱孟阿”式服饰，女子服饰分为连衣短裙和拖地长裙两大类，短裙的上身配紧身胸衣，下裙饰以3～4层丰盈的褶边；长裙的褶边坚挺，色彩流行红色。男子服饰为短背心，短夹克，紧身裤，紧身裤与短夹克通常为黑色，与背心的色彩协调。

4. 英国美食节

英国美食节最宜采用的服饰是“居尔特”式服装，即花格短裙，尤以男子穿裙最富苏格兰民族特色。典型的服饰为穿扦褶的方格绒短裙，披上斗篷，头戴黑毛方冠，左边插上一枝洁白的羽毛，腰间配上一只黑白相间的饰袋，穿着白球罩、短毛袜和及膝的裙子，加上苏格兰风笛飘扬悠远的韵味，展现出英伦三岛恬静的田园风情。

5. 圣诞节美食节

宜采用圣诞老人的传统服饰，色彩以红色为主，白色镶边，红色圆锥形绒球帽是必不可少的装饰。圣诞服饰要给人以温暖、热烈的感觉。

七、美食节餐台设计与台面装饰

餐台设计与台面装饰是美食节环境气氛设计与营造的核心要素之一，不同的美食节主题，其餐厅台面的风格和装饰设计是各不相同的。优雅、得体的餐台装饰，将为美食节营造出一种特有的温馨氛围，给宾客留下深刻的印象。

一个完整的餐台布局应该包括以下内容：① 整个餐厅餐桌的总体设计编排。② 餐桌和附加座位的编排与台号。③ 服务员和附加服务台的位置。④ 装饰台的位置。⑤ 各种装饰品在餐台天花、墙上、地面的摆放位置。⑥ 音响系统及乐队表演的位置。⑦ 餐厅植物摆放的位置。⑧ 美食节宣传品的展示与摆放。⑨ 其他附加设施、附加酒吧的位置。

为了突出不同美食节的主题，烘托餐厅气氛，客人就餐的餐台布置既要考虑实用，又要体现美食节文化，并与餐厅整体装饰、服务员服饰等相协调，如餐厅餐桌的形状、布局、所用餐具、台面物品的摆放等都要体现各自不同的风格特色。

餐厅里的台面装饰也要突出美食节主旋律，常用的装饰品包括：① 各式布件，如台布、餐巾、毛巾、台裙、台垫等棉织品。② 餐桌插花。③ 台面灯光。④ 小件饰品及印刷品。

采用布件装饰，如“美国美食节”将台布设计成白底红条纹相间，台布罩设计成蓝底衬托一颗颗整齐排列的白色小五角星，台布、台布罩的颜色和图案设计与美国国旗相吻合。“意大利美食节”选用白色的台布、绿色的台布罩和大红色餐巾，而白、绿、红正是意大利三色国旗的颜色，二者有机地结合在一起。

采用花卉装饰，如“荷兰美食节”可用郁金香；“墨西哥美食节”可用仙人掌。

采用小件饰物点缀，如“荷兰美食节”，在精雕细刻的船型木鞋内载着数枝黄色的郁金香，小风车在餐桌吱吱地转悠，在以橙红为主色调的餐桌上，杜松子酒和外形像大红萝卜的奶酪必不可少。再如“意大利美食节”，“刚朵拉”小船荡漾在桌面上；“海鲜美食节”在台面上撒上一些色彩斑斓的贝壳，例如海胆、海星、海螺、小珊瑚、扇贝等，在品尝鲜美滋味的同时，还可以聆听来自大海深处的回音。

练一练：设计一份圣诞美食节的活动方案。

任务六　西 方 国 宴

国宴（State Banquet）是为接待国家元首所举行的最高规格的盛宴，是展现一个国家地位与力量的手段。

一、英 国 国 宴

在英国，每年一般仅安排一两次国宴接待来访的国家元首，所以英国女王伊丽莎白二世（Elizabeth II）（作为国家元首及英联邦的国家元首已将近51年）总会不遗余力地向来宾展示大英帝国的气势和风范。当贵宾们尽兴品味美酒佳肴时，谁又知道在幕后有多少人在忙碌呢？国宴的准备就像打仗一样，充满军事化的味道，过程中有许多鲜为人知的趣事。国宴这场重头戏由王室雇用的250名侍从来完成。根据各自分工不同，侍从们也分成不同的组。首先开始的是C组——工匠组。他们负责在大约180英尺长的温莎宫内的圣乔治大厅中央摆放一张长168英尺、宽8英尺的巨型红木餐桌。该餐桌是为维多利亚女王（Victoria）设计的，由68张活动桌面和13只桌架组合而成。此项工作的难度在于保证68张桌子摆在一条直线上，为此，他们必须在圣乔治大厅的两端找好中心点，通过放在桌子上的瞄准器完成工作。光这一项就花掉7个工匠3个多小时的时间。桌子摆放好后，另有工匠负责除尘上光。擦过至少7遍之后，餐桌桌面光彩焕然，如同一条闪亮的河流穿过大厅。餐食摆放妥当后，由P组侍从负责餐具、酒器及烛台的选择与摆放。

根据女王的要求，餐具的颜色与图案不仅要与每一道菜相搭配，而且还要与来访客人的国家有联系。所以，有时为了一个完美的搭配，温莎宫展厅内向游人展出的瓷器和银器也要拿出来清洗使用。摆放餐具要求相当精确，即使最熟练的侍从也要依靠有毫米刻度的尺子来给每套餐具定位。只有这样，才能保证160位客人在168英尺长的餐桌上都能有充分的享受空间而互不干扰。下午5时整，圣乔治大厅内灯火辉煌，当餐桌、餐具摆放整齐之后，女王伊丽莎白二世走进大厅，亲自检查。她用挑剔的眼光扫过餐桌，又仔细查了查客人的座位表，试了试麦克风，才会满意地离去。再过三个半小时，一场盛大国宴即将开始。国宴上最紧张的莫过于F组——厨房的侍从们了。王室的主厨手下有23名厨师和9名下手。主厨不仅要为160人准备5道菜的国宴，还要为其他不参加宴会的工作人员准备

3 道菜的晚餐。厨师们的工作量之大，时间之紧可想而知。厨房设在宴会大厅的楼下，几百英尺远，准备一个上百人的宴会，还要求保证食物是热的，这本身就是一门艺术。所以，厨房内实行一套军事化管理。热菜先由送餐车送到楼上宴会厅旁边的备餐间，由等在那里的厨师进行摆放和装饰。完毕之后，由负责餐饮的侍从通过手势通知女王身后的服务员暗示菜已准备好。国宴正式开始后，统一上菜的时间则由秘密设在大厅门外的红绿灯控制，绿灯亮则表示上菜开始。上菜时的个人分工相当明确：每 4 位侍从负责 9 位客人，其中两人负责撤换盘子，一人上菜，另一人专门为主菜浇卤汁和倒酒。这一切活动如此紧张而有序。晚上 11 时 30 分，国宴结束。

二、美 国 国 宴

美国国宴制度始于 1874 年，是总统对外宾最隆重的礼遇。依照传统，新总统上任后的第一场国宴一般会招待邻国如加拿大或墨西哥的领导人。举办国宴不仅是总统和第一夫人向到访外国元首表达友好的礼节方式，同时也是一件向全世界展示国家实力和影响力的大事。

1. 首次国宴

从建成之日起，白宫便成为美国总统主持官方宴会的地方。19 世纪初，“国宴”一词是指美国总统设宴招待内阁部长、国会议员和其他政要的活动。当时华盛顿主要由一些分散稀疏的独立村庄组成，有些村庄交通还很不便利，除了偶尔会有一些议员和其他官员的家人来访，华盛顿的社会成员主要由当地官员和市民组成。在这样的条件下，华盛顿很少举行大型招待会和宴会。

随着时代的变迁，华盛顿也发生了翻天覆地的变化。19 世纪，几乎每年冬天白宫都要举行一系列“国宴”招待国会议员、高级法院成员和外交官员。然而，直到尤里西斯·格兰特总统执政时期，“国宴”才开始专指由美国总统主持的款待到访外国元首的正式宴会。

根据现代定义，美国首次国宴是在 1874 年 12 月 12 日举行的，时任总统尤里西斯·格兰特和夫人设宴款待桑威奇群岛国王戴维·卡拉卡瓦。桑威奇群岛的疆域包括了夏威夷。夏威夷后来成为美国的第 50 个州。

1902 年白宫进行了一次大装修，这使得白宫更适合举行这种大型宴会。对白宫进行的新古典主义装修使得第 26 任美国总统西奥多·罗斯福在白宫举办的国宴，向世人非常完美地展现了美国日益强大的国力和影响力。

按照美国国宴的外交礼仪，到访的外国元首及其配偶从北门廊进入白宫，美国总统和夫人将守候在此欢迎他们的到来。国宴上最引人注目的一个瞬间就是敬酒，两国领导人会借机谈一谈重要话题，通常会涉及重要的外交访问。

2. 特殊国宴

一战期间，第 28 任美国总统伍德罗·威尔逊很少在白宫举行盛大宴会，1918 年连常规的新年宴会都取消了。二战期间，富兰克林·罗斯福总统还是照常在白宫举行宴会，但宴会的规模和食品种类都非常简单。另外，罗斯福还精简了来宾名单，只邀请那些有正事来访的客人出席国宴，取消了一般的出于社交目的而邀请的宾客。

19世纪以来，美国历届总统都在白宫宴会厅举行盛大宴会，款待到访的外国元首。但1948～1952年，杜鲁门执政时期，白宫正在进行大规模整修，国宴便安排在外国元首下榻的酒店举行。如1949年，杜鲁门总统亲自来到伊朗国王下榻的索尔海姆酒店，设宴表示欢迎。

2009年11月24日，美国总统贝拉克·奥巴马在白宫南草坪为到访的印度总理曼莫汉·辛格举办了上任以来的首次国宴。为了这次国宴，奥巴马夫妇煞费苦心，从花的颜色到"第一夫人"的穿着，国宴几乎每个细节都包含印度元素。这次国宴地点并非选在国家宴会厅，而是在白宫南草坪上新搭的帐篷内。帐篷顶上挂枝形吊灯，地上铺米色地毯。按照奥巴马的说法，在帐篷内举行国宴可以在人们心中唤起印度的形象，因为印度人"经常在帐篷内庆祝"。

奥巴马欢迎印度总理辛格的宴会帐篷搭在白宫南草坪，宾客可以看到华盛顿纪念碑。帐篷内摆有10张圆桌，圆桌颜色华丽，有苹果绿、红宝石、金黄等颜色。桌子上摆着玫瑰、八仙和香豌豆等鲜花，还摆放着前总统德怀特·艾森豪威尔、比尔·克林顿以及乔治·W. 布什时期白宫用过的精美瓷器，两侧摆有5件银器和一个水晶玻璃杯。美国媒体说选择使用这套瓷器有独特的用意——首先艾森豪威尔是在印度独立后第一位到访的美国总统，这暗示印美两国友谊源远流长。另外，在乔治·W. 布什时期，这套瓷器才首次正式被摆上美国国宴的餐桌。

不过在白宫南草坪举办国宴并非奥巴马首创，克林顿执政时期就非常喜欢在宽敞的东厅和南草坪举行国宴。每次举办国宴，白宫方面在餐桌布置、颜色搭配、嘉宾表演以及国宴菜谱等方面都煞费苦心。

除了菜谱和餐桌布置，白宫确定嘉宾名单时同样煞费苦心。由于在国宴上能有机会见到当今世界上最有权势的人，能成为美国总统的座上宾，这对于一些国内外政要来说都是荣幸之至的事情。为了满足各方面的需要，每次国宴，白宫都要费尽心思开列国宴嘉宾名单，并且十分在意嘉宾座次。在国宴上，奥巴马共邀请了338名嘉宾参加，包括他的政治盟友、美国名流以及印度外交界人士。前"第一夫人"劳拉·布什的高级助手阿妮塔·麦克布赖德说，名单最终由奥巴马总统和夫人确定。在国宴上，最受尊崇的座位当然是美国总统及其夫人的。长长的宴会桌是1902年美国总统设宴款待普鲁士王子亨利时布置的，多年来，这种布置已成为标准。美国国宴座次安排非常讲究，坐在不同的位置意味着不同的地位。而随着圆形餐桌的使用，这些严格限制放松很多。在整个宴会厅布置圆形餐桌的做法始于杰奎琳·肯尼迪。这种安排使得宴会厅可容纳更多的客人——120～130位，同时能让主人打破正式座位安排的严格限制。按照要求，出席白宫国宴，来宾需要着正装——男宾需着正装系黑色或者白色领结，女宾需穿晚礼服。

虽然国宴部分礼仪由美国国务院官员负责，但很多重要细节，如贵宾名单、菜肴、餐桌布置等，均由美国第一夫人及助手具体操办。尽管美国国宴的安排会受传统影响，但每一位白宫女主人都会在举办的国宴上留下自己独特的印记。每次举办国宴时，白宫女主人都会密切关注菜单的安排、餐桌颜色、花的摆放等，以便使每次国宴都能让到访的外国来宾满意和留下美好的回忆。参加国宴，来宾们都会注意着装，女宾们更是精心打扮。而第一夫人的衣着打扮更是所有人关注的焦点。2009 年 11 月 24 日的国宴上，米歇尔·奥巴马身穿由印度裔设计师纳伊姆汗设计的晚礼服华丽登场。当晚，她身着米色晚礼服、点缀闪亮银片，举手投足尽显女主人风范。媒体大赞米歇尔此次搭配完美，手腕上同色系的手镯以及一对耳环的选择都很用心。

3. 国宴菜谱

美国国宴菜谱通常会由 4～5 道菜组成，主要以美式菜为主，但有时为了照顾外宾的特殊口味，也会加一些有异域风情的菜肴。比如有一次布什在宴请巴基斯坦总统穆沙拉夫时，菜单里就多了一道烤榅桲果，这是一种南亚地区常见的瓜果。而在 2009 年 11 月 24 日奥巴马举办的国宴上，菜谱主打印度和美国时令菜肴，头道菜是马铃薯和茄子沙拉，甜点有南瓜馅饼、涂有生奶油和焦糖淋酱的梨挞，每道甜点都会配有不同口味的红酒。

宴会过后，白宫方面通常还会安排艺术表演，有时还会举行舞会。艺术家在美国国宴上表演节目已经有 200 多年的历史了。选择什么样的人表演节目通常也表现出第一家庭及其来宾的音乐品位。如在美国第二任总统约翰·亚当斯当政时期，美国海军陆战队乐团的表演成了不可或缺的内容。而这次奥巴马上任以来的首次国宴则邀请了印度著名作曲家 A. R. 拉赫曼到场助兴。

附件一：邓小平访美国宴菜单

1. 烘焙海鲜、1976 年保罗梅森比诺干白葡萄酒。

2. 烤小牛肉、印度黄米饭、西兰花、1976 年 Simi Rose 赤霞珠葡萄酒。

3. 蔬菜沙拉、特拉普奶酪。

4. 汉斯·柯耐尔干香槟。

5. 栗子慕斯、松露巧克力。

附件二：江泽民访美国宴菜单

开胃菜：冰镇龙虾、卤汁东南瓜、龙虾蛇蒿糊。

主菜：椒盐牛肉、马铃薯泥、焗蔬菜梗、葱橘子果酱、皮诺瓦葡萄。

凉菜：蔬菜沙拉、马铃薯奶油冻、Balsamic and Chive Dressing。

甜点：蜜饯生姜、蛋挞、“Orange Blossom Surprise”玛芬蛋糕。

酒水：1995 年莎当尼白葡萄酒、1995 年黑比诺红葡萄酒、1991 年铁马白之白香槟。

餐后娱乐：美国国家交响乐团演出。

附件三：胡锦涛访美国宴菜单

晚宴以美国菜为主，包括：

开胃菜：缅因州水煮龙虾（Poached Maine lobster）配 2008 年“俄罗斯河谷”莎当尼白葡萄酒、法国梨配茴香山羊奶干酪（D′ Anjou Pear Salad with Farmstead Goat Cheese Fennel、Black walnuts，and White Balsamic）。

主菜：脱脂奶酥洋葱配干式熟成肉眼牛排（Dry Aged Rib Eye with Buttermilk Crisp Onions）配 2005 年“哥伦比亚河谷”解百纳红葡萄酒、奶油菠菜配马铃薯（Double Stuffed Potatoes and Creamed Spinach）配 2008 年“Botrytis”雷司令白葡萄酒、橘汁胡萝卜配黑蘑菇（Orange Glazed Carrotsand Black Trumpet Mushrooms）。

凉菜：芝士梨沙拉（Cheese Pear Salad）。

甜点：柠檬冰糕、苹果派配香草冰激凌（Old Fashioned Apple Pie with Vanilla Ice Cream）。

酒水：2008 年产的“Botrytis”“俄国河”雷司令白葡萄酒 234（Poet′s Leap Riesling “Botrytis”2008）和 2005 年产的“哥伦比亚峡谷”解百纳红葡萄酒（Quilceda Creek Cabernet“Columbia Valley”2005），莎当尼白葡萄酒（Dumol Chardonnay“Russian River”2008）柠檬沙冰（Lemon Sorbet）。

掌勺大厨：白宫御用厨师康莫福德 Cristeta Comerford 和 William Yosses。

现场有著名乐手演奏爵士乐，包括爵士乐大师赫比·汉考克。中国著名的年轻钢琴家朗朗演奏了《我的祖国》，并与赫比四手联弹法国拉威尔作品《鹅妈妈组曲》（Mother Goose）的片段《中国大人》（pagoda）。著名华裔大提琴家马友友（Yo – Yo Ma）也在宴会上献艺。

学一学：通过网络和图书馆，了解其他西方国家的国宴。

任务七 西方婚宴

在西方国家，当一对新人在教堂举行结婚仪式之后，他们和全体宾客就要乘车前往婚宴地点。一到达婚宴大厅，以新娘新郎家为主的迎宾队列就排列在大门口迎接来宾。新娘母亲站在队首，不断问候来宾，并把来宾一一介绍给新郎母亲；新郎母亲紧挨着新娘母亲站立；紧跟其后的是新娘新郎，新娘应站在新郎右边；接着是主女傧相，最后是女傧相。不过，如果两位新人的父亲和他们的母亲一起站在主人的位置上参加迎宾则最佳，但他们往往愿意混在宾客中间。离婚父母切忌一起站在迎宾队列里。如果婚礼是由新娘的母亲和继父操办，母亲和继父应作为主人站在迎宾队列，而新娘的亲生父亲不应站在那里；若婚礼是由新娘的父亲和继母操办，父亲和继母应站在主人位置，新娘生母只能作为宾客出现。

在正规传统的大型婚礼上，常设专人通报来宾姓名。通报人应站在新娘母亲旁边，低声询问来宾的姓名后大声通报。由于新娘母亲并不认识新郎家邀请的所有客人，故这种做法很有必要。

新娘母亲有责任将来宾一一介绍给新郎父母，如有必要，还得介绍新娘。新娘应把自己的亲朋好友介绍给丈夫，新郎也应把自己的至亲挚友介绍给妻子。不过，在这种迎宾场合，不宜过多应酬，简明的介绍和适当的应酬足已。新娘和新郎对宾客只需说“谢谢你”或“见到你很高兴”即可。

由于正规的迎宾持续时间长，要求规范刻板，言语举止单调，容易让人感到厌烦、疲惫和受拘束，故迎宾队列有逐渐取消的趋势。在小型婚礼上，这种形式已基本取消，只是在大型婚宴上仍然保留。不过，是否取消迎宾队列应由新娘决定，她必须保证新郎及其家人认识每一位来宾。若不设迎宾队列，新娘、新郎和双方父母应待在靠近门口的地方，以便和每一位来宾打招呼，并及时作介绍。许多新人在门口桌上放一个来宾簿，让来宾签名，并将此作为喜庆日子的永久性纪念。

在正规的大型婚礼上，新人迎接完宾客后，进入餐厅，到专门安排的餐桌前就座。

新人餐桌通常置于大厅的一边或尽头，呈马蹄矩形。新娘和新郎坐在中间，面向大家，他们对面位置空着，以便所有客人都能看见他们。新人餐桌必须放置座位卡。新娘坐在新郎的右边，男傧相坐在新娘的右边，主女傧相坐在新郎的左边，女傧相们和随从们交替地依次坐下，都坐在桌子的同一边。女傧相的丈夫或未婚夫，随从的妻子或未婚妻们都应坐在新娘的餐桌上，他们沿着桌子的两个矩边坐下。新娘餐桌的中间过去是放置一个又高又大的婚礼蛋糕，现在由鲜花取代，蛋糕则放在餐桌旁的小圆桌上。餐桌应铺上白色桌布，鲜花应选用与女傧相们衣裙颜色相配的。

除新人餐桌外，父母亲的餐桌是唯一要设座位卡的餐桌。新人父母的餐桌，应比其他宾客的餐桌稍大一点。新娘母亲要坐在新郎父亲右边。对面是新郎母亲，她则坐在新娘父亲的右边，其他座位要安排给祖父母和教父教母。其他餐桌不必设座位卡，宾客可以随意坐，既可和朋友们一起，也可与陌生人一桌。必须注意的一点，新娘或新郎的离婚父母，均不能一起坐在父母亲的餐桌上，应有主有次。如果继父母平时同新娘或新郎的关系比较融洽，他们可以坐在父母餐桌上，如果关系不融洽，继父和继母最好避免这种场合。

在新人餐桌上，人们一入座就要为新娘斟满香槟酒，然后再为新郎、主女傧相及其他人斟酒。起初，由男傧相提议为新娘和新郎祝酒。祝酒词要简短精练，富有感情。新娘新郎要举杯饮下祝福酒，其他所有的人也要举杯饮酒。而后，新郎站起来致答谢词，并向他的妻子祝酒，餐桌上其他人也可提议向新娘新郎祝酒，此时还可大声宣读新婚夫妇收到的结婚贺电。不过，大型婚宴只允许新人餐桌上的人提议祝酒，而小型婚宴则允许所有餐桌的所有宾客为新人的健康和幸福祝酒。

在讲究座次的大型婚宴上，人们一就座，就应上第一道菜。在进完餐，吃完点心和水果后才可以跳舞。倘若婚礼在下午举行，晚宴拖到较晚才开始，就应在晚宴前允许大家跳舞。倘若是自助餐式的婚宴，新郎新娘只要迎接完宾客，就应开始跳舞。

在婚宴上跳舞要遵循一套俗规。第一轮舞必须由新郎和新娘跳，所有的宾客都应观看并喝彩。新娘的第二个舞伴是她的公公，第三个舞伴是她的父亲。同时，新郎要请他的岳母跳第二支舞曲，然后再请自已的母亲跳舞。接着是新娘父亲邀请新郎的母亲跳舞，新郎父亲邀请新娘的母亲跳舞。当新郎开始与主女傧相、女傧相一起跳舞时，宾客们开始找舞伴跳舞。当然所有的男宾们都应设法请新娘跳舞。

议一议：西方国家的婚宴与中国的婚宴相比，其优点和缺点各有哪些？

讨论与探究：

1. 鸡尾酒会、冷餐会、自助餐会、茶话会这四种宴会相比，各自的优点有哪些？

2. 西方国家的婚宴中有哪些做法值得我们借鉴？

项目三　西餐宴会服务

引言：随着人们价值观的改变和社会生产的高度发展，人们对饮食服务的要求越来越高。举办西餐宴会时，顾客在享受饭店提供的美味佳肴的同时还会重视优良服务。本项目主要介绍西餐宴会的气氛设计、摆台设计、座次安排及服务程序。

重点提示：

1. 西餐宴会的气氛设计
2. 西餐宴会的摆台设计
3. 西餐宴会的座次安排
4. 西餐宴会的服务程序

教师导学：教师借助图片、影像资料向学生介绍西餐宴会气氛、摆台、座次安排、服务程序及服务礼仪的基本知识，使学生掌握西餐宴会摆台的基本技能。

任务一　西餐宴会气氛设计

一般不同的饭店、不同的宴会厅、不同主题的宴会，气氛要求各不相同。如国宴从宴会厅环境，到宴会乐队、赴宴人员和服务人员的服装、言谈风度，都必须显示出隆重的气氛。国宴宴会厅内悬挂国旗、会标，绿化环境，要求格局豪华、庄严、隆重。欢庆喜宴要求迎合顾客喜气洋洋的心理状态，必须营造出一种热烈兴奋、流光溢彩、辉煌华贵的环境气氛。

西餐宴会环境气氛的要素包括：宴会厅面积、空间、档次、风格，座位的类型、布置方法，餐桌上的用具，声音的高低，环境温度，装饰的色彩，照明，清洁卫生等方面。

子任务一　西餐宴会气氛设计概述

西餐宴会的气氛是西餐宴会设计的一项重要内容。气氛设计的优劣直接影响宴会厅对顾客的吸引力。认真研究西餐宴会气氛的设计及其相关的因素，对搞好西餐宴会有一定的指导意义。

一、西餐宴会气氛概述

气氛是指一定环境中给人某种强烈感觉的精神表现与景象。西餐宴会的气氛就是举行西餐宴会时，顾客面对的整个西餐宴会厅的内环境。西餐宴会的气氛包括两种：一种为有形气氛，如西餐宴会厅面积、餐桌位置摆设、花草景色、内部装潢、构造和空间布局等方面；另一种是无形气氛，如服务人员的态度、礼仪、能力以及让顾客满意的程度等。有形气氛依靠设计人员和管理人员的协作，无形气氛主要是西餐宴会经理的责任。

二、西餐宴会气氛的作用

西餐宴会气氛是西餐宴会整体设计的重要组成部分，西餐宴会气氛的好坏对顾客有很大的影响，从而直接关系到西餐宴会经营的成败。理想的宴会气氛，应具有以下几种作用：

（1）西餐宴会气氛与西餐宴会的其他设计工作共同组成一个有机的整体，能体现西餐宴会的主题思想。

（2）西餐宴会气氛的主要作用在于影响顾客的心境。所谓心境就是指顾客对组成西餐宴会气氛的各种因素的反映。优良的西餐宴会气氛完全能够影响顾客的情绪和心境，给顾客留下深刻的印象，从而增强顾客再次惠顾的动机。现代餐饮业中不同类型的西餐宴会厅采取不同风格的装饰美化，以及同一西餐宴会厅中，用不同的装饰、灯光、色彩、背景等手段来丰富餐饮环境，目的都是满足不同顾客的心理需求。

(3) 西餐宴会气氛是多因素的组合，能影响消费者的“舒适”程度。优良的西餐宴会气氛是西餐宴会厅的光线、色调、音响、气味、温度等方面因素的最佳组合，它们直接影响顾客的“舒适”程度。想要设计出优良的气氛，就要考虑到“舒适”这一标准。由于“舒适”的含义是抽象的，况且不同的顾客对“舒适”又有不同的标准，因此，要想达到“舒适”的程度就必须深入了解西餐宴会的主题及顾客的心理需求。

(4) 西餐宴会气氛设计是西餐宴会经营的良好手段。顾客的职业、种族、风俗习惯、社会背景、收入水平和就餐时间以及偏好等因素都直接影响西餐宴会的经营。针对西餐宴会主题及顾客要求进行气氛设计，既要体现饭店的能力与实力，又要能促进西餐宴会的销售。

三、西餐宴会气氛的内容

要想达到良好的西餐宴会气氛设计，通常要考虑以下几项基本内容。

1. 光线

光线是西餐宴会气氛设计应该考虑的最关键因素之一，因为光线系统能够决定西餐宴会厅的格调。在灯光设计时，应根据西餐宴会厅的风格、档次、空间大小、光源形式等，合理巧妙地配合，以产生优美温馨的就餐环境。

西餐宴会厅使用的光线种类很多，如白炽灯光、烛光以及彩光等。不同的光线有不同的作用。白炽灯光是西餐宴会厅使用的一种重要光线，能够突出西餐宴会厅的豪华气派。这种光线最容易控制，食品在这种光线下看上去最自然。调暗光线，还能够增加顾客的舒适度。烛光属于暖色，是传统的光线，采用烛光能调节西餐宴会厅气氛，这种光线的红色火焰能使顾客和食物都显得漂亮，适用于西式冷餐会、节日盛会、生日宴会等。彩光是光线设计时应该考虑的另一因素。彩色的光线会影响人的面部和衣着，如桃红色、乳白色和琥珀色光线可用来增加热情友好的气氛。

不同形式的西餐宴会对光线的要求也不一样，传统西餐宴会的气氛特点是幽静、安逸、雅致，西餐宴会厅的照明应适当偏暗、柔和，同时应使餐桌照度稍强于宴会厅本身的照度，以使西餐宴会厅空间在视觉上变小而产生亲密感。

在办西餐宴会过程中，还要注意灯光的变化调节，以形成不同的西餐宴会气氛。在西餐宴会厅中，宴会厅照明应强于过道走廊照明，而宴会厅其他的照明则不能强于餐桌照明。总之，灯光的设计运用应围绕西餐宴会的主题，以满足顾客的心理需求。

2. 色彩

色彩是西餐宴会气氛中可视的重要因素。它是设计人员用来创造各种心境的工具。不同的色彩对人的心理和行为有不同的影响。如红、橙之类的颜色有振奋、激励的效果，绿色则有宁静、镇静的作用，桃红和紫红等颜色有一定柔和、悠闲的作用，黑色则表示肃穆、悲哀。

颜色的使用还与季节有关，寒冷的冬季，西餐宴会厅里应该使用暖色如红、橙、黄等，从而给顾客一种温暖的感觉。炎热的夏季，绿、蓝等冷色的效果最佳。

色彩的运用更重要的是能表达西餐宴会的主题思想。西餐宴会多用白色，因为白色表示纯洁、善良。

不同的西餐宴会厅，色彩设计应有区别，一般豪华宴会厅宜使用较暖或明亮的颜色，夜晚当灯光在538勒时，可使用暗红或橙色。地毯使用红色，可增加富丽堂皇的感觉。西餐宴会厅可采用咖啡色、褐色、红色之类，色暖而较深沉，以创造古朴稳重、宁静安逸的气氛；也可采用乳白、浅褐之类，使环境明快，富有现代气息。

3. 温度、湿度和气味

温度、湿度和气味是西餐宴会厅气氛的另一方面，它直接影响着顾客的舒适程度。温度太高或太低，湿度过大或过小，以及气味的种类都会给顾客带来迅速的反应。豪华的西餐宴会厅多用较高的温度来增加其舒适程度，因为较温暖的环境给顾客以舒适、轻松地感觉。

湿度会影响顾客的心情。湿度过低，即过于干燥，会使顾客心绪烦躁。适当的湿度才能增加西餐宴会厅的舒适程度。

气味也是西餐宴会气氛中的重要组成因素。气味通常能够给顾客留下极为深刻的印象。顾客对气味的记忆要比视觉和听觉记忆更加深刻。如果气味不能严格控制，西餐宴会厅里充满了污浊和一些不正的气味，必然会给顾客就餐造成极其不良的影响。

一般西餐宴会厅温度、湿度、空气质量达到舒适程度的指标是：

温度：冬季温度不低于18～22摄氏度，夏季温度不高于22～24摄氏度，用餐高峰客人较多时不超过24～26摄氏度，室温可随意调节。

湿度：相对湿度为40%～60%。

空气质量：室内通风良好，空气新鲜，换气量不低于30立方米/（人·小时），其中一氧化碳含量不超过5毫克/立方米，二氧化碳含量不超过0.1%，可吸入颗粒物不超过0.3毫克/立方米。

4. 家具

家具的选择和使用是形成西餐宴会厅整体气氛的一个重要部分，家具陈设质量直接影响宴会厅空间环境的艺术效果，对于西餐宴会服务的质量水平也有举足轻重的影响。

西餐宴会厅的家具一般包括餐桌、餐椅、服务台、餐具台、花架等。家具设计应配套，以使其与西餐宴会厅其他装饰布置相映成趣，统一和谐。

家具的设计或选择应根据西餐宴会的性质而定。就餐桌而言，西餐宴会以长方桌为主，餐桌的形状和尺寸必须能满足各种不同的使用要求，要便于拼接成其他形状为特定的西餐宴会服务。西餐宴会厅家具的外观与舒适度也同样十分重要。外观与类型一样，必须与西餐宴会厅的装饰风格相统一。家具的舒适感取决于家具的造型是否科学，尺寸比例是否符合人体结构规律，应该注意餐桌的高度和椅子的高度及倾斜度，餐桌和椅子的高度必须合理搭配，不能使客人因桌椅不适而增加疲劳感，而应该让客人感到自然、舒适。

除了桌椅之外，西餐宴会厅的窗帘、壁画等都是应该考虑的因素，就艺术手段而言，围与透、虚与实的结合是环境布局常用的方法。“围”指封闭紧凑，“透”指空旷开阔。西餐宴会厅空间如果有围无透，会令人感到压抑沉闷，但若有透无围，又会使人觉得空虚散漫。墙壁、天花板、隔断等能产生围的效果；开窗借景、布景箱、山水盆景等能产生透的感觉。西餐宴会厅如果同时举行多场宴会，则必须要使用隔断，以免互相干扰。小宴会厅、小型西餐厅则大多需要窗外景色，或悬挂壁画、放置盆景等以造成扩大空间的视觉效果。大型西餐宴会的布置要突出主桌，主桌要突出主席位。以正面墙壁装饰为主，对面墙次之，侧面墙再次之。

5. 声音

声音是指西餐宴会厅里的噪声和音乐。噪声是由空调、顾客流动和宴会厅外部噪声等形成的。西餐宴会厅应加强对噪声的控制，以利于西餐宴会的顺利进行。一般西餐宴会厅的噪声不超过 50 分贝，空调设备的噪声应低于 40 分贝。

6. 绿化

宴会前需对西餐宴会厅进行绿化布置，使就餐环境有一种自然情调，对西餐宴会气氛的衬托起相当大的作用。

花卉布置以盆栽居多，如摆设大叶羊齿类的盆景，摆设马拉巴栗、橡树或棕榈等大型盆栽。依照不同季节摆设不同观花盆景，悬吊绿色明亮的柚叶藤及羊齿类植物等。

西餐宴会厅布置花卉时，要注意将塑料布铺设于地毯上，以防水渍及花草弄脏地毯，应注意盆栽浇水及擦拭叶子灰尘等工作，凋谢的花草会破坏气氛，因此要细查花朵有无凋谢。

有些西餐宴会厅以人造花取代照料费力的盆栽，虽然是假花假草，一样不可长期置之不理，蒙上灰尘的塑料花、变色的纸花都让人不舒服。应当注意：塑料花每周要水洗一次，纸花每隔两三个月要换新的。另外，尽量不要将假花假树摆设在顾客伸手可及的地方，以免让客人发现是假物而大失情趣，甚至连食物都不觉美味。

综上所述，西餐宴会厅的气氛是西餐宴会设计的重要任务。要想达到优良的气氛设计，必须利用现代科学技术，使室内温度、湿度、光线、色彩、空间比例符合西餐宴会的需要，充分利用各种家具设备，进行恰到好处的组合处理，使顾客感受到安静舒适、美观雅致、柔和协调的艺术效果与艺术享受。

想一想：西餐宴会气氛设计的内容包括哪些？

子任务二　西餐宴会餐桌设计与场地布置

西餐宴会餐桌设计又称“台型设计”，是指西餐宴会厅根据宾客宴会形式、主题、人数、接待规格、习惯禁忌、特别需求、时令季节和西餐宴会厅的结构、形状、面积、空间、光线、设备等情况，设计西餐宴会的餐桌排列组合的总体形状和布局。其目的是：合理利用西餐宴会厅的现有条件，表现主办人的意图，体现西餐宴会的规格标准，烘托西餐宴会的气氛，便于宾客就餐和席间服务员进行西餐宴会服务。由于西餐宴会厅并未设置固定桌椅，而是依照各种不同的西餐宴会形式进行摆设，所以同一场地可依顾客不同的要求摆设多种形式。

西餐宴会厅通常都会预先备有数种不同的摆设标准图，提供给客人作为选择时的参考依据。为力求精确，这些摆设的基本图形事先都必须经过一番谨慎的计算并经实际采用后，才推荐给客人，完善的标准图更是通过电脑测试绘制而成。一般而言，西餐宴会厅应尽量推荐选用标准安排，若顾客有特殊要求，仍需尊重其意见，并综合考虑现场场地情况，以完成符合客人需求的适当布置。但是如果该项需求因受场地限制而有执行的困难时，应据实相告，与顾客进行沟通，设法提出可行并使其满意的摆设方式。

一、西餐宴会厅桌椅及其他家具的选用

西餐宴会厅家具的选择非常重要，尤其是桌椅类型的选择。由于西餐宴会厅必须根据宴会类型的不同而变更场地的布置，所以在桌椅选择方面，应该考虑安全性、耐用性以及桌椅所能承受的重量。具体可参考如下原则。

（1）所有桌子的高度必须统一规格化。一般采用 71 ~ 76 厘米高的桌子，但若选用某一高度的餐桌，则全部桌子的高度均应统一。

（2）最好全部采用同一品牌，以免不同品牌的桌子在衔接时产生高低不一的情况。

（3）采用桌面与桌脚合一的餐桌，即桌脚与桌面一起收起的桌面，而不要用两件式餐桌（桌脚与桌面分开的餐桌）。

（4）各种桌面大小尺寸应力求规格化，彼此之间必须要能完全衔接。

（5）需考虑安全性及耐用性。每张桌子都能承受一定的重量。

（6）需设计适合各种不同桌型及椅子大小的推车来协助搬运，以减少搬运时的危险性及员工体力的负荷。

（7）椅子以可叠放者为佳，最好能十张一叠，这样置放在仓库时不占空间。

（8）椅子不能太笨重，以免叠起后因重量过重而倾斜，造成危险。

二、西餐酒会餐桌布局

1. 酒会场地的设计

酒会中不摆放桌椅，也不设置主宾席，只摆设餐台以及一些小圆桌或茶几，宾客在酒会中以站姿进餐。宽敞的空间使主人及宾客均得以自由地在会场内穿梭走动，自在地和其他与会宾客交谈。

接受一场酒会的预订时，预订员必须根据顾客的需求提供一份酒会的布置设计图，同时向客人报价。在设计酒会场地之前，必须事先了解顾客办酒会的目的、与会人数以及所希望的菜色等。

然后，预订员便可就相关细节与行政主厨进行进一步的研究。

酒会菜色、菜肴道数、摆设方式、餐台大小等因素都足以影响一场酒会的成败，所以预订员对上述的诸多细节都必须事先了解，否则一旦设计出来的餐台过大而菜色太少，就会使人感觉空洞；反之，如果因餐台太小，而使菜肴摆起来显得拥挤，则不论菜色如何，都会给人压迫感，从而降低宴会的质量。

在酒会的场地设计中，舞台设计是其中非常重要的一环。倘若舞台布置适宜、主题明确，能让所有与会宾客在进场之后留下深刻的第一印象，那么这场酒会已经成功了一半。而另外一半的成功，有30% 取决于餐台的布置，最后的20% 则取决于服务人员的服务态度。也就是说，在一场成功的酒会中，单布置方面便已占影响要素的80%，由此可见场地的设计对举办一场成功的酒会是多么重要。

2. 场地及餐台的布置要求

（1）酒会中餐台的摆设方式主要着重于酒吧台与餐台的位置规划。酒会通常采用活动式的酒吧台，并且摆放一些辅助桌以放置酒杯。至于餐台的布置，不仅需要配合西餐宴会厅的大小，还应摆设在较显眼的地方，一半都摆设在距门口不远的地方，让客人一进会场就可清楚看到。

（2）餐台摆放可用有机玻璃箱、银架或覆盖着台布的塑料可乐箱来垫高，使菜肴摆设呈现出立体效果。

（3）餐台的摆设要视菜单上菜肴道数的多少来准备，过大或过小的餐台都是不适当的布置，所以必须事先了解厨师推出的菜肴分量，以作为布置的依据，有时也需配合特殊餐具的使用来进行摆设。

（4）酒会会场除了放置餐台及酒吧台之外，还需摆设一些辅助用的小圆桌。小圆桌中间可摆一盆蜡烛花，并将蜡烛点燃以增加酒会的气氛。

（5）小圆桌上可放置一些花生、薯片、腰果等食品，供客人取用。同时，小圆桌也具有让客人摆放使用过的餐盘、酒杯等功用。

（6）若要使餐台看起来更有气氛，可以使用透明的白色围布来围餐桌，并在桌下分别放置各种颜色的灯光来照射，如此一来便可使酒会更添浪漫唯美的气氛。

（7）酒会不需要太亮的灯光照明，毕竟保持酒会的气氛非常重要，而微暗的灯光恰好可提供酒会适宜的气氛。如果酒会中采用调整灯光的装置，则整体的灯光亮度适合设定在3 ~4 段；但若酒会场地有舞台的布置，则舞台的灯光应比舞台周围的酒会场地要亮，必要时可用投射灯来照明，以凸显舞台的布置。此外，冰雕等装饰也可借灯光技术来增加效果，而冰雕的投射灯需以有色灯光来衬托其美感，因为适当的灯光投射往往能恰如其分地增添冰雕装饰的质感与感染力，更加彰显冰雕的存在意义。

（8）如果酒会中只有少数一两个餐台，菜肴可以不按照自助餐的摆设方式进行布置，而只需摆出层次感，使菜肴呈现高低不同的视觉效果即可。但是如果餐台为数众多，则可依照菜肴类别分区摆设，比如分成冷盘区、热食区、切肉区、小点心区、饮品区等不同的餐台以示区别。

（9）酒吧台的摆设以尽量靠近入口处为原则。如果参加酒会的人数很多，应尽可能在会场最里面另设一个酒吧台，并将部分客人引导进入该吧台区，以缓解入口处人潮拥挤的状况。

三、冷餐会餐桌设计

冷餐会的餐桌应保证有足够的空间以便布置菜肴。按照人们正常的步幅，每走一步就能挑选一种菜肴的原则，应考虑所供菜肴的种类与规定时间内服务客人人数间的比例问题，否则进度缓慢会造成客人排队或坐在自己座位上等候。

餐桌可以摆成H形、Y形、L形、C形、S形、Z形及四分之一圆形、椭圆形。另外，为了避免拥挤，便于供应主菜，如烤牛肉等，可以设置独立的供应餐桌，客人手持盛满菜肴的菜碟穿过人群是比较危险的。如不在客人所坐位置供应点心，也可另外摆设点心供应餐桌而与主要供应餐桌分开。

桌布从供应桌下垂至距地面6.6厘米处，这样既可以掩蔽桌脚，也避免了客人踩踏。如果使用色布或加褶，会使单调的长桌更加赏心悦目。

将供应餐桌的中央部分垫高，摆一些引人注目的拿手菜，例如火腿、火鸡及烤肉等。装饰架及其上面的烛台、插花、水果及装饰用的冰块，也会增加高雅的气氛。各类碟之间的空隙可以摆一些牛尾菜、冬青等装饰用植物或柠檬树枝叶及果实花木等。

四、自助餐餐台设计

自助餐台也叫食品陈列台，可以安排在西餐宴会厅中央或靠某一墙边，也可放于西餐宴会厅一角；可以摆一个完整的大台，或由一个主台和几个小台组成。自助餐台的安排形式多样、变化多端，常见的自助餐台有以下几种类型。

（1）I形台　即长台，是最基本的台型，常靠墙摆放。

（2）L形台　由两个长台拼成，一般放于餐厅一角。

（3）O形台　即圆台，通常摆在餐厅中央。

（4）其他台型　根据场地特点及宾客要求可采用长台、扇面台、圆台、半圆台等拼接出各种新颖别致、美观流畅的台型。

自助餐台的摆设要注意如下事项：

（1）餐台的设计布置方面，通常可以选定某一主题来发挥，譬如以节庆为设计主题（例如圣诞节便以圣诞节时的气氛来布置），或取用主办单位的相关事物（例如产品、标识等）来设计装饰物品（如冰雕等），均可使西餐宴会场地增色不少。自助餐台要布置在显眼的地方，使宾客一进入西餐厅就能看见。自助餐台不应让宾客看见桌腿，可铺台布并围上桌裙或装饰布。

（2）菜肴的摆设应具有立体感，色彩搭配要合理，装饰要美观大方，不要过于拥挤。另外可在可乐箱上覆盖桌布作为垫菜的工具。

（3）菜色必须按规矩来摆放。例如，冷盘、沙拉、热食、点心、水果等应依顺序排好。如果西餐宴会场地够大，可再细分成拼盘沙拉区、热食区、切肉面包区、水果点心区等。

（4）自助餐台必须设在客人进门便容易看到且方便厨房补菜之处，另须考虑其摆设地点应为所有客人都容易到达而又不阻碍通道的地方。

（5）在人数很多的大型西餐宴会中，可以采用一个餐台两面同时拿菜的方法。最好是每150～200位客人就有一个两面拿菜的餐台，这样可以节省排队拿菜的时间，以免客人等太久。

(6) 自助餐台的大小要考虑宾客人数及菜肴品种的多少，并考虑宾客取菜的人流方向，避免拥挤和堵塞。

(7) 餐台的灯光必须足够，否则摆设再漂亮的菜肴也无法显现其特色。尤其是冰雕部分更需要不同颜色的灯光来照射。可用聚光灯照射台面，但切忌用彩色灯光，以免使菜肴改变颜色，从而影响宾客食欲。

五、西餐宴会厅场地布置

西餐宴会厅场地布置要求如下。

(1) 普通西餐宴会进行布置时，由宴会部指派一位领班负责现场即可。而特殊的西餐宴会则需请负责预订的人员到场说明，并配合美工及现场人员进行布置。

(2) 布置要庄重、美观、大方，桌椅、家具摆放对称、整齐，并且安放平稳。

(3) 桌子之间的距离要适当。大型西餐宴会厅的桌距可稍大，小型西餐宴会厅的桌距以方便客人入座、离座，便于服务人员操作为准，基本要求 2 米以上。桌距过大，会使场面显得松散，不利于创造热烈的气氛；桌距过小则会显得拥挤，而且宾客用餐会显得不方便，服务员在服务过程中也容易出错。如果宴请的桌数少，厅室较大，为避免空荡感，可以在四周和西餐宴会厅空余的地方布置一些树木花草、沙发等。

(4) 西餐宴会中除了餐桌的摆设外，服务桌同样需要备置妥当。其数量视西餐宴会厅大小及宾客人数而定，但应尽量避免多占据空间。服务桌的摆设将影响服务品质，所以对工作人员而言非常重要，但尽管如此，仍然是能少则少。

(5) 如果席间要安排乐队演奏，乐队不要离宾客的席位过近，应该设在距离宾客席 3～4米远的左右或侧后。如果席间有文艺演出，又无舞池时，则应该在布置桌椅时留出适当的位置，并铺上地毯，作为演出场地。

(6) 酒吧台、礼品台、贵宾休息室等，要根据西餐宴会的需要和西餐宴会厅的具体情况灵活安排。

(7) 整个会场布置完成后，领班或副经理必须依照西餐宴会通知单或计划所述内容逐项核对，以免有所遗漏。

议一议：西餐宴会厅的场地布置有哪些要求？

子任务三　西餐宴会台面设计

西餐宴会的台面设计要求有一定的艺术手法和表现形式，其原则就是要因人、因事、因地、因时而异，再根据就餐者的心理要求，营造一个与之相适应的和谐统一的气氛，显示出整体美。要恰到好处地设计一桌完美的西餐宴会台面，不仅要求色彩艳丽醒目，而且每桌餐具必须配套，餐具经过摆放和各种装饰品的点缀，使整个西餐宴会的序幕拉开，就不难看出西餐宴会的内容、主题、等级和标准，同时引起每位宾客对西餐宴会美的艺术兴趣，并能增加食欲，这就是西餐宴会台面设计的目的。

一、西餐宴会台面的种类

西餐宴会的台面按用途可分为餐台、看台和花台。

（1）餐台　此种西餐宴会台面的餐具摆放应按照就餐人数的多少，菜单的编排和西餐宴会标准来配用。餐台上的各种餐具、用具，距离要间隔适当，清洁实用，美观大方，放在每位宾客的就餐席位前。各种装饰物品都必须整齐一致地摆放，而且要尽量相对居中。这种餐台多用于中、高档西餐宴会的餐具摆设。

（2）看台　根据西餐宴会的性质、内容，用各种小件餐具、小件物品和装饰物品摆设成各种图案，供宾客在就餐前观赏。在开席上菜时，撤掉桌上的各种装饰物品，再将小件餐具分给宾客，便于宾客在进餐时使用。

（3）花台　就是用鲜花、绢花、盆景、花篮，以及各种工艺美术品和雕刻物品等点缀构成各种新颖、别致、得体的台面。这种台面设计要符合西餐宴会的内容，突出西餐宴会主题。图案的造型要结合西餐宴会的特点，要具有一定的代表性或者政治性，色彩要鲜艳醒目，造型要新颖独特。

二、西餐宴会台面的装饰方法

西餐宴会台面的装饰效果不仅决定西餐宴会的气氛，而且体现西餐宴会设计者的水平以及整个西餐宴会的服务质量。西餐宴会台面的装饰效果，主要通过餐具的摆放位置、餐巾折花以及餐桌上的摆花艺术来体现，具体方法如下。

1. 用餐具装饰台面

可用杯、盘、碗、刀、叉、勺等物件摆成各种象形或会意图案。用餐具装饰台面应掌握以下几点。

（1）高档宴会和名贵菜肴应配用较高级的餐具，以烘托宴会的气氛，突出名菜的身价。

（2）餐具的件数应依据宴会的规格和进餐的需要而定。普通西餐宴会一般配 5 件餐具，中档西餐宴会一般配 7 件餐具，高档西餐宴会一般配 8 ~ 10 件餐具。

2. 用鲜花装饰台面

花是美的象征，它给人们带来愉快、活力和希望。餐桌以花装饰，使人赏心悦目、食欲大增，有力地烘托出西餐宴会的气氛。

人们通常用插花来装饰餐桌。餐桌上的插花可随意轻松些，造型要注意顾及不同角度的观赏者。

用盆花来装饰餐桌的效果不亚于插花，它具有花期长且生机勃勃的优点。餐桌上的盆花应选择植株低矮、丛生、密集多花的种类。餐桌摆设盆花应注意盆与土的清洁卫生，并在盆底垫上雅致的盆座或盘碟。餐桌上的桌花还应根据季节的变化予以调整。

3. 用餐巾花装饰台面

为了提高服务质量和突出宴会气氛，服务人员把小小的餐巾折叠成许多栩栩如生的花鸟鱼虫等形状。形形色色的花卉植物和惟妙惟肖的实物造型，摆在餐桌上即可起到点缀美化席面的作用，又能给西餐宴会增添热烈欢快的气氛，给宾客一种美的享受。餐巾花还可以用无声的形象语言，表达和交流宾主之间的感情，起到独特的媒介作用，表明宾主的座次，体现西餐宴会的规格与档次。根据餐巾和台布的颜色以及餐具的质地、形状、色泽等进行构思，使折出来的餐巾花同宴会台面融为一体，给人以艺术上的享受，要能根据西餐宴会的要求、特点和对象不同，分别叠成不同式样的餐巾花。餐巾花的种类很多，一般总体原则是：

（1）根据西餐宴会的性质来选择花型　如以欢迎答谢、表示友好为目的的西餐宴会餐巾花可设计成友谊花篮及和平鸽。

（2）根据西餐宴会的规模来选择花型　一般大型西餐宴会可选用简单、快捷、挺括、美观的花型。小型西餐宴会可以在同一桌上使用各种不同的花型，形成既多样，又协调的布局。

（3）根据时令季节选择花型　用台面上的花型反映出季节的特色，使之富有时令感。

（4）根据宾主席位的安排来选择花型　宴会主任座位上的餐巾花为主花，主花要选择美观而醒目的花型，其目的是使西餐宴会的主位更加突出。主花要摆插在主位，一般的餐巾花则摆插在其他宾客席上，高低均匀，错落有致。

此外，还可采用印有各种具有象征意义图案的台布铺台，并以台布图案的寓意为主题，组织拼摆各小件餐具和其他物品，使整个台面协调一致，组成一个主题画面。用水果装饰台面，根据季节变化，将各种色彩和形状的水果，衬以绿色的叶子，在果盘上堆摆成金字塔形状上台，既可观赏，又可食用，简便易行，此法传统的西餐宴会摆台运用较多。

关于国旗，在西餐宴会厅使用最多的是桌旗。一般桌旗的摆放方法为，国旗在上位席的左侧，另外，摆放桌旗的数量要根据桌子的长度，一处摆放国旗的场合以餐桌中央为宜；两处摆放国旗的场合，要间隔相等。这里需要注意的是桌花的高度，桌花要比桌旗略低一些。

三、西餐宴会花台设计

花台是餐台当中一个很特殊的类型，花台是用鲜花堆砌而成的、具有一定艺术造型的、供人观赏的台面。花台虽然缺少食台的实用性，但在高档西餐宴会中却有着必不可少、举足轻重的作用。首先，花台体现了西餐宴会的档次，只有高档的西餐宴会才设花台，普通西餐宴会往往不设花台。其次，花台体现了西餐宴会的主题，主办者举行一次宴会往往有其特定的目的，这就是西餐宴会的主题，可以利用花台来体现西餐宴会主题。如在欢迎或答谢宴会上用友谊花篮的图案来体现和平、友好；在婚宴上可用艳丽的红玫瑰来体现爱情、喜庆。另外，花台还可增加宴会的气氛，使宴会的气氛达到高潮。

一个成功的花台设计，就像一件艺术品，它通过巧妙地排列构成的以花卉的自然美和人工的修饰美相结合的艺术造型，令人赏心悦目，给宴会创造出了隆重、热烈、和谐、欢快的氛围，因此花台制作已成为高档西餐宴会中一种不可缺少的环境布置。

1. 确定花台主题

这是花台制作的第一步，制作一个好的花台需要事先进行构思，确定出明确的主题，根据主题创作出不同类型、不同风格、不同意境的花台。可以说，有了好的主题，花台制作就成功了一半，确定主题时应做到以下几点。

（1）不能脱离西餐宴会的主题　西餐宴会的主题是花台制作时确定主题的依据，因此，在没有动手制作花台前一定要先考虑西餐宴会的主题是什么，不能随心所欲，自由发挥。所以，花台主题的确定要依据西餐宴会的主题。

（2）创作要新颖　在突出主题的前提下，花台的制作也应该注意创新，不能惯用传统的或别人的构思。宾客以往没有见过的花台，才富有吸引力，才能够使宾客感到新奇，从而达到一定的效果。

（3）要符合西餐宴会的具体要求　花台制作者在构思花台的主题时，要根据西餐宴会厅的环境、餐桌的大小、形状进行创作。比如，餐桌是长台，花台的形状不能摆成圆的。花台的大小也必须适合餐桌的大小，如果花台过大，无法在餐桌上摆放；如果花台过小，又起不到渲染西餐宴会气氛的效果。

2. 选择合适花卉

选择花卉是花台制作的前提。适用于花台制作的花卉材料很多，无论是植物的哪一部分，只要具有鲜明的色彩，优美的形态，给人以美感，都可以用于花台的制作。但是如果不恰当地加以选用，哪怕花材本身很艳丽，也可能起不到制作者想要达到的效果。因此，只有选择合适的花材，才能给花台的制作创造条件。正确地选择合适的花材必须注意以下几点。

（1）要注意各民族的不同习惯　制作花台，要避免使用宾客忌讳的花材。比如，宴请法国人时，花台制作就不能使用黄菊花，因为他们认为此花是不吉利的。

（2）要注意花材色彩的调配　由于不同的色彩会引起不同的心理反映，因此，在花台制作中要根据西餐宴会的主题，灵活掌握花卉之间的关系。比如，为了突出宴会热烈、欢快的气氛，可用红色作主色，辅以其他色彩的鲜花（但不能太多，一般四五种即可）。这种情况要求配合在一起的色彩必须互为补充，协调如一；也可以根据实际情况用单种颜色制作出别具一格的花台。在注重色彩的搭配时，不可忽视青枝绿叶在花台制作中的衬托作用，因为绿色最富有生机，能给人带来春天生命的气息。

（3）要注意花材的质量　由于鲜花是具有生命的，当其离开母体后，生理功能受到了破坏，水分和养料的吸收已无法与前期相比，再加上种植期间天气、虫害等影响，其质地也就不能完全适合制作花台使用。因此，挑选花材时在考虑客人喜好和色彩配置的前提下，一定要尽量选用色彩艳丽、花朵饱满、花枝粗直、长短适中的花材，避免使用垂头萎蔫、脱水干枯、虫咬烂边及有残缺病斑等花材。

3．正确运用插花技法

正确运用插花技法是花台制作的关键，制作者只有正确、熟练地掌握运用插花技法，才能完成自己精心构思的花台。正确运用插花技法要做好以下工作。

（1）要遵守花台造型的规律　花台的造型要有整体性、协调性，这是花台制作中最基本的要求。尽管主花在花台中占据主导地位，配花、枝叶居辅助地位，但主花却少不了配花，要做到有主有配，才能使花台成为有机的整体。插配中任何花卉都是整体中的一部分，每一部分都相互辉映，少了任何一部分都会有损于花台的整体美。

（2）要按制作步骤展开　制作时，应先插主花，用主花将花台的骨架搭起来，然后再插配花，使花台初显生动丰满的造型，最后再对枝叶进行必要的点缀，使整个花台充满活力、富有韵味。制作完毕的花台最后还要检查一遍，看看是否有不足之处，并将桌面收拾洁净。

（3）要利用各种辅助手法　尽管强调要选择合适的花材，但在实际工作中，花台制作人员常常会遇到有缺陷的花材。比如，枝干过短、过软，花朵未开或太小等情况，这就要求制作者借助一些辅助手法来弥补花材的不足。比如，枝干较短时，可将废弃的枝干用金属丝绑在较短花枝的下方，增加其长度；花朵未开或太小时，可向枝朵吹气或用手帮助其打开；花枝较细软时，可用其他粗枝固定在细枝上，增强其支撑力。

总之，花台设计使插花艺术和摆设艺术上升到一个更高的境地，设计者应充分发挥自己的想象力和创造力，设计出合时、合宜、合适的花台造型。

学一学：通过网络与图书馆，了解西方各国对花卉的喜好与禁忌。

子任务四　西餐宴会娱乐设计

一、娱乐在西餐宴会中的作用及原则

1．娱乐形式与宴会相结合的作用

（1）满足赴宴者的精神需求　随着生活水平的提高，基本物质需求得到满足，人们越来越注重精神需求。娱乐活动与西餐宴会相结合，满足了人们的这种需求，使人们的享受更完美。娱乐活动具有消遣性、娱乐性，能有效地增加西餐宴会热烈欢快的气氛，减轻人们工作中的压力。人们通过娱乐活动来表达自己的情感，述说心事，唱得开心，舞得尽兴。

（2）带来一定的经济效益　西餐宴会中加入各式各样的娱乐活动，可以带动酒水、设施设备出租等项目的消费，给企业带来良好的经济效益。

（3）扩大西餐宴会厅的功能　娱乐形式与西餐宴会相结合，满足了顾客的多种需求。

西餐宴会厅已不仅仅是就餐的场所，人们在各种娱乐活动中可以结织朋友，扩大社交圈，通过各种娱乐工具来表达对朋友的祝福、思念等感情。

2. 娱乐形式与西餐宴会相结合的原则

(1) 娱乐形式要同西餐宴会的主题、赴宴顾客相协调　西餐宴会娱乐项目多种多样，西餐宴会娱乐项目应根据宴会档次、规格和接待对象的特点来进行适当的安排，如赴宴群体是社会地位较高，文化修养水平高的顾客，可以安排欣赏柔和优美的音乐及文雅的娱乐活动。

(2) 娱乐形式要与西餐宴会厅的硬件相一致　不同的娱乐形式对西餐宴会厅的硬件要求不同。例如，大型的歌舞表演不仅要求有良好的灯光及音响设施，而且要求有足够的场地，各种故障要及时处理。因为人员众多，要配备先进的消防设施等。

(3) 娱乐形式要与西餐宴会经营平衡发展　娱乐形式与西餐宴会经营相结合中，二者是同样重要的，不要顾此失彼，造成不良后果。娱乐活动使顾客心情舒畅，而不精美、不可口的菜品却会顾客失望。现在顾客追求的是一种配套的，完美的服务，其中任何一个环节出错就会影响到整个经营效果。

(4) 娱乐活动与西餐宴会经营相结合要遵循经济效益的原则　娱乐形式与西餐宴会经营相结合的最终目的是带动经济效益。娱乐活动无论是免费还是计价收费，都应该把各种消费计算在成本之内，各种收益也要计算在利润之内。在对娱乐项目进行投资时，也要认真分析其可能带来的经济效益以及对西餐宴会经营的作用，真正使娱乐活动带动西餐宴会经营的发展。

二、西餐宴会娱乐形式种类

1. 文艺节目演出

根据西餐宴会宾客的需要邀请演艺人员来进行文艺表演，表演的节目可以丰富多彩，可以配备小型的乐队伴奏，演唱时可以伴舞。

2. 时装表演

时装表演这种来自法国的新型娱乐形式以其无穷魅力越来越为人们所青睐。在宴会期间，欣赏一场高水平的时装表演，不仅给人以综合的美感享受，也显示了主人的高雅艺术情趣。时装表演所需的场地以及灯光、布置都有较高的要求，比较适合于在大型西餐宴会厅举行，以欣赏性为主，主要目的是为烘托气氛。

3．音乐演奏

西洋音乐可以使人们在优美的音乐中心灵得到放松，情操得到陶冶，调剂身心，得到美的享受。西洋音乐的演奏所需人数较少，如钢琴演奏只需一人，小型乐队只需 3 ~ 5 人。表演的场地可大可小。西餐宴会厅中引入西洋音乐要求餐厅布置具有西方特色，并能体现一种高贵、优雅的情调，才能达到宾客追求的那种气氛。西洋音乐一般包括：

（1）轻音乐　轻音乐起源于轻歌剧，在 19 世纪盛行于欧洲各国。轻音乐结构短小、轻松活泼、旋律优美并通俗易懂，富有生活气息，易于接受，它常能创造出一种轻松明快、喜气洋洋的气氛。

（2）爵士乐　爵士乐起源于美国，具有即兴创作的音乐风格，表现出顽强的生命力，给人以振奋向上的感觉，爵士乐常由萨克斯管手配合小型乐队演奏。这种较为强烈的音乐常常适用于在露天花园式宴会或豪华游轮宴会中演奏，它能激发赴宴客人的情感，创造出兴奋感人的场面。

（3）西洋古典音乐　采用小提琴、钢琴等演奏的古典音乐能够创造浪漫迷人的情调，给人以诸多的精神享受。这种音乐比较适用于正式西餐宴会。特别适用于赴宴宾客文化修养和艺术素质较高的西餐宴会场合。

4．舞蹈表演

西餐宴会的舞蹈一般分为自娱性舞蹈和表演性舞蹈两种。

（1）自娱性舞蹈形式　自娱性舞蹈形式主要是交谊舞如三步舞（包括快三步、中三步和慢三步）、四步舞（包括快四步、中四步和慢四步）、探戈舞等。这种舞蹈的表演就是客人在西餐宴会厅中设置的舞池内自由舞蹈，有利于赴宴客人的相互认识和了解。

（2）表演性舞蹈形式　表演性舞蹈形式的专业性很强，主要有爵士舞、现代舞、踢踏舞等。表演性舞蹈是由西餐宴会部或西餐宴会主办单位邀请的专业舞蹈人员在专业舞台上进行的助兴表演的形式。这种形式比较适合于人数较多的大型西餐宴会。一般来说，西餐宴会表演的舞蹈以现代舞居多。这种舞具有占用舞台面积小，对布景道具讲究少、形式自由、奔放等优点，给客人带来强烈的艺术生活感受。

西餐宴会表演舞蹈的安排要根据西餐宴会的主题和西餐宴会厅的场所来进行，只有选择与西餐宴会场所主题相协调，并能为赴宴宾客接受的舞蹈，才能产生预期的效果。

三、西餐宴会舞台设计

在大型西餐宴会中，舞台的布置与设计扮演着最重要的角色。西餐宴会主题、风格、进行方式及整体气氛的营造，都依赖舞台设计与布置的配合。当然，舞台布置与设计必须视顾客预算及需求而定，并非每场西餐宴会的舞台设计都千篇一律。有些顾客选择简单便利的西餐宴会形式，仅利用饭店现有设备而不另外花费做其他布置；有些顾客则愿意为了表现西餐宴会气派而花费不菲的舞台布置费设计，有时甚至会出现西餐宴会舞台布置费用远高于西餐宴会餐费的情况。由此可见，西餐宴会舞台布置与设计的发展空间极具伸缩性，随时可根据顾客需要，设计千变万化的舞台布置。

一个成功的舞台布置好比一件艺术品，需经过巧妙的设计，辅以花卉的自然美与人工的修饰相结合的艺术造型，为与会宾客营造出一种特色气氛。为此，舞台的设计与布置已成为重要西餐宴会中不可或缺的装饰。布置舞台之前，首先应决定舞台规模，因为舞台大小是可调整的，故可依赖顾客需求搭设舞台。

整体而言，舞台背板为点明西餐宴会主题之处，舞台布置应根据这一主题进行相关设计。针对各种不同的西餐宴会形式，饭店应备有各式设计图供顾客根据自身需求进行参考。这些设计图包括花饰摆设、周边布置、讲台位置、行礼台位置等图例，都用电脑绘图的方式制作，以增加顾客对实际布置的了解。美工人员在顾客选定舞台设计式样后，接着进行估价，并与顾客确认，待一切准备就绪，才着手从事舞台设计及布置的工作。无论花卉设计、舞台布置还是西餐宴会设备，都要根据顾客需求及预算而定，因此舞台布置费用的多少因人而异，无一定论。由以上所述可知舞台设计的多样化，以下四点为设计舞台时所应掌握的基本设计原则。

1. 西餐宴会主题必须确定

舞台布置的重中之重是确认舞台主题，毕竟主办者举行西餐宴会往往有其特殊目的，而这一西餐宴会目的便是西餐宴会主题所在。由于西餐宴会主题通常用以作为舞台背板的设计背景，一旦确认西餐宴会主题，便有了具体的设计方向，因此西餐宴会主题应力求明确。设计人员应根据主题、顾客的预算创造出不同类型、不同风格、不同种类的舞台设计。可以说，一旦确定好西餐宴会的主题，舞台的制作便成功了一半。

2. 设计必须新颖并符合西餐宴会要求

舞台设计需要创新。每种西餐宴会场合都有不同的舞台设计以帮助营造出适宜的西餐宴会气氛，一场成功的西餐宴会绝对不能仅仅依靠传统的设计方式或是一味沿用他人的设计来布置舞台。除了饭店本身的设计图外，有时更可根据顾客的特殊需求作出任何形式的布置变化。但不论如何匠心独具，都应以符合西餐宴会需求为设计前提。各种舞台设计都具有不同的风格，西餐宴会厅必须提供有经验的舞台设计者，使其可针对不同需求，进行恰当、合宜的布置，并成功地将各种西餐宴会气氛彰显出来。至于西餐宴会中经常使用的花卉素材、气球等装饰物品以及其他特殊设备，西餐宴会厅在顾客确认舞台布置形式后，便需与特约厂商洽谈订购，进行布置工作。

3．舞台设置要便于观看

舞台是西餐宴会厅中用餐客人注意力的集中点，为了使西餐宴会中每位客人都能清楚地看到舞台上的节目，可以把舞台设置在西餐宴会厅中央，四周安排餐桌或将舞台设置在西餐宴会厅一侧，在对侧安置餐桌，这种形式有利于后台的布置。

4．注意舞池布置与灯光设置

西餐宴会厅舞台前设置的舞池除要符合一般性舞池设计要求外，还要求面积应与舞台大小相协调。同时，要求通风良好，卫生设施要符合卫生防疫部门规定的标准，具有相当的安全设备。灯光设计作为舞台设计的一部分，是用来描绘、渲染舞台的，它主要是运用灯光的明暗、色彩或光线的分布创造出各种光线组合，增强舞台和演出的效果。灯光的恰当变换与音乐节奏一样，让人的情绪和心理密切追随舞台情节的发展，这样就达到了吸引客人、创造气氛的效果。在西餐宴会厅舞台的灯光设计中，要利用光的作用使小舞台在客人视觉中扩大，并尽可能地将灯泡集中到舞台上，要做到这一点，可以使用能自由活动的挡光板来控制。

附：西式婚宴舞台设计实例

舞台背板可仅标新人姓名，也可以用粉红色爱心形状的花饰围绕成爱心形状气球，并配合西方神话中常见的天使，以呈现出温馨祥和浪漫的气氛。舞台上的家长席、贵宾席更以简单的红缎带装饰。宴会餐桌的桌布颜色采用西方国家普遍偏好的代表纯洁高贵的白色桌布。主桌摆设将椅子配以椅套，以显示主桌的不同。可摆设盆花作为装饰，也可采用大量花卉作为装饰，再加上行礼花门，可将整个会场布置得花团锦簇。如大花门及走道两边的花柱采用较素色的花卉，并调配一些新鲜苹果作为装饰，在气氛上可显得稳重、高贵。走道上铺以红地毯，显得喜气洋洋。此外，西餐宴会厅舞台左右两侧可分别挂置宴会主办人自备的祝贺词，也成为布置的一景。

舞台上蛋糕台的设置通常以白色桌布为主，上面环绕花卉作为装饰。由于西餐宴会中已备有甜点，所以糕台上大多摆设蛋糕模型或部分蛋糕，供宴会主人进行切蛋糕仪式之用。

任务二　西餐宴会摆台设计

一、西餐宴会中常用的餐具种类

1. 银器类

西餐厅使用的银器，按其材质可以分为：纯银制品、镀银的镍银制品（铜、镍钢、锌合金）和镀银的不锈钢制品（也称作“镀银不锈钢”）。一般经常用的是镍银不锈钢制品。按用途划分可以分为：宾客就餐用的银器（刀、叉、匙等）、服务员用的银器（各种托盘、调味品罐、咖啡壶等）以及餐桌上放置的各种小附件（奶油碟、洗手盅、糖罐等）。

镍银制品使用时间长了会变黑（氧化），因此，需要定期盘点和保养。银器使用时要精心爱护，防止磕碰，因为磕碰处容易氧化，且有氧化物附着，影响餐具美观。在洗涤银制餐具时，要用洗涤剂和漂洗剂洗涤，放在热水里浸泡后，趁热用干净的毛巾擦拭。银制餐具表面容易碰伤，最好将刀、叉等分开洗涤。收藏保管时，要分门别类，并做好防氧化处理。

（1）客用银器

客用银器表

中文名称	英文名称	用途
沙拉刀	Salad Knife	吃沙拉用
沙拉叉	Salad Fork	吃沙拉用
餐刀	Dinner Knife	肉类菜肴、蛋类菜肴用刀
餐叉	Dinner Fork	肉类菜肴、蛋类菜肴用叉
牛排刀	Steak knife	切牛排用
汤匙	Soup Spoon	汤用匙，主要用于喝汤
鱼叉	Fish Fork	叉鱼类菜肴用叉。整体厚实，也有较薄的，适合于调味汁少的烤鱼或炸鱼
鱼刀	Fish Knife	鱼类菜肴用刀，用途同鱼叉
甜点刀	Dessert Knife	西餐小吃、甜食、奶酪用刀
甜点叉	Dessert Fork	西餐小吃、甜食、奶酪用叉
甜点匙	Dessert Spoon	吃点心用
水果刀	Fruit Knife	食用水果
水果叉	Fruit Fork	食用水果

续表

中文名称	英文名称	用途
糕点叉	Cake Fork	主要用来食用蛋糕等糕点
黄油刀	Butter Knife	涂奶油用
瓜用勺	Melon Spoon	白兰瓜等水果用匙
茶用勺	Tea Spoon	搅拌茶用
咖啡勺	Coffee Spoon	搅拌咖啡用
冰激凌用勺	Icecream Spoon	食用冰激凌的专用餐具
苏打勺	Soda Spoon	用于冻茶和冻咖啡搅拌糖浆的长勺
龙虾叉	Lobster Pick	挑龙虾肉
龙虾夹	Lobster Cracker	压碎龙虾壳
蜗牛夹	Escargot Tong	夹蜗牛
蜗牛叉	Escargot Fork	挑蜗牛肉
蚝肉叉	Oyster Fork	挑蚝肉

(2) 服务用银器

服务用银器表

中文名称	英文名称	用途
分菜用叉	Serving Fork	派菜时使用
分菜用勺	Serving spoon	派菜时使用
沙拉分用叉	Salad Server Fork	为客人分派色拉时使用
沙拉分用勺	Salad Server Spoon	为客人分派色拉时使用
服务汤勺	Soup Ladle	为客人分汤时使用
食肉餐刀	Meat Carving Knife	为客人现场切割大块肉类食品时的专用工具
食肉餐叉	Meat Carving Knife	为客人现场切割大块肉类食品时的专用工具
食鱼餐刀	Fish Carving Knife	分鱼或现场烹制鱼类食品时使用
食鱼餐叉	Fish Carving Fork	分鱼或现场烹制鱼类食品时使用
糖夹	Sugar Tongs	用来夹取方糖
冰块夹	Ice Tongs	用来夹取冰块
蛋糕用夹	Cake Tongs	用来服务蛋糕
鸡尾酒勺	Punch Ladle	用来盛鸡尾酒
汤汁匙	Sauce Spoon	在服务色拉或主菜时，帮助客人浇汁的用具
酒篮	Wine Holder	用于服务红葡萄酒
冰酒桶	Wine Cooler	用于服务白葡萄酒
烛台	Candle Light	用于展示蜡烛
冰桶	Ice Bucket	用于服务冰块
柠檬夹	Lemon Squeezer	用于服务柠檬块，便于挤出柠檬汁
水壶	Water Pitcher	用于服务冰水
油醋架	Oil and Vinegar	用于摆放油醋瓶

服务用具类还包括：奶油罐或奶油冷却器、糖罐、面包篮、奶罐或奶壶、酱油瓶、醋瓶、面包屑扫除器或面包屑刮铲、洗手盅等。

2. 瓷器类

宾客用的餐盘、餐桌上的小附件、调味品罐、咖啡壶等，一般都是陶瓷的。瓷器比银器显得柔和、温暖，给宾客以热情的感觉，但容易碰坏，所以使用时需格外小心。壶或罐类的餐具，内层容易存积污垢，一定要定期清洗和保养。收藏时应按餐用具的大小分门别类地放置。

瓷器用具种类表

中文名称	英文名称	用途
面包碟	Bread Plate	用于摆放面包，与黄油刀并用
甜品碟	Dessert Plate	用于服务头盘或甜点
主餐碟	Dinner Plate	用于服务主菜的餐盘
汤碗	Soup Cup	用于服务汤类
汤碗底碟	Soup Cup Saucer	用于汤碗的垫碟
面类碟	Pasta Plate	用于服务意大利面食
鸡蛋杯	Egg Cup	用于早餐煮的鸡蛋
海鲜碟	Seafood Plate	用于海鲜或鱼类菜式
咖啡茶杯	Coffee/Tea Cup	用于服务热咖啡或热茶
咖啡、茶杯底座	Soup Cup Saucer	用作咖啡/茶杯的底座
糖盅	Sugar Bowl	用于服务糖包，上咖啡或菜时一起用
牙签筒	Toothpick Holder	用于盛放牙签
奶缸	Creamer	用于服务咖啡/茶的伴奶
香烟缸	Ashtray	用于盛放烟灰

3. 酒具类

葡萄酒瓶盖开启后，酒的香气和味道会因空气的氧化作用而迅速发生变化。其变化程度因白葡萄酒、红葡萄酒以及气泡型葡萄酒的类型和制造方法的不同而异。为了能更好地品尝葡萄酒，不同的酒需要有不同的酒杯与之相配套，对酒杯的要求如下：

(1) 要求酒杯无色、透明。

(2) 由杯身（碗部）、杯柄（颈部）和杯座（底座）组成。

(3) 有良好的稳固性。

(4) 其形状要便于冲洗。

(5) 重量适度，斟上适量的葡萄酒后，便于端起、放下。

白葡萄酒受氧气的影响最直接也最强烈，因此，用小型且竖长形酒杯最适宜。气泡型葡萄酒的酒杯以细长最理想，因为斟在酒杯里的酒的表面积越小，二氧化碳气体就越难以挥发。红葡萄酒则相反，接触氧气越多，香气就越浓，因此，需要使用容积大的酒杯。另外，香气的风格也各有不同，对于香气很宝贵的葡萄酒来说，能够保留住香气的缩口型酒杯是最好的选择。

西餐常用酒具及容量

中文名称	英文名称	容量 oz（mL）
威士忌杯	Whisky Glass	1.5～3（45～90）
雪利杯	Sherry Glass	2～3（60～90）
波特杯	Port Glass	1～1.5（30～45）
甜酒杯	Liqueur Glass	1～1.5（30～45）
白兰地杯	Brandy Glass	3～8（90～240）
鸡尾酒杯	Cocktail	2～4.5（60～135）
酸酒杯	Sour Cocktail Glass	4.2～6（126～180）
香槟鸡尾酒酒杯	Champagen Cocktail Glass	4.5～6（135～180）
古典杯	Old Fashioned Glass	6～8（180～240）
柯林斯杯或高杯	Collins or Tall Glass	10～12（300～360）
冷饮杯	Cooler Glass	15～16.5（450～495）
海波杯	Highball Glass	6～10（180～300）
啤酒杯	Beer Glass	10～12（300～360）
生啤酒杯	Mug	12～32（360～960）
水杯	Water Glass	10～12（300～360）

走一走：安排学生市场调研，了解当地现有的西餐常用餐具，要求拍摄图片、收集文字资料。

二、西餐宴会餐具和酒杯摆放

1. 餐具摆放原则

西餐餐具的摆放，与餐具的使用习惯有密切关系。服务人员在摆放餐具时，基于卫生考虑，尽量不要让双手碰触刀面、匙面、叉面等。由于西餐餐具多以金属制作，故拿餐具时必须握拿餐具的柄部。在摆放餐具时要注意以下细节。

（1）以餐盘放置的位置为准，左放叉，右放刀或匙，上放点心餐具，叉齿及匙面朝上，刀直摆时刀刃朝左，刀横摆时刀刃朝下。面包盘放在左手边，黄油刀摆放在面包盘上，亦即位于餐叉左侧。一般而言，只有在上奶酪时，才会将奶酪类的餐具摆设上桌。摆设时，点心叉又必须紧靠装饰盘，点心匙或点心刀则放在点心叉上方，摆放方向应以最容易拿取使用为原则。

（2）依餐具使用习惯，左右两侧餐具应依使用先后由外向内摆放。摆设时以装饰盘为主，最后使用的主餐餐具应先摆放在装饰盘左右两侧，依次往外摆设餐具。也就是说，餐中最先使用的餐具，将最后摆放在最外侧。

点心餐具通常只需先摆放一套即可，若遇有两种点心，另一道点心的餐具可以随该点心一起上桌。若要先行摆放亦可，但要做到全部摆法一致。

(3) 宴会餐具悉数摆放上桌。如果是为了美化餐桌，则西餐宴会摆设应以不超过 5 套餐具为宜，然而为了讲究效率，通常除特殊餐具外，正式西餐宴会场合都将菜单上所要求的餐具全部摆放上桌。这种摆放方式不仅使服务时得以节省很多时间，也可使服务人员进行服务时较为顺手。

(4) 为讲究摆放的变化，两种相同形状、大小的餐具不同时摆在一起。唯一例外的是左侧可同时摆两只主餐叉，其中一支餐叉与餐刀成对，另一支为单独使用。

(5) 餐具附底盘一起服务时（例如咖啡杯盘），餐具可放在底盘中一起服务（例如咖啡匙放在底盘上）。

2. 酒杯摆设原则

酒杯摆放，也与使用习惯有密切联系。拿酒杯时，基于卫生考虑，应拿杯柄，切勿将手放在杯口处。摆设酒杯时要注意以下细节：

(1) 每次摆放不超过 4 个酒杯。在欧洲，每道菜普遍搭配一种葡萄酒，所以常使用很多酒杯。但在西餐宴会中，由于海鲜类（或白肉类）会用白葡萄酒来搭配，红肉类会搭配红葡萄酒，点心类则搭配香槟，再加上水是西餐的必备之物，所以西餐宴会餐桌上都摆设有 4 种不同的杯子，即水杯、红葡萄酒杯、白葡萄酒杯及香槟杯。其他一些如饭前酒酒杯和饭后酒酒杯都不预先摆上桌，以免餐桌显得过于杂乱，所以摆设时应以不超过 4 个杯子为原则。

(2) 酒杯摆放以靠近餐盘的主餐刀上端为基准点，根据葡萄酒饮用顺序，以左上右下的位置逐一排成一直线，最先使用的葡萄酒杯要放在右下方的位置，而水杯应放在最后使用的葡萄酒杯的左方。酒杯通常采用左上右下、斜 45 度的摆设方式。通常情况下杯子的高矮设计与酒的饮用顺序一致，即最先饮用的杯子最矮，而水杯因为始终要摆在餐桌上，通常最高。在只有 1 个杯子时，摆放在主餐刀的正上方约 5 厘米处；有 2 个杯子时，高杯摆放在餐刀正上方 5 厘米的位置，矮杯则放在高杯右侧略为偏下之处；有3个杯子时，为了摆放整齐，可将最矮的杯子摆在色拉刀的正上方3厘米处，然后按照左高右低、左上右下、斜45度的顺序依次摆放酒杯；如果设置有第四个酒杯——香槟杯，当香槟杯比水杯高时，便可将其摆放在水杯上方左侧，或是放在水杯与红酒杯中间。

（3）不摆放形状、大小相同的酒杯。餐桌上不应摆放两个形状与大小都相同的酒杯。一般红葡萄酒杯的容量是0.21～0.27升，白葡萄酒杯的容量则为0.18～0.24升。目前一般采用通用型的红、白葡萄酒杯。因此红、白葡萄酒杯选用时要注意区分容量，否则便可能无法遵守这项摆放原则。

3. 餐具摆设的要求

餐具的摆设应兼顾美观、客人方便取用、服务员方便服务和全餐厅统一等要求。

在西餐厅服务的服务员，一定要心细，要善于观察客人的就餐情绪，并通过他们情绪的变化，来判断自己的服务是否到位，有哪些地方还需要改进等。

看一看：组织学生观看西餐宴会餐台摆设视频或餐厅服务专业学生现场展示。

三、西餐宴会餐桌摆设

摆台前按规定铺好台布，并将椅子定位，椅子边沿正好接触到台布下沿。西餐宴会一般使用方桌拼成各种形状，铺台布工作一般由2个或4个服务员共同完成。铺台布时，服务员分别站在餐桌两旁，将第一块台布定好位，然后按要求依次将台布铺完，做到台布正面朝上，中心线对正，台布压贴方法和距离一致，台布两侧下垂部分均匀、美观、整齐。餐桌摆设具体要求如下。

（1）装饰盘放在离桌缘1厘米处。若换上有饭店标志的装饰盘，摆设时必须使其朝向正前方12点钟位置。装饰盘通常适用于正式宴会，在非正式西餐宴会场合则不一定要使用。注意盘与盘之间的距离要相等。

（2）摆放时应先从主餐餐具着手。以主菜是牛排为例，需使用牛扒刀及主餐叉。牛扒刀应摆放于装饰盘右方，离桌缘1厘米处，主餐叉则摆放在装饰盘左方、同样离桌缘1厘米处。

（3）鱼类菜肴一般比较清淡，通常在主菜前食用，使用的餐具主要是鱼刀和鱼叉。将鱼刀摆放在牛扒刀的右方，离桌缘5厘米处；鱼叉则置于主餐叉左方，离桌缘5厘米处。

（4）汤类菜肴需使用汤匙，摆放时应置于鱼刀右方，离桌缘1厘米处。

（5）开胃菜或头盘菜一般需使用沙拉刀和沙拉叉。沙拉刀摆放在汤勺的右侧，离桌缘1厘米，色拉叉摆放在鱼叉的左侧，距离桌缘也是1厘米。

（6）当主餐之前所有菜肴的餐具都摆放完成后，接着便可往下进行点心餐具的摆放。比如如果点心是巧克力蛋糕，则需使用点心叉及点心匙。点心叉应摆放在装饰盘上方约1厘米处，叉柄朝左，点心匙则置于点心叉上方，匙柄朝右。

（7）正式宴会时，咖啡杯不应预先摆上桌，而需放在保温箱保温，等上点心后再取出摆放，以保持咖啡杯的温度。又因小甜点不需要使用餐具，而最后由服务人员端着绕场服务或放在桌上让客人直接用手取用，所以接着应摆放面包盘。面包盘是西餐宴会必备的摆设，应置于叉子左侧1厘米处，面包盘的中心与装饰盘的中心在一条直线且平行于桌边。

（8）接着应摆放黄油刀，将其放在面包盘右侧三分之一处，刀刃朝左，或横摆在面包盘上方、刀刃朝下。无论采取何种摆法，但求整个西餐宴会厅的摆设统一即可。

（9）当按菜单将餐具摆放完成后，便应开始摆放酒类杯子。假设客人点用白葡萄酒和红葡萄酒，摆放酒杯时可将白葡萄酒杯摆放在色拉刀正上方3厘米处，在其左侧摆放红葡萄酒杯，红葡萄酒杯左侧摆放水杯，三杯呈一条直线，与桌边形成45度角，三杯之间分别相距1厘米。

（10）接着摆放胡椒罐、盐罐、牙签筒，每桌至少应摆放2套。至于火柴、烟灰缸，如有禁烟规定可以暂时不摆放，视客人需求再行设置。

（11）最后摆放餐巾（餐巾折法可自行决定）、菜单（每桌最少2本）、烛台、花卉（摆放时必须注意花饰的高度，不可挡住宾客彼此间的视线）。图3－1是由头盆、汤、鱼、主菜、甜点组成的宴会菜单的餐具摆放。图3－2是西餐宴会公共用具摆放示意图。

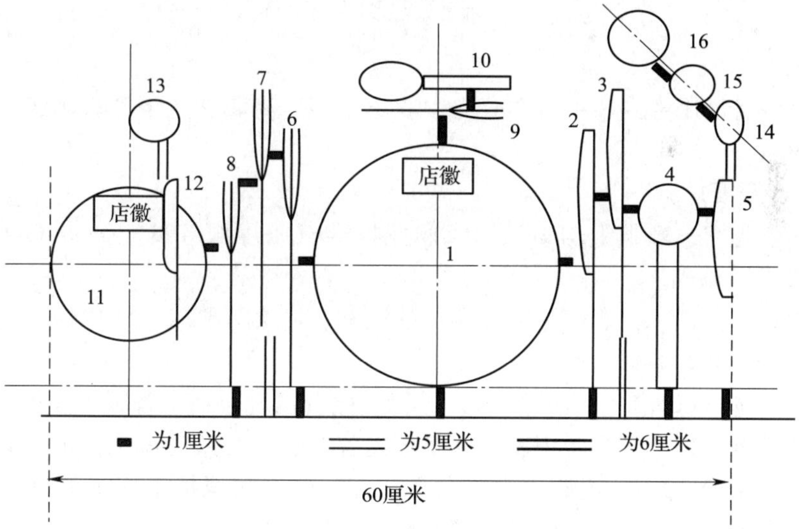

图3－1　西餐宴会餐具摆放示意图

1—主餐碟　2—主餐刀　3—鱼刀　4—汤勺　5—开胃品刀　6—主餐叉　7—鱼叉　8—开胃品叉　9—甜品叉　10—甜品勺　11—面包盘　12—黄油刀　13—黄油碟　14—白葡萄酒杯　15—红葡萄酒杯　16—水杯

总之，摆台时，按照一盘底、二餐具、三酒水杯、四调料用具、五艺术摆设的程序进行，要边摆边检查餐具、酒具，发现不清洁或有破损的要马上更换。摆放在台上的各种餐具要横竖交叉成线，有图案的餐具要使图案方向一致，全台看上去要整齐、大方、舒适。

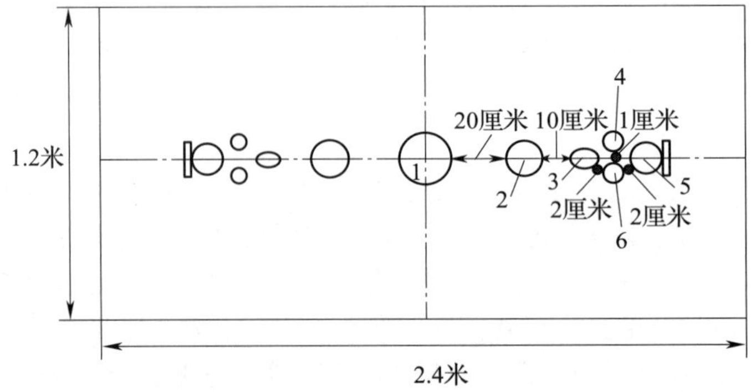

图 3－2　西餐宴会公共用具摆放示意图

1—插花　2—烛台　3—牙签筒　4—盐瓶　5—胡椒瓶　6—烟缸和火柴

附：2012 年江苏省职业学校技能大赛旅游服务类餐厅服务项目实施方案

一、竞赛项目及内容

（一）竞赛项目

本次竞赛设餐厅服务一个项目，分为中职学生组、高职学生组和教师组三个组别，均为个人竞赛项目。

（二）竞赛内容及要求

中、高职学生组、教师组均参照国家职业标准《餐厅服务员》高级工（国家职业资格三级）的要求为基础。

竞赛的内容均依据国家职业标准所规定的应知、应会等要求，学生组分为理论知识和操作技能两部分，教师组只赛操作技能。

理论知识竞赛采取答卷（闭卷）方式进行。竞赛内容包括中餐服务知识、西餐服务知识、酒水饮品服务知识、菜肴知识及餐饮管理内容等；竞赛试卷还包括适量餐饮专业英语试题（中职占卷面分 10%，高职占卷面分 20%）。理论知识指定用书为高等教育出版社 2006 年第二版《餐饮服务与管理》（主编郭敏文、樊平）。

操作技能竞赛的内容均依据国家职业标准，以现场操作的方式进行技能比赛。竞赛内容包括中餐服务技能（20 分钟）和西餐服务技能（15 分钟）两部分。

西餐服务部分

1. 中职学生组

（1）完成西餐 6 人宴会摆台，包括：铺台布、拉椅、摆台、折口布花、斟酒等西餐服务技能。

（2）操作时间 15 分钟。提前完成不加分；超时扣分：每超 30 秒，扣总分 2 分，不足 30 秒按 30 秒计算，以此类推；超过 2 分钟不予继续比赛，未操作完毕项目不得分。

（3）比赛中选手所有操作必须按顺时针方向进行，不得拉开椅子在椅子圈内进行操作。

（4）口布折花与摆台先后顺序不限；口布准备时无任何折痕，展开摆放；操作折叠盘花，突出主位。

（5）徒手斟白葡萄酒。

（6）摆放烛台、主题插花可徒手操作，其余物品均须使用托盘操作。

（7）宴会须设计、摆放主题插花，并制作主题插花说明，将主题说明面对副主人位置摆放在主题插花前。

2．高职学生组

（1）完成西餐6人主题宴会的设计与摆放，包括：铺台布、拉椅、摆台、折口布花、斟酒等西餐服务技能。

（2）操作时间15分钟。提前完成不加分；超时扣分：每超30秒，扣总分2分，不足30秒按30秒计算，以此类推；超过2分钟不予继续比赛，未操作完毕项目不得分。

（3）操作结束后，安排选手讲解主题。讲解时间2～3分钟，讲解中心思想为主题宴会台面设计构思，每位选手报到时交主题宴会餐台效果电子照片一张、电子讲解稿一份。

（4）竞赛中选手所有操作必须按顺时针方向进行，不得拉开椅子在椅子圈内进行操作。

（5）摆放烛台、主题插花（或主题造景）徒手操作，其余物品摆放均须使用托盘。

（6）口布准备时无任何折痕，展开摆放；根据主题折叠盘花，突出主位。

（7）徒手斟白葡萄酒。

（8）设计宴会主题并现场制作、展示；根据主题选择台布、口布及其他餐用具；餐用具可以增加不得减少（包括菜单）；烛台可根据主题自主选择是否摆放；口布折花与摆台等操作的先后顺序不限；应遵循方便实用且美观富有特色的原则。

（9）参赛选手须制作主题说明，并将主题说明面对副主人餐位摆放在主题插花（主题造景）前。

3．教师组

（1）完成西餐6人主题宴会的设计与摆放，包括：铺台布、拉椅、摆台、折口布花、斟酒等西餐服务技能。

（2）操作时间15分钟。提前完成不加分；超时扣分：每超30秒，扣总分2分，不足30秒按30秒计算，以此类推；超过2分钟不予继续比赛，未操作完毕项目不得分。

（3）操作结束后，安排选手讲解主题。讲解时间2～3分钟，讲解中心思想为主题宴会台面设计构思，每位选手报到时交主题宴会餐台效果电子照片一张、电子讲解稿一份。

（4）竞赛中选手所有操作必须按顺时针方向进行，不得拉开椅子在椅子圈内进行操作。

（5）摆放烛台、主题插花（或主题造景）徒手操作，其余物品摆放均须使用托盘。

（6）口布准备时无任何折痕，展开摆放；根据主题折叠盘花，突出主位。

（7）徒手斟白葡萄酒。

（8）设计宴会主题并现场制作、展示；根据主题选择台布、口布及其他餐用具；餐用具可以增加不得减少（包括菜单）；烛台可根据主题自主选择是否摆放；口布折花与摆台等操作的先后顺序不限；应遵循方便实用且美观富有特色的原则。

（9）参赛选手须制作主题说明，并将主题说明面对副主人餐位摆放在主题插花（主题造景）前。

二、竞赛命题及裁判

（一）竞赛命题

1. 理论知识

由大赛组委会负责建立题库，竞赛前从题库中随机抽取。

2. 操作技能

该项目实施方案中的竞赛内容及要求即为竞赛试题。

（二）裁判

餐厅服务项目聘请具有技师职称、考评员证书之一的专家担任裁判员。

大赛裁判工作按照公平、公正、客观的原则进行。

三、竞赛场地及设施

赛场提供：每位选手1张长方形餐桌（长240厘米，宽120厘米，高75厘米），6把餐椅（不得自带），1张工作台，白葡萄酒瓶1支，口布1块（斟酒用），防滑圆形托盘（2个）。

1. 中职学生组

（1）赛场提供

长方形台布（2块）：200厘米×165厘米

正方形口布（6块）：50~55厘米×50~55厘米，棉质

装饰盘（6只）：8~10英寸（20.3~25.4厘米）

面包盘（6只）：4.5寸~6英寸（11.4~15.2厘米）

黄油碟（6只）：1.8寸~3.5英寸（4.6~8.9厘米）

冰水杯、红葡萄酒杯、白葡萄酒杯（各6个）

主餐刀、鱼刀、开胃品刀、汤勺、甜品勺、黄油刀（各6把）

主餐叉、鱼叉、开胃品叉、甜品叉（各6把）

三头烛台（2组）

胡椒、盐瓶（2套），牙签盅（2个）

菜单（2份）

（2）选手自备

主题插花及主题说明

2. 高职学生组

（1）赛场提供

面包盘（6只）：4.5寸~6英寸（11.4~15.2厘米）

黄油碟（6只）：1.8寸~3.5英寸（4.6~8.9厘米）

冰水杯、红葡萄酒杯、白葡萄酒杯（各6个）

主餐刀、鱼刀、开胃品刀、汤勺、甜品勺、黄油刀（各6把）

主餐叉、鱼叉、开胃品叉、甜品叉（各6把）

（2）选手自备

规格台布

正方形口布

装饰盘（6只）

烛台：根据主题需要选择是否自备

菜单：根据主题设计

胡椒、盐瓶（2套）；牙签盅（2个）

主题插花（主题造景）的用具、用品，主题说明

3．教师组

选手自备

规格台布

正方形口布

装饰盘、面包盘、黄油碟（各6只）

冰水杯、红葡萄酒杯、白葡萄酒杯（各6个）

主餐刀、鱼刀、开胃品刀、汤勺、甜品勺、黄油刀（各6把）

主餐叉、鱼叉、开胃品叉、甜品叉（各6把）

烛台：根据主题需要选择是否自备

菜单：根据主题设计

胡椒、盐瓶（2套）；牙签盅（2个）

主题插花（主题造景）的用具、用品，主题说明

四、竞赛规则及注意事项

1．竞赛规则

（1）参赛选手必须持本人身份证、学生证并携带（佩戴）统一签发的参赛证参加竞赛。

（2）参赛选手必须按竞赛时间，提前30分钟检录进入赛场，并按指定工位号参加竞赛。迟到15分钟者不得参加竞赛。

（3）参赛选手应严格遵守赛场纪律，操作技能竞赛除携带竞赛必备的用具外，不得带入任何技术资料和工具书。所有通讯工具、摄像工具一律不得带入竞赛现场。

（4）选手在竞赛过程中不得擅自离开赛场，如有特殊情况，需经监考人员或裁判人员同意后作特殊处理。

（5）参赛选手在竞赛过程中，如遇问题需举手向裁判人员提问，选手之间不得互相询问；选手之间互相询问按作弊处理。

（6）在竞赛规定时间结束时应立即停止答题或操作，不得以任何理由拖延竞赛时间。

2．注意事项

（1）各类赛务人员必须统一佩戴由大赛组委会印制的相应证件，着装整齐。

（2）各赛场除现场裁判员、赛场配备的工作人员以外，其他人员未经赛点领导小组允许不得进入赛场。

（3）新闻媒体等进入赛场必须经过赛点的领导小组允许，并且听从现场工作人员的安

排和管理，不能影响竞赛进行。

（4）各参赛队的领队、指导老师以及随行人员一律不得进入赛场。

五、成 绩 评 定

（1）中职、高职学生个人成绩 = 理论成绩（卷面满分 100 分，按 20% 计入总分）+ 中餐操作成绩（评判满分 100 分，按 40% 计入总分）+ 西餐操作成绩（评判满分 100 分，按 40% 计入总分）。教师个人成绩 = 中餐操作成绩（评判满分 100 分，按 50% 计入总分）+ 西餐操作成绩（评判满分 100 分，按 50% 计入总分）。

（2）中、西餐操作成绩参照评分标准比例，依据现场裁判员的赛场记录和评分标准，由现场裁判组集体评判，进行客观评判和计分。

（3）参赛选手的最终名次依据各选手的总成绩排定。当出现成绩相同时，计算小分分出名次，计算小分顺序为：先比较操作技能成绩，以成绩高者名次在前。

六、申诉与仲裁

（1）参赛选手对不符合竞赛规定的设备，有失公正的检测、评判、奖励，以及对工作人员的违规行为等，均可提出申诉。

（2）选手申诉均须通过本代表队领队、指导老师，按照规定时限用书面形式向仲裁委员会（或仲裁组）提出。仲裁委员会要认真负责地受理选手申诉，并将处理意见及时反馈。

（3）仲裁委员会的裁决为最终裁决，参赛选手不得因申诉或对处理意见不服而停止竞赛，否则按弃权处理。

七、其 他

（1）参赛选手及相关工作人员，由赛点赛务工作小组统一安排食宿，费用自理。

（2）本技术文件的最终解释权归大赛组织委员会。

西餐服务技能操作评分标准

（中职学生组）

项目	操作标准与要求	分值	得分
仪表仪容	整齐着装，符合职业要求 发型符合行业规范，精神面貌佳，微笑，有礼貌	5	
准备工作	2 分钟准备（15 分钟操作时间之外） 没有漏项，准备有序，台面整洁，操作卫生	5	
台布	台布主凸线向上	5	
	两块台布面重叠 5 厘米，台布四边下垂均等		
	主人位方向台布交叠在副主人位方向台布上		
餐椅定位	从主人位开始按顺时针顺序拉椅定位	5	
	相对餐椅椅背中心对正		
	餐椅间距相等，椅边与台布下垂处相切		

续表

项目	操作标准与要求	分值	得分
装饰盘	从主人位开始顺时针方向摆放	5	
	盘边距离桌边 1 厘米，盘与盘之间距离均等		
	手持盘沿，在餐位右侧操作		
刀、叉、勺	刀叉勺由内向外摆放，距桌边距离详见餐位图	15	
	刀叉勺之间与其他餐具间距离详见餐位图		
面包盘 黄油刀 黄油碟	摆放顺序：面包盘、黄油刀、黄油碟	8	
	面包盘与装饰盘中心对齐		
	黄油刀置于面包盘右侧 1/3 处		
	黄油碟摆放在黄油刀尖正上方，相距 3 厘米		
	黄油碟左侧边沿与面包盘中心成直线		
杯具	摆放顺序：白葡萄酒杯、红葡萄酒杯、水杯（白葡萄酒杯摆在开胃品刀的正上方，杯底距开胃品刀尖 3 厘米）	10	
	三杯成斜直线，向右与水平线呈 45 度角		
	杯身之间相距 1 厘米，操作时手持杯中下部或杯柄		
餐巾折花	突出主人位、操作卫生规范	7	
	一次成型，造型美观，大方雅致		
斟酒	徒手斟白葡萄酒，操作规范不滴不洒 酒量恰当（六成），动作美观，	10	
主题插花 及主题说明	主题鲜明有创意，欣赏性与实用性兼具；主题插花不影响客人视线交流	8	
	摆放合理，安全卫生		
烛台	烛台与主题插花相距 20 厘米	3	
	烛台底坐中心压台布中线		
	两个烛台方向一致		
牙签盅	牙签盅与烛台相距 10 厘米	2	
	牙签盅中心压在台布中线上		
椒盐瓶	椒盐瓶与牙签盅相距 2 厘米	2	
	椒盐瓶两瓶间距 1 厘米，左椒右盐		
	椒盐瓶间距中心对准台布中线		
综合印象	托盘内餐具、物品分类按序摆放整齐，符合规范	10	
	托盘平稳，悬于餐椅外		
	台面美观，整齐，协调		
	操作过程中动作规范、娴熟、声轻，姿态美，有节奏，能体现职业气质		
合计		100	

续表

项目	操作标准与要求	分值	得分
操作时间： 分 秒 超时： 秒 每超过30秒扣2分，不足30秒按30秒计算，超过2分钟后停止摆台		扣分	分
物品落地（扣3分/件）；物品碰倒（扣2分/件） 物品遗漏（扣1分/件）；托盘扣翻（扣20分/次）		扣分	分
实际得分			

西餐服务技能操作评分标准

(高职学生组)

项目	操作标准与要求	分值	得分
仪表仪容	整齐着装，符合职业要求 发型符合行业规范，精神面貌佳，微笑，有礼貌	5	
准备工作	2分钟准备（15分钟操作时间之外） 没有漏项，准备有序，台面整洁，操作卫生	5	
台布	台布凸线向上	5	
	台布下垂均等，与椅边相切		
	台面平整，铺台动作一次到位		
餐椅定位	从主人位开始按顺时针顺序拉椅定位	5	
	相对餐椅椅背中心对正		
	餐椅间距相等，椅边与台布下垂处相切		
装饰盘	从主人位开始顺时针方向摆放	8	
	盘边距离桌边1厘米，盘与盘之间距离均等		
	手持盘沿，右侧操作		
刀、叉、勺	刀叉勺由内向外摆放，距桌边距离详见餐位图	10	
	刀叉勺之间与其他餐具间距离详见餐位图		
面包盘 黄油刀 黄油碟	摆放顺序：面包盘、黄油刀、黄油碟	8	
	面包盘与装饰盘中心对齐		
	黄油刀置于面包盘右侧1/3处		
	黄油碟摆放在黄油刀尖正上方，相距3厘米		
	黄油碟左侧边沿与面包盘中心成直线		
杯具	摆放顺序：白葡萄酒杯、红葡萄酒杯、水杯（白葡萄酒杯摆在开胃品刀的正上方，杯底距开胃品刀尖3厘米）	8	
	三杯成斜直线，向右与水平线呈45度角		
	杯身之间相距1厘米，操作时手持杯中下部或杯柄		
餐巾折花	花型与主题相符，突出主人位，操作卫生规范	6	
	一次成型，造型美观，大方雅致		

续表

项目	操作标准与要求	分值	得分
斟酒	徒手斟白葡萄酒，操作规范不滴不洒 斟倒数量六成（教师组三～六成），每杯酒量均衡一致，动作美观	8	
主题效果	台面主题鲜明突出，艺术雅致，整体感较强，有层次，摆放合理，设计新颖，色彩协调	20	
	主题造景不影响客人视线交流		
	主题说明摆放在主题造景前方、面对副主人位		
	根据主题设计并摆放菜单		
	物品摆放合理，台面符合安全和卫生规范		
	主题讲解清晰，思路明确，表述与主题吻合		
综合印象	托盘内餐具、物品分类按序摆放整齐，符合规范	12	
	托盘平稳，悬于餐椅外		
	台面摆放美观、整齐、大方		
	操作过程中动作规范、娴熟、声轻，姿态美，有节奏，能体现职业气质		
合计		100	
操作时间：　分　秒　超时：　秒 每超过30秒扣2分，不足30秒按30秒计算，超过2分钟后停止摆台。		扣分	分
物品落地（扣3分/件）；物品碰倒（扣2分/件）； 物品遗漏（扣1分/件）；托盘扣翻（扣20分/次）。		扣分	分
实际得分			

西餐服务技能操作评分标准

（教师组）

项目	操作标准与要求	分值	得分
仪表仪容	整齐着装，符合职业要求 发型符合行业规范，精神面貌佳，微笑，有礼貌	5	
准备工作	2分钟准备（15分钟操作时间之外） 没有漏项，准备有序，台面整洁，操作卫生	5	
台布	台布凸线向上	5	
	台布下垂均等，与椅边相切		
	台面平整，铺台动作一次到位		
餐椅定位	从主人位开始按顺时针顺序拉椅定位	5	
	相对餐椅椅背中心对正		
	餐椅间距相等，椅边与台布下垂处相切		

续表

项目	操作标准与要求	分值	得分
装饰盘	从主人位开始顺时针方向摆放	7	
	盘边距离桌边1厘米，盘与盘之间距离均等		
	手持盘沿，右侧操作		
刀、叉、勺	刀叉勺由内向外摆放，距桌边距离详见餐位图	7	
	刀叉勺之间与其他餐具间距离详见餐位图		
面包盘 黄油刀 黄油碟	摆放顺序：面包盘、黄油刀、黄油碟	7	
	面包盘与装饰盘中心对齐		
	黄油刀置于面包盘右侧1/3处		
	黄油碟摆放在黄油刀尖正上方，相距3厘米		
	黄油碟左侧边沿与面包盘中心成直线		
杯具	摆放顺序：白葡萄酒杯、红葡萄酒杯、水杯（白葡萄酒杯摆在开胃品刀的正上方，杯底距开胃品刀尖3厘米）	7	
	三杯成斜直线，向右与水平线呈45度角		
	杯身之间相距1厘米，操作时手持杯中下部或杯柄		
餐巾折花	花型与主题相符，突出主人位，操作卫生规范	5	
	一次成型，造型美观，大方雅致		
斟酒	徒手斟白葡萄酒，操作规范不滴不洒 斟倒数量六成（教师组三～六成），每杯酒量均衡一致，动作美观	7	
主题效果	台面主题鲜明突出，艺术雅致，整体感较强，有层次，摆放合理，设计新颖，色彩协调	30	
	主题造景不影响客人视线交流		
	主题说明摆放在主题造景前方、面对副主人位		
	根据主题设计并摆放菜单		
	物品摆放合理，台面符合安全和卫生规范		
	主题讲解清晰，思路明确，表述与主题吻合		
综合印象	托盘内餐具、物品分类按序摆放整齐，符合规范	10	
	托盘平稳，悬于餐椅外		
	台面摆放美观、整齐、大方		
	操作过程中动作规范、娴熟、声轻，姿态美，有节奏，能体现职业气质		
合计		100	
操作时间：　　分　　秒　　超时：　　秒 每超过30秒扣2分，不足30秒按30秒计算，超过2分钟后停止摆台。		扣分	分
物品落地（扣3分/件）；物品碰倒（扣2分/件）； 物品遗漏（扣1分/件）；托盘扣翻（扣20分/次）。		扣分	分
实际得分			

练一练：组织学生完成一套西餐餐具的摆放任务。

任务三　西餐宴会座次安排

西餐用餐时，人们对于座次的问题十分关注。越是比较正式的场合，这一点就越显得重要。与中餐相比，西餐的座次排列既有不少相同之处，也有许多不同的地方。

一、西餐宴会台形设计

西餐宴会的台形主要有以下几种常见形式。

1．“一”字形长台

“一”字形长台通常设在宴会厅的正中央，与宴会厅四周的距离大致相等，但应留有较充分的余地（一般应大于2米），以便于服务员操作。

2．“U”字形台

“U”字形台又称马蹄形台，一般要求横向长度应比竖向长度短一些。

3．“E”字形台

“E”形台的三翼长度应相等，竖向长度应比横向长度长一些。

4．正方形台

正方形台又称“回”形台，一般设在宴会厅的中央，是一个中空的台形。

除上述基本台形外，还有“T”形台，鱼骨形台、星形台等。现在，许多西餐宴会也使用中餐圆桌来设计台形。

二、西餐宴会座位安排原则

1．恭敬主宾

在西餐中，主宾极受尊重。主宾即指主人重点邀请和招待的客人，即使用餐的来宾中有人在地位、身份、年纪方面高于主宾，但主宾仍是主人关注的中心。在排定位次时，应请男女主宾分别紧靠着女主人和男主人就座，以便进一步受到照顾。

2．女士优先

在西餐礼仪里，女士处处备受尊重。排定用餐位次时，主位一般应请女主人就座，而男主人则须退居第二主位。

3．以右为尊

在排定位次时，讲究右高左低，同一桌上席位高低以距离主人座位远近而定。如果男女主人并肩坐于一桌，则男左女右，尊女性坐于右席；如果男女主人各居一桌，则尊女主人坐于右桌；如果男主人或女主人居于中央之席，面门而坐，则其右方之桌为尊，右手旁的客人为尊；如果男女主人一桌对坐，则女主之右为首席，男主人之右为次席，女主之左为第三席，男主人之左为第四席，其余位次依序而分。

4．面门为上

面门为上有时又叫迎门为上，即面对餐厅正门的位子，通常在序列上要高于背对餐厅正门的位子。

5. 距离定位

一般来说，西餐桌上位次的尊卑，往往与其距离主位的远近密切相关。在通常情况下，离主位近的位子高于距主位远的位子。

6. 交叉排列

用中餐时，用餐者经常有可能与熟人，尤其是与其恋人、配偶在一起就座，但在用西餐时，这种情景便不复存在了。商界人士在出席正式的西餐宴会时，在排列位次上要遵守交叉排列的原则。即男女应当交叉排列，生人与熟人也应当交叉排列。因此，一个用餐者的对面和两侧，往往是异性，而且还有可能与其不熟悉。

三、西餐宴会座次排列

吃西餐时，人们所用的餐桌有长桌、方桌和圆桌之分，最常见、最正规的西餐桌是长桌。下面，介绍西餐排位的几种具体情况。

1. 长桌

以长桌排位，一般有两种排序方式。

方式一：男女主人在长桌中央对面而坐，餐桌两端可以坐人，也可以不坐人（见图3－3）。

方式二：男女主人分别就座于长桌两端（见图3－4）。

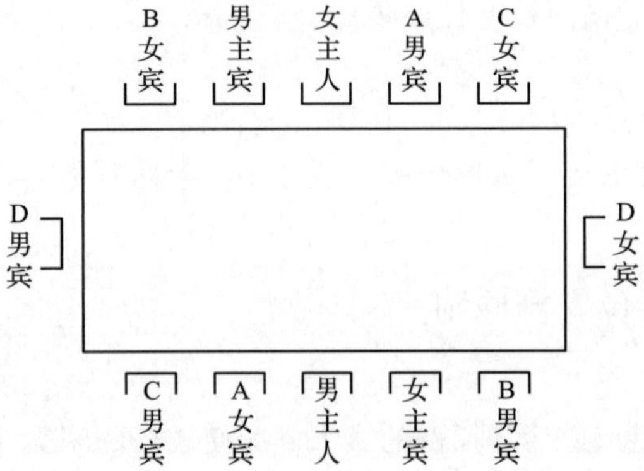

图3－3　男女主人居中而坐

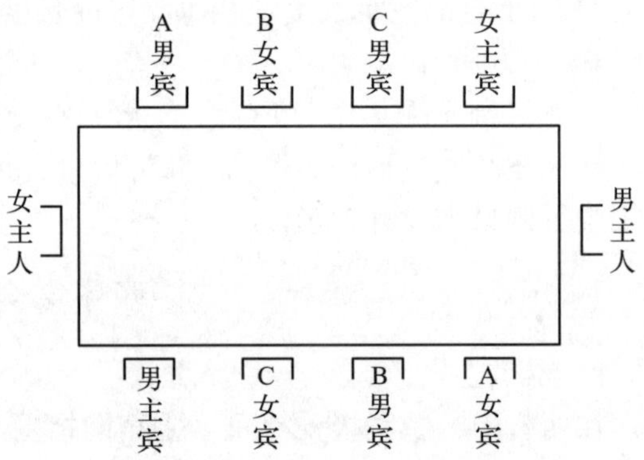

图3－4　男女主人坐于两端

2. “U”形桌和“T”形桌

“U”形桌和“T”形桌在西餐宴会中也是比较常见的桌形，在座次安排上讲究对称（见图3－5和图3－6）。

3. 方桌

以方桌排列位次时，就座于餐桌四面的人数应相等。在一般情况下，一桌共坐8人，每侧各坐两人的情况比较多见。在进行排列时，应使男、女主人与男、女主宾对面而坐，所有人均各自与自己的恋人或配偶做成斜对角（见图3－7）。

4. 圆桌

在西餐宴会里，使用圆桌排位的情况并不多见。在隆重而正式的宴会里，则尤为罕见。其具体排列，基本上是各项规则的综合运用（见图3－8）。

便宴可以不拘束于正规的席位排列，但可以根据主宾关系和便宴规格、场合等，参照上面所列的桌次席位安排规则或惯例，选择随意或半正式或正式的桌次席位排列方法。

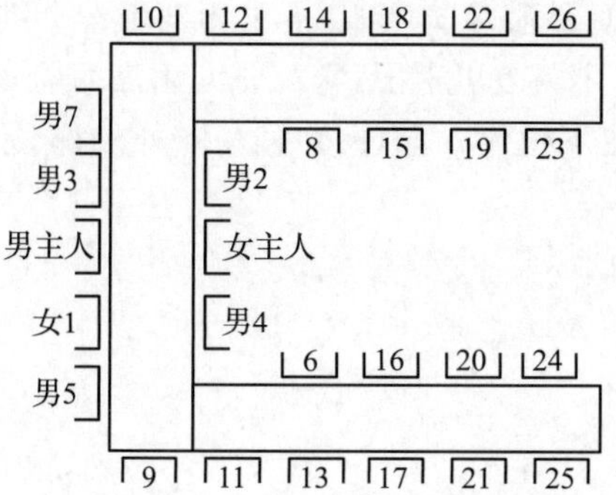

图3－5　“U”形桌排位

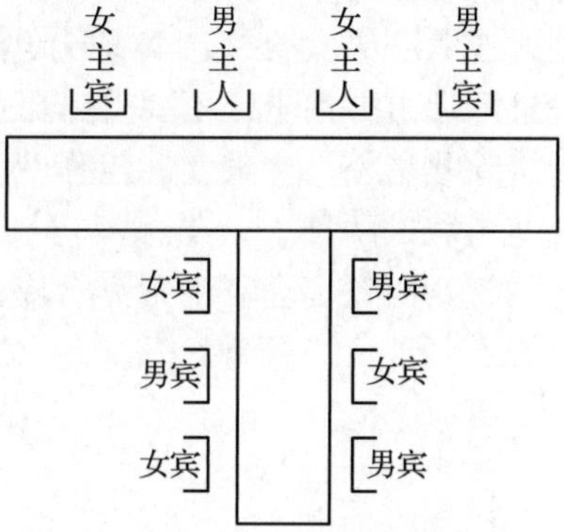

图3－6　“T”形桌排位

练一练：组织学生完成“E”字形和“回”字形桌的座次安排。

四、不同西餐宴会座次安排要求

家庭、朋友式宴会在西餐厅或家中都可举办，参加的人互相之间比较熟悉，气氛活跃，不拘形式。在安排席位时要求不很严格，只有主宾之分，没有职务之分。为便于席上交谈，只需考虑以下两点：男女宾客穿插落座；夫妇穿插落座。这样安排为的是便于交谈，扩大交际。

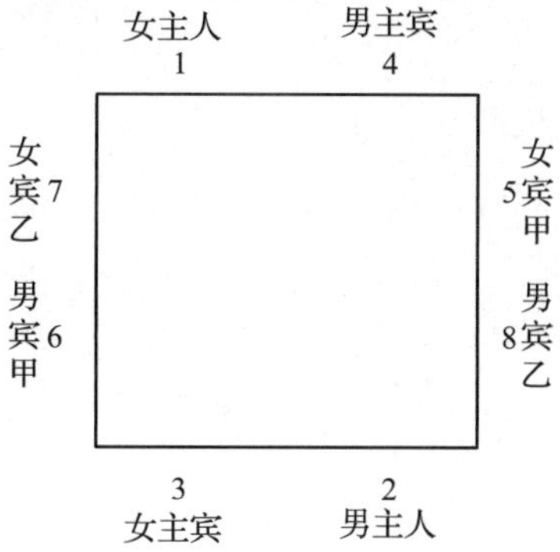

图3－7　方桌排位

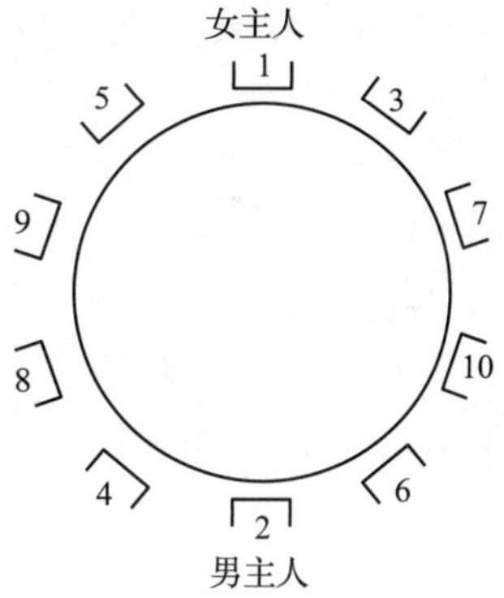

图3－8　圆桌排位

如果属于外交、贸易性质的宴会，或国与国之间、社会团体之间的工作性宴会，则一般在西餐宴会厅举行。双方都有重要人物参加，气氛较之朋友、家庭式宴会相对要正规、严肃得多。安排座次时，需考虑参加宴会的双方各有几位首要人物，双方首要人物是否带夫人及译员，主客如何穿插落座，分桌时餐桌的主次安排等内容。

五、西餐宴会上位席与下位席

一般有壁炉台的一侧为上位席，门口处为下位席。没有壁炉的房间，门口处为下位席，对面则为上位席。如果门口处的对面不适合作上位席，可以将面向庭院靠墙的一侧作上位席，背对庭院的一侧作下位席。会客室的上位席是长沙发的右侧。上位席原则上是女主人（主人妻子）的座位，对面是男主人的座位。出席宴会的人全部为男性或全部为女性的场合，女主人的席位由主宾（年长者、有社会地位的人、上司）坐。总之要以男女主人为基轴，按顺序男女交叉匀称地分坐在餐桌旁，但要避免夫妻相邻或相对而坐。如果可能，餐桌两端由男性坐，不要安排已婚女士就座。主人女儿替代主人夫人出席宴会时，另当别论。除此之外，主人女儿应作为夫人客人坐在下位席。至于女主人以外的座位安排，有法式与英美式两种。

想一想：西餐宴会与中餐宴会座次安排的区别。

任务四　西餐宴会服务程序

一、西餐宴席服务方式

1．美式服务

美式服务又称“盘子式服务”，是由英式服务派生的，兴起于19世纪初，与法式服务、英式服务和俄式服务相比较，是一种比较随意和较少讲究的服务方式，是目前西餐厅、咖啡厅中采用最多，也是最有效的服务方式之一，特别适合于大型宴会。

（1）美式服务的特点

① 操作服务简单、快捷。

② 一个服务员可以同时为很多客人提供服务，劳动力成本低。

③ 室内陈设简单大方，投资少。

④ 菜肴的质量和标准由厨师掌握，各位客人得到的菜肴是一致的。

（2）美式服务的方法

① 用右手从客人的右侧送上饮料。

② 用左手从客人的左侧送上所有的食物。

③ 用右手从客人的右侧撤去餐具。

（3）美式服务的程序

① 客人进入餐厅请他入座后，将台上多余的餐具撤去。

② 递上菜单供客人参考点选，站在客人的右侧用右手斟倒冰水。

③ 服务员去吧台取餐前饮料时，客人阅读菜单。

④ 接受客人点菜，确认无误。

⑤ 从客人的左侧用左手为客人送上面包、黄油。

⑥ 在上菜前对刀叉进行调整，缺少的需添加。

⑦ 从右侧撤去餐前饮料杯，从左边送上汤和开胃品。

⑧ 从右边撤去汤和开胃品的盘子，从客人的左边送上主菜。

⑨ 当客人表示已经吃完主菜时，服务员应为客人递上甜品菜单，介绍甜点。

⑩ 从客人的右侧撤去主菜盘子，将台面上的面包屑抹去，从右侧为客人添加冰水至八分满，并接受客人餐后甜品的点选。

⑪ 将甜品的叉匙预先摆放好，叉在左，匙在

右，只放一把叉时放在右手边，用托盘将甜点从客人的左边送上。

⑫ 站在客人的右侧用右手为客人送上杯具，站在右侧为客人斟倒咖啡或红茶。

⑬ 将账单准备好，并确认无误，把账单正面向下，放在客人左侧靠近桌边边沿处。

2．法式服务

法式服务是西餐中最豪华、最细致周密也是最古老的一种服务方式，又名“里兹”服务，源于欧洲宫廷餐饮的正规服务。那时的法式服务相当繁琐，如客人在用完一道菜后必须离开餐桌，让服务员清扫完毕后再继续入席用餐，整个服务过程所花费的时间相当长，还要准备休息室及其他大量用具，不适合在餐厅里推广。后由法国巴黎里兹饭店的老板用于豪华饭店的豪华服务。

（1）法式服务的特点

① 豪华贯穿于每一个细节：通常法式服务只用于法国餐厅，法国餐厅要求装饰高雅华贵，以欧洲宫殿式为特色，整个用餐环境宽广而气派，餐具、用具华贵，酒杯常采用水晶玻璃制品。

② 为客人提供最细致入微的服务：法式服务不同于其他西餐服务方式，法式服务注重服务程序和礼貌礼节，注重服务表演，注重吸引客人的注意力，服务周到，每位客人都能得到充分的照顾。一般情况下，一桌客人至少有两名服务人员进行服务。为客人提供用餐服务的两名服务员中，一位是具有丰富经验的资深服务员，负责接受客人点菜，服务酒水，用优美的动作为客人制作、加工或分割部分食物，为客人结账等一系列工作；另一位是服务助手，主要协助资深服务员的一切工作，如将订单送到厨房，并从厨房拿取食品送入餐厅，在资深服务员将食品烹制装盘后将菜盘递送给客人，客人用完后再将空盘撤去，以及随时为资深服务员提供服务帮助。

③ 注重服务的表演性：法式服务尤其以现场烹制著名，即当着客人的面在桌边烹饪车上现场烹制菜肴。所有菜肴都必须用银托盘从厨房送入餐厅放在手推车上，然后根据不同需要用燃焰炉将菜肴加热，并进行烹制、剔骨和切片，装进温热的餐盘提供给客人，让客人在享受美味佳肴前先欣赏和领略菜肴的烹制艺术。但是并不是所有的菜肴都适用于现场制作、只有那些能在合理时间内制作、装饰完成的菜肴才能在客人面前烹制。

④ 注重服务员的培养：法式服务最大的特点是有两名服务员合作，共同为一桌客人进行服务，即专业资深服务员和助理服务员。专业资深服务员主要负责接受客人的点菜，为客人作现场烹调表演，助理服务员主要负责传递菜单、准备餐车及材料、在烹调过程中协助专业服务员将调理完成的菜肴餐盘送至客人的面前，最后收拾餐具。从事法式服务的服务员需要接受相当长时间的专业训练与实习才可能胜任，法式服务是一项专业性较强的工作。在欧洲法式餐厅的服务员，他们必须接受服务员正规教育，训练期满再接受餐厅见习一直两年，才可以成为助理服务员，须再与资深服务员一起工作见习两三年并经过严格的考核才能真正成为一名资深服务员。这种严格的训练前后至少要四年以上，这也是法式服务的特点之一。

（2）法式服务的方法

① 客前表演：在法式服务中，为了能达到客前表演的效果，一般菜肴都是由厨师在厨房内准备好，然后送入餐厅由服务员在客人面前完成。通常的做法是由服务员助理将菜肴放在一个精美的银质盘内送入餐厅放在加热炉上保持温度然后由服务员进行切割，准备

调味汁或其他的配菜等。

② 右上右撤：在法式服务中，除沙拉、面包、黄油以外，所有食品都采用右上右撤的方法为客人服务，即都从客人的右侧递上食品，用完后再从右侧撤下空盘。

③ 先撤后上：在法式服务中讲究吃完一道菜再上下一道菜，这样可以让客人享受到最新鲜的美味，所以要求在上一道新菜前先把吃完的空盘收掉。

④ 净手盅的服务：在法式服务中当客人吃用手指拿着吃的菜肴，如鸡、龙虾等食物时应送上净手盅。净手盅是一只小的玻璃或银质的盅放在一个精制的银坠盘上，中间垫上一张餐巾纸，同时再送上另一块清洁的餐巾。净手盅内只需放半盅温水以免水溅出来，温水中常常放入一小片柠檬片或菊花瓣。洗手盅要和上述的菜肴一起送上，而不是在其后才上，净手盅通常放在菜盘的前面。在法式服务中，当全部菜肴结束时，总要送上另外一只净手盅和清洁的餐巾，直接放在客人的面前。

（3）法式服务的程序

① 迎宾服务：资深服务员与服务助理一起迎候宾客，助理为宾客接挂衣帽，资深服务员为宾客拉椅让座，资深服务员为宾客递上菜单，助理为宾客倒上冰水。

② 点菜服务：资深服务员接受宾客点菜，向客人推荐介绍特色菜肴，同时推荐佐餐酒，助理帮助将点菜送入厨房，并准备服务车及燃焰炉。

③ 重新布置餐桌：资深服务员根据客人所点菜肴重新布置餐桌。

④ 佐餐酒服务：助理送上佐餐酒由资深服务员为客人服务。

⑤ 客前表演、上菜服务：助理将由厨师准备好的菜肴或半成品送至服务车，由资深服务员在客人面前为客人进行烹饪、分割或剔骨的操作表演并分至每个菜盘里，由助理端至客人面前（助理要先将上一道菜的空盘收走），这时要注意主菜应正对客人，配菜应在主菜的上方。

⑥ 结账服务：由助理将账单放在银盘内交给资深服务员，由资深服务员托至客人面前给客人结账。

⑦ 送客服务：由资深服务员为客人拉椅，助理为客人递上寄存的衣帽，两名服务员一起将客人送至餐厅门口，礼貌道别并且送宾客离开。

3．俄式服务

俄式服务起源于俄罗斯的贵族与沙皇宫廷之中，在很多方面与法式服务有相似之处，同样非常正规，讲究礼仪，风格典雅，客人能获得相当周到的服务。俄式服务亦是一种豪华的服务，是世界上较好的酒店中最受欢迎的餐厅服务之一。俄式服务在服务过程中采用大量银质餐具，因而也被称为“银式服务”。摆台上与法式服务相似，但在服务方式上则有所不同。

（1）俄式服务的特点

① 服务迅速：俄式服务继承了法式服务优雅高贵的服务态度与气氛，又省去了法式服务的繁琐，通常只需一名服务员为一桌客人服务，服务效率高，餐厅空间利用率较高，节省人力，人工成本较法式服务要低。

② 气氛高雅：俄式服务中由于大量使用银质餐具，由身

着正式礼服的男服务员戴着白手套端到每位宾客面前，因而显得高雅和气派，同时每位客人都能享受到个性化的服务。

③ 节省菜肴：由于采用旁桌分菜方式，没有分完的菜肴可以端回厨房再继续使用，从而减少了不必要的浪费。

④ 逆时针操作：服务员环绕餐桌逆时针方向移动，为客人分菜。

（2）俄式服务的方法

① 一人服务一桌：通常一桌客人由一名服务员服务。

② 请客过目：菜肴在厨房全部制熟，每桌的每一道菜放在一个银质大浅盘中，然后服务员从厨房中将装好的菜肴大银盘用肩上托的方法送到顾客餐桌旁，热菜盖上盖子，服务员站立于客人餐桌旁将盖子当众揭掉，请宾客欣赏厨师精湛的烹调和装饰手艺。

③ 为客派菜：从主宾开始，服务员按逆时针方向绕桌行走，用左手以胸前托盘的方法，用右手操作服务叉和服务匙从客人的左侧分菜。

（3）俄式服务的程序

① 银盘服务：服务员将客人的点菜单送入厨房后，由厨师将每桌的每一道菜肴放在一个银质大浅盘中准备好。

② 先撤后上：在上一道新的菜肴时要先从右边将吃完的空盘收走，再用右手从客人右侧送上相应的空盘，开胃菜盘，主菜盘、甜菜盘等。注意冷菜上冷盘，即未加热的餐盘，热菜上热盘，即加过温的餐盘，以便保持食物的温度。上空盘服务员用右手在客人的右侧顺时针摆放在客人的面前。

③ 展示和介绍菜肴：服务员分派食物之前应先向客人展示和介绍菜肴，装饰漂亮的菜肴能使客人增加食欲的同时了解菜肴。

④ 分菜服务：服务员用左手托菜肴、右手握分叉匙从客人的左侧派菜，派菜时要先为客人展示菜肴，把客人意欲得到的那份菜肴夹到客人的餐盘里，分菜时按逆时针方向绕台进行。

⑤ 斟酒服务：俄式服务斟酒、斟饮料在客人右侧进行。

4．英式服务

（1）英式服务的特点

① 家庭味浓郁。英式服务中，许多工作都由宴请的主人自己动手，为赴宴的客人亲自服务，服务员只要协助主人做好辅助工作就可以了。

② 对宴请主人的分菜技巧有一定的要求。

③ 以聚会为主题所以节奏缓慢，适用于家庭宴会。

④ 不适合用于饭店服务。

（2）英式服务的方法

① 服务员协助主人服务整个用餐过程，主人将菜肴切配装盘，服务员负责送到每位客人面前。

② 上菜方式是菜肴在厨房制作并装饰好由服务员用大银盘端至主人面前，并按客人人数准备好加热过的热空盘，放在主人左手。在客人右侧给客人斟上佐餐酒。主人亲自动手切割，装盘配上配菜。服务员把已装好盘的菜肴按宾主次序依次端送给每位客人，从客人右侧上菜，注意主菜对准客人，配菜应在主菜上方。当主人将菜肴分完后，服务员要把

分剩的菜肴重新装盘并清理主人分菜的位置。配菜、调味汁和分剩下来的菜肴放在餐桌上由客人互相传递或自己取用。

(3) 英式服务的程序

① 首先服务汤时，通常是由服务员将热汤盘放在男主人的面前，由男主人盛满每个汤盘后，由服务员帮助将已盛好的汤递给每一位客人。

② 接着男主人将端到餐桌上的食物，根据需要分割，并分别搭配好配菜，分装到每一个菜盘里，交给站在左侧的服务员，由服务员按宾主次序端到每位客人的面前，分剩下的菜肴、调味汁、配菜都放在桌上由客人自己选择和搭配。有时也可由客人自己互相传递。

③ 甜品由女主人分好后，再由服务员传给客人。

④ 饮料由男主人来进行调制和服务。

⑤ 服务员服务菜肴在客人的右侧进行，收拾餐具在客人的左侧进行。

二、西餐宴会服务程序

前面已介绍了西餐宴会的桌椅布局、台面摆设、座位安排、酒水服务等知识，相对中餐宴会服务来说，西餐宴会的服务环节多，要求也较严格，其主要特点包括以下几点：

(1) 餐桌以长台为主，有时也用圆台或腰形台。

(2) 用餐方式是采用分餐制，一人一份餐盘，以食用西餐风味的菜点为主。

(3) 西餐中每吃一道菜，更换一套餐具，多用刀叉服务，收盘时连同用过的刀叉一起收走，餐具的摆台亦按事先定好的菜单，根据菜式摆上不同的刀叉餐具。

(4) 在酒水的选用上，西餐宴会有一套传统的规则，吃什么菜，饮什么酒，选用什么样的酒杯。

(5) 西餐宴会按照西餐操作程序和礼节进行服务，环境灯光柔和或偏暗，有时点蜡烛，并在席间播放音乐，气氛轻松舒适。

西餐宴会服务可分为四个基本环节，即宴前准备工作、餐前鸡尾酒服务、席面服务和宴会结束工作。

1. 宴前准备工作

(1) 明确任务　接受预定的西餐宴会任务后，西餐宴会厅负责人应了解清楚宴会举办单位和规格、标准、参加人数、进餐时间、来宾国籍身份、宗教信仰、生活特点及是否在近日内参加过宴会等情况。如参加过的话，应进一步了解吃了些什么菜点，有什么反映，来宾餐前在会客室是用茶还是用鸡尾酒，以及主办单位或客人有什么特别要求等。了解清楚后，要召集服务人员开会，交待布置任务，研究完成任务的具体方法，明确各服务员的职责，提出完成任务的具体要求和注意事项。

(2) 开菜单备酒水　西餐宴会厅负责人要根据西餐宴会标准、来宾的要求、货源情况以及技术设备情况，协助厨师开好菜单。菜单开出后，要征求举办宴会的单位或主人的意见，如有改动，即与厨师联系。

（3）布置餐厅　西餐宴会最好在单厅举行，以利服务工作和安全保卫工作。要认真做好西餐宴会厅、过道、楼梯、卫生间、休息室等处的清洁卫生。认真检查宴会厅、休息室及其他处所的家具设备，包括灯具、冷暖设备等是否完好，如发现问题，要及时整修或调换。按宴会的要求进行陈设、墙饰、绿化装饰。

（4）备齐物品　要根据菜单所列菜点、饮料等，备齐各种用具。一般的宴会小件餐具每客至少备3套，较高级的宴会每客要备5～6套。除备齐每客必用餐具外，还要准备一定数量的备用餐具，以防个别宾客在特殊情况下换用。备用餐具一般占总数的1/10即可。台布、鲜花或瓶花按台数准备。烟缸、牙签等物一般按四客一套准备。口布按客数准备，并要有一定数量的备用口布。小方毛巾按每客两条准备。此外，还要领取并配备好酒水、辅助作料、茶、烟、水果等物品。

西餐宴会厅内要设有小酒吧间，要按菜单配备好鸡尾酒、多色酒和其他饮料，需冰镇的要及时冰镇好。瓶装酒水要逐瓶检查质量，并将瓶身揩干净。辅助作料也要按菜单配制。味架要擦干净并注满作料。糖罐、盐罐也要擦净装满。茶、烟、水果要按宴会标准领取。水果要经挑选并洗涤干净，需去皮去壳的要准备好去皮剥壳工具。要准备好开水。准备间则备好面包盘，大小托盘、新鲜面包、面包篮、奶油、酒水等。准备宴会所需使用的餐盘、底盘，并将咖啡杯保温、冰桶准备妥当，放在各服务区，并将客人事先点好的白酒打开，置放在冰桶中。准备红酒篮，并将红酒提前半个小时打开，斜放在红酒篮中，使其与空气接触。

（5）布置餐桌　西餐宴会的桌形布置安排，一般采用长桌形式，根据人数和来宾情况以及西餐厅的面积和设备进行安排。总的要求是既美观又适用，左右对称，出入方便，具有整体感并注意宴会厅的布局。

（6）布置台面　西餐宴会铺台一般先用毡、绒等软垫物按台的尺寸铺台面，然后用布绳扎紧，再铺宴会台布，宴会台布要熨平，台布一般用白色。铺台布时宜两人合作，四边下垂部分平行相等，台布边垂下30～40厘米即可。如果是由数块台布拼铺的台面，应从里往外铺设（使客人一进门时看不到接缝，台布的接缝要错开主宾就餐的台面）。

2. 餐前鸡尾酒服务

一般而言，在正式的西餐宴会上，通常会在宴会之前先安排半小时至一小时的简单鸡尾酒会，让参加宴会的宾客有交流的机会，互相问候、交流。服务时，由服务员托盘端送饮料、鸡尾酒，并巡回请宾客饮用；茶几或小桌上备有虾片、干果仁等小吃。

在酒会进行的同时，该宴会的服务人员必须分成两组，一组负责在酒会现场服务，另一组则在宴会场所做餐前的准备工作。

如来宾脱衣帽，服务员要主动接住，挂在衣帽架上或存入衣帽间。如衣物件数较多，可用衣帽牌区别。衣帽牌每号要有两枚，一枚挂在衣物上，另一枚交给来宾以备领取。对重要的来宾则不可用衣帽牌，而要凭记忆力进行准确的服务，以免失礼。接挂衣服时应拿衣领，切勿倒提，以防衣袋内的物品倒出。宴会开始前请宾客入宴会厅就坐，女士优先，服务员帮助宾客拉椅、递餐巾、倒冰水。引宾入座也要按宾主次序进行。主宾到达时宴会即正式开始。

3. 席面服务

待一切准备工作就绪，接着便可着手进行宴会的餐桌服务。整体而论，西餐宴会的餐桌服务方式有其特定的服务流程与准则，但宴会时所采取的餐饮服务方式仍需视菜单而定，意即服务人员应依照菜单内容，进行不同的服务与餐具摆设。下面以一份西餐宴会菜单为例：

鹅肝酱饼、鲜虾清汤、白酒茄汁蒸鲳鱼、青柠雪碧、烤芥末菲利羊排、各式精选奶酪、莓子千层蛋糕、咖啡或红茶、小甜点。

（1）面包服务

① 将面包放入装有餐巾的面包篮内，然后从客人的左手边送到客人的面包盘内。

② 正式宴会中，面包作为佐餐食品可以在任何时候与任何菜肴搭配进行，所以要保证客人面包盘总是有面包，面包都采用献菜服务或分菜服务，直到客人表示不再需要为止。

③ 在西餐宴会中，不管面包盘上有无面包，面包盘都需保留到收拾主菜盘后才能收掉；若菜单上有奶酪，则需等到客人用完奶酪后，或在上点心之前，才能将盘子收走。

（2）白葡萄酒服务

（3）冷盘服务——鹅肝酱饼

① 通常在厨房先将鹅肝酱摆放在餐盘上，然后再一起放到冷藏库冷藏。

② 服务人员应从宾客右手边进行服务。上菜时，拿盘的方法应为手指朝盘外，切记不能将手指头按在盘上。

③ 鹅肝酱一般附有每人 2 片烤成三角形的小吐司饼。服务人员同样必须用面包篮，将饼由客人左手边递到面包篮上，让客人搭配鹅肝酱食用。

④ 正式宴会时服务员必须等该桌客人都食用完毕，才可同时将使用过的餐具撤下。收拾餐盘及刀叉时，应从客人右手边进行。

（4）鲜虾清汤服务

① 从客人右手边送上汤，并注意若汤碗有双耳，摆放时则应使双耳朝左右，平行面向客人，而不可朝上下。

② 待整桌客人同时用完汤后，将汤碗、底盘连同汤匙从客人右手边收掉。

③ 此时，服务人员需注意客人是否有添加面包或白葡萄酒的需要，应给予继续服务。

（5）白酒茄汁蒸鲳鱼服务

① 白酒茄汁蒸鲳鱼是一道开胃热菜。为了保持热菜的新鲜度，厨师在厨房将菜肴装盘后，便应立即由服务人员端盘上桌，而不像冷盘可先装好再放入冰箱冷藏备用。

② 为应付上述情况，宴会主管在大型宴会中必须有技巧地控制上菜的方法。因为在正式西餐宴会里，必须等整桌都上完菜后才能同时用餐，若仍让每位服务人员只在自己所负责的桌次服务，便常造成同一桌次的宾客有的已经上菜，有的仍需等菜，导致已上桌的热菜在等待过程中冷掉。比如，每位服务人员服务一桌时，冷盘类可事先做好放置在冷藏库，服务人员拿取容易；汤类仅以托盘即可拿完；而热食类则因厨房必须现炒，故服务人员需排队取菜，每次只能端 2 ~ 3 盘，等到上好一桌时，已经排队数次，已上桌的热菜冷掉是意料中的事。

③ 基于上述原因，全体服务人员必须互相协助，不能只服务自己所负责的桌次。应由领班到现场指挥，让全体服务人员按照顺序一桌一桌上菜，避免造成每桌均有客人等菜的现象，并方便让整桌先上完菜的客人先用餐。

④ 服务人员需等该桌客人全都用完白酒茄汁蒸鲳鱼后，从客人右手边同时将餐盘及鱼刀、鱼叉收掉。

（6）青柠雪碧服务

① 主菜之前上青柠雪碧，其目的是为清除之前菜肴的余味并帮助消化，以便能充分享受主菜。

② 青柠雪碧一般都使用高脚杯来盛装。服务时可用面包盘或点心盘加花边纸，从客人右手边上菜。

③ 须等同桌客人都用完时才一起收，但收时必须将垫底盘在主餐之前一起收掉。

（7）红葡萄酒服务

① 除非客人要求继续饮用白葡萄酒，否则在提供红葡萄酒服务前，若客人已喝完白葡萄酒，便应先将白葡萄酒杯收掉。

② 为使酒“呼吸”，红葡萄酒在上菜前已先开瓶，所以服务人员可直接从主人或点酒者右侧，将酒瓶放在酒篮内，标签朝上。

（8）主菜服务——烤芥末菲利羊排

① 采用与白酒茄汁蒸鲳鱼相同的服务方式，必须由领班在现场指挥，一桌一桌地上菜，不可各自只在自己服务的桌上菜。否则，一样会造成同桌宾客有人已上菜，有人仍在等菜的情况。

② 酱汁应由服务人员从客人左手边递给有需要者。

③ 服务人员必须等所有客人都已用完餐，才能从宾客右手边收拾大餐刀、大餐叉及餐盘。面包盘则必须等到客人用完奶酪后才能收掉，而不是在客人食毕主餐之后收掉。

④ 用完主餐后，应将餐桌上的胡椒、盐同时收掉。

⑤ 替客人添加红葡萄酒时，最好不要将新、旧酒混合，必须等到客人喝完后，再倒酒。

⑥ 注意烟灰缸的更换，应以烟灰缸内不超过 2 个烟头为原则。

（9）各式精选奶酪服务

① 上奶酪之前，服务人员必须左手拿持托盘，右手将小餐刀、小餐叉摆设在客人位置上。

② 将各种奶酪摆设在餐车上，由客人左手边逐一询问其喜好，依序服务。若宴会人数众多，便应先在厨房中备妥，再采用餐盘服务，从客人右手边上菜。

③ 提供奶酪服务的同时，亦需继续提供红葡萄酒服务和面包服务。

④ 同桌宾客都食用完后，服务人员必须将餐盘、小餐刀及小餐叉从客人右手边收掉，面包盘可放在托盘上从客人左手边收掉。

⑤ 准备一份扫面包屑用的器具，将桌面清理干净。

（10）莓子千层蛋糕服务

① 上点心之前，桌子除了水杯、香槟杯、烟灰缸及点心餐具外，全部餐具与用品都要清理干净。如果桌上还有未用完的酒杯，则应征得客人同意后方可收掉。

② 上点心之前若备有香槟酒，需先倒好香槟才能上点心。

③ 餐桌上的点心叉、点心匙应分别移到左右两边，以方便客人使用。

④ 点心应从客人右手边上桌，餐盘、餐叉及餐匙的收拾也将从客人右手边进行。

⑤ 在咖啡、茶未上桌之前应先将糖盅及鲜奶油盅放置在餐桌上。

（11）咖啡或红茶服务

① 点心上桌后，即可将咖啡杯事先摆上桌。

② 上咖啡时，若客人面前还有点心篮，则咖啡杯可放在点心盘右侧。

③ 如果点心盘已收走，咖啡杯便可直接放在客人面前。

④ 倒咖啡时，服务人员左手应拿着服务巾，除方便随时擦掉壶口滴液外，亦可用来护住热壶，以免烫到客人。

⑤ 随着服务的咖啡或茶必须不断地供应，但添加前应先询问客人，以免造成浪费。

（12）小甜点服务　上小甜点时不需要餐具，由服务人员直接端着绕场服务或每桌放置一盘，由客人自行取用。

除了上述各种菜肴的服务方法外，在西餐宴会中，服务人员还有以下一些基本服务要领必须注意：

① 同步上菜、同步收拾。在西餐宴会中，同一种菜单项目需同时上桌。若遇有人其中一项不吃，仍需等大家都用完这道菜并收拾完毕后，再和其他客人同时上下一道菜。

② 确保餐盘及桌上物品的干净。上菜时需注意盘缘是否干净，若盘缘不干净，应用服务巾擦干净后，才能将菜上给客人。餐桌上摆设的物品如胡椒罐、盐罐或杯子，也需留意其干净与否。

③ 保持菜肴应有的温度。服务时应注意保持食物原有温度。有加盖者，则要等上桌后再打开盘盖，以维持食物应有的品质；盛装热食的餐盘也需预先加热才能用以盛装食物。因此，服务用的餐盘或咖啡杯必须存放在具有保温功能的保温箱中，而冷菜类菜肴绝对不能使用保温箱内的热盘子来盛装。

④ 餐盘标志及主菜肴的位置应在既定方位。摆设印有标志的餐盘时，应将标志正对着客人。而在盛装食物上桌时，菜肴也有一定的放置位置：凡是食物中有主菜之分者，其主要食物必须靠近客人；点心蛋糕类有尖头者，其尖头应指向客人，以方便客人食用。

⑤ 调味酱应于菜肴上桌后才予以服务。调味酱分为冷调味酱和热调味酱。冷调味酱一般均由服务员准备好，放在服务桌上，待客人需要时再服务，如番茄酱、芥末等；而热调味酱则由厨房调制好后，再由服务人员以分菜方式进行服务。最理想的服务方式应为一人上菜肴，一人随后上调味酱，或者在端菜上桌之际，先向客人说明调味酱将随后服务，以免客人不知另有调味酱而先动手食用。

⑥ 应等全部客人用餐完毕才可收拾残盘。小型宴会时，需等到所有宾客都吃完后，才可以收拾残盘，但大型宴会则以桌为单位即可。在正式参会中，若有人尚未吃完就开始收拾，似乎意在催促仍在用餐者，有失礼貌。此外，由于必须等全部收拾完毕后才能上下一道菜肴，所以太早收拾部分餐盘对工作进度也无太大帮助，所以应等全体顾客用完餐再一起收拾较为恰当。

⑦ 客人用错刀叉时，需补置新刀叉。收拾残盘时要将桌上已不使用的餐具一并收走，若有客人用错刀叉时，也需将误用的刀叉一起收走，但务必在下一道菜上桌前及时补置新刀叉。

⑧ 客人食用有壳类或需用到手的食物时，应提供洗手碗。凡是需用到手的菜肴，均需供应洗手碗。洗手碗内盛装约 1/2 的温水，碗中通常还放有柠檬片或花瓣。有些客人可

能不清楚洗手碗的用途，所以上桌时最好稍作说明。随菜上桌的洗手碗视同为该道菜的餐具之一，收盘时必须一起收走。

⑨拿餐具时，不可触及入口的部位。从卫生角度来考虑，服务人员拿刀叉或杯子时，不可触及刀刃或杯口等将与口接触之处，而应拿刀叉的柄或杯子的底部，当然手也不可与食物碰触。

⑩ 水应随时添加，使水杯维持 1/2 ~2/3 的水量，直到顾客离去为止。

4．宴会结束工作

(1) 结账服务　上菜完毕即可做结账准备。清点所有酒水、香烟、加菜等宴会菜单以外的费用并累计总数。宾客示意结账后，按规定办理结账手续，注意向宾客致谢。大型宴会，此项工作一般由管理人员或引宾员负责。

(2) 拉椅送客　主人宣布宴会结束时，服务员要提醒宾客带齐自己的物品。当宾客起身离座时，服务员应主动为宾客拉椅，以方便宾客离席。视具体情况目送或送客人至门口。衣帽间的服务员根据取衣牌号码，及时准确地将衣帽取递给宾客。

(3) 结束工作　在宾客离席时，服务员要检查台面上是否有未熄灭的烟头、是否有宾客遗留的物品。在宾客全部离去后，立即清理台面。先整理椅子，再按餐巾、小毛巾、酒杯、瓷器、刀叉的顺序分类收拾。贵重物品要当场清点。收尾工作完成后，领班要做检查。大型宴会结束后，主管要召开总结会。待全部收尾工作检查完毕后，服务员要关好门窗，全体工作人员方可离开。

议一议：简述西餐宴会的服务程序。

讨论与探究：

1．西餐宴会摆台的难点在哪些地方?

2．设计一桌圣诞宴会摆台。

3．西餐宴会和中餐宴会在服务流程方面有何区别?

项目四　西餐宴会礼仪

引言：西餐宴会讲究礼仪，从预约、点酒、刀叉使用都有着严格的要求，尤其需要注意的是，不同的西方国家，其礼仪又有所区别，本项目就以上内容作详细介绍。

重点提示：

1．西餐宴会基本礼仪

2．西餐宴会饮酒礼仪

3．西餐宴会自助餐礼仪

4．西餐宴会涉外宴请礼仪

教师导学：教师借助图片、影像资料向学生介绍西餐宴会基本礼仪、西餐宴会饮酒礼仪、自助餐礼仪及涉外宴请礼仪，使学生对西餐宴会礼仪有感性认识。

任务一　西餐宴会基本礼仪

一、基 本 礼 仪

1. 饭店的预约

在西方，去饭店吃饭一般都要事先预约。预约时，有几点要特别注意，首先要说明人数和时间，其次要表明是否要吸烟区或视野良好的座位。如果是生日或其他特别的日子，可以告知宴会的目的和预算。在预定时间到达是基本的礼貌。再昂贵的休闲服也不能随意穿着上餐厅，吃饭时穿着得体是欧美人的常识。去高档的餐厅，男士要穿整洁；女士要穿套装和有跟的鞋子。如果指定穿正式服装，男士必须系领带，进入餐厅时，男士应先开门，请女士进入，让女士走在前面。入座、餐点上桌时，都应女士优先。特别是团体活动，更别忘了让女士们走在前面。

2. 入座的讲究

最得体的入座方式是从左侧入座。椅子被拉开后，身体在几乎要碰到桌子的距离站直，领位者会把椅子推进来，腿弯碰到后面的椅子时，即可坐下。用餐时，上臂和背部要靠到椅背，腹部和桌子保持约一拳的距离。两脚交叉的坐姿最好避免。

3. 点酒的学问

在高级餐厅里，会有精于品酒的调酒师拿酒单来。对酒不太了解的人，最好告诉调酒师自己挑选的菜色、预算、喜爱的酒类口味等，让其帮忙挑选。主菜若是肉类应搭配红酒，鱼类则搭配白酒。上菜之前，不妨来杯香槟、雪利酒或吉尔酒等较淡的酒。

4. 上菜的次序

正式的全套西餐上菜顺序：①前菜和汤、②鱼、③水果、④肉类、⑤乳酪、⑥甜点和咖啡、⑦水果，另外还有餐前酒和餐酒。没有必要全部都点，点太多却吃不完反而失礼。稍有水准的餐厅都欢迎只点前菜的客人。前菜、主菜（鱼或肉择其一）加甜点是最恰当的组合。点菜并不是由前菜开始点，而是先选一样最想吃的主菜，再配上适合主菜的汤。

5. 餐巾的使用

点完菜后，在前菜送来前的这段时间把餐巾打开，往内摺三分之一，让三分之二平铺在腿上，盖住膝盖以上的双腿部分。最好不要把餐巾塞入领口。

二、刀 叉 礼 仪

1. 刀叉摆放礼仪

用餐中为八字形，如果在用餐中途暂时休息片刻，可将刀叉分放盘中，刀头与叉尖相

对成“一”字形或“八”字形，刀叉朝向自己，表示还是继续吃。如果是谈话，可以拿着刀叉，无须放下，但若需作手势，就应放下刀叉，千万不可手执刀叉在空中挥舞摇晃。应当注意，不管任何时候，都不可将刀叉的一端放在盘上，另一端放在桌上。刀与叉除了将料理切开送入口中之外，还有另一项非常重要的功用。刀叉的摆置方式传达出“用餐中”或是“结束用餐”的讯息。服务生就是利用这种方式，判断客人的用餐情形，以及是否收拾餐具准备接下来的服务等，所以希望大家能够记住正确的餐具摆置方式。特别要注意的是刀刃侧必须面向自己。用餐结束的餐具摆置方式：将叉的背面向上，刀的刀刃侧向内与叉并拢，平行放置于餐盘上。出席结婚餐宴时，不论怎么将餐具摆成“用餐中”的位置，只要主要宾客用餐结束，就应立即把所有的料理收起，所以宴会时，切记皆以主要宾客为中心进行。在宴会中，每吃一道菜用一副刀叉，对摆在面前的刀叉，是从外侧依次向内取用，因为刀叉摆放的顺序正是每道菜上桌的顺序。刀叉用完，上菜也结束。中途需是谈话或休息时，应该将刀叉呈八字形平架在盘子两边。反之，刀叉柄朝向自己并列放在盘子里，则表示这一道菜已经用好了，服务员就会把盘子撤去。前菜或是甜点等，如果是可以直接用叉子叉起食用的料理，没有必要刻意地一定使用刀。家庭餐会或是朋友之间的轻松聚餐，像沙拉或是蛋包饭之类较软的料理也可以只使用叉进餐。但是在正式的宴席上使用刀叉，能给人较为优雅利落的感觉。另外，在欧洲等地，常可看见有人右手拿叉，左手拿面包用餐。不管吃得怎么利落优雅，这样用餐也只能在家庭或大众化的店中，在高级餐厅内是绝对行不通的。没用过的刀，放在桌上即可，服务生会自动将它收走。虽说将刀与叉放在餐盘上并拢是代表结束用餐的讯息，但是没有必要把干净的刀叉特意放入弄脏的餐盘内。没有用过的餐具保持原状放在原处即可，硬要追求形式的规则反而显得奇怪。随机应变，依当时的状况处理事物才是最正确的。即使餐具落地也不算出丑，但是不可自己弯腰捡，最好请服务生过来替你捡起。服务生随时都在注意客人的情况，所以会很快拿新的餐具过来，万一服务生没有注意到，可以面向服务生稍微抬手示意，尽量不要引起其他人侧目注视。服务生的工作是为了使客人能更愉快地用餐，所以尽可向他们提出要求。

2. 刀叉用法

两只一组使用刀、叉为正式的用法。右手拿刀，左手拿叉，刀用来切割食物，叉用于送食物入口。应该注意的是，千万别用刀取食物送入嘴里。叉的拿法为将食指伸直按住叉的背部。刀除了与叉同样拿法外，还可以用拇指与食指紧紧夹住刀柄与刀刃的接合处。可依料理选择较容易进餐的方法。用拇指抵住侧边，再将食指伸直，分别按住刀叉的背部，用力夹紧：这是吃肉类料理或较硬的料理时所使用的方式；以拇指与食指捏住刀柄与刀刃的接合处，其他的手指再轻轻地扣住刀柄，叉的拿法与上述相同：这是吃鱼类料理或是较软的料理时所使用的方式。如果以全部手指握住的话，会破坏整体平衡，利用拇指与食指握住才是拿刀叉的要诀。调味料用汤匙是法国料理中较独特的餐具；虽然以前就已经存在，不过近年来才逐渐普及。有一段时期，法国料理中流行较浓稠的酱料，即使用刀也可以取得调味酱料，但是其后则流行较清淡的酱料，所以为了取得调味酱料，只好将调味料用汤匙再次改良。当以汤匙或调味料用汤匙代替刀时，须右手拿汤匙，左手拿叉。汤匙的握法与握笔方法相同。用调味料用汤匙切食物时，握法与刀相同。不过在取调味酱料时，握法则须与汤匙的拿法相同。食物切好后，在盘子上将料理与酱料一起舀起食用。可以全部切好后再以右手拿叉吃吗？如果在家里或是气氛较轻松的店内，这是没有关系的，不过在高级餐厅内最好尽量避免。例如，在高级料理店内，绝不会像在自己家里一样，把饭碗拿到嘴边，大口大口地吃饭。类似地，在高级餐厅内，将叉换到右手用餐，也一样是不合时宜的。不习惯用左手拿叉的人，也许会感到很困难，不过一旦能够灵活使用，就更能体会到用餐的乐趣。

3. 使用礼仪

英美人的饮食习惯不一样。吃肉菜时，英国人左手拿叉，叉尖朝下，把肉扎起来，送入口中；如果是烧烂的蔬菜，就用餐刀把菜拨到餐叉上，送入口中。美国人用同样的方法切肉，然后右手放下餐刀，换用餐叉，叉尖朝上，插到肉的下面，不用餐刀，把肉铲起来，送入口中，吃烧烂的蔬菜也是这样铲起来吃。吃饭时，利用餐叉的背面舀起来吃虽然不违反餐桌的礼仪，不过看来起的确不怎么雅观。吃米饭之类的料理时，可以很自然地将叉转到正面舀起食用，因为餐叉正面的凹下部位正是为此用法而设计的。这时候，也可利用刀在一旁辅助用餐。将餐盘上的料理舀起时，利用刀挡着以免料理散落到盘子外面，如此一来就可以很利落地将盘内食物舀起。如有淋上调味酱的料理，也可以利用刀刮取调味酱，再以汤匙或调味酱用汤匙将料理与调料一起送入口中。如以叉叉住，再用汤匙淋上调味酱后食用，则是错误的动作，因为这样一来，在料理送往口中时，酱料会滴落得到处都是。用叉舀料理时，左手持叉，将食物置于正面的叉腹上送入口中。在与朋友聚餐的轻松场合，如果无需用刀，可以用右手拿叉进餐。饭应以正面叉腹而非叉背面舀起，这样可以比较容易食用，而且也较优雅自然。当盘子内的细碎食物聚集时，可利用刀挡着，再以叉靠近舀起。利用汤匙代替刀也是可以的。以叉将料理聚集到汤匙上，再以汤匙将食物送入口中。调味酱用汤匙与一般汤匙的用法是一样的。应利用叉将料理推到调味酱汤匙上食用，而非以叉叉住料理再以调味酱用汤匙淋上酱料，因为后者是违反礼节的。

三、用餐礼仪

1. 喝汤

先用汤匙由后往前将汤舀起，汤匙的底部放在下唇的位置将汤送入口中。汤匙怀与嘴部呈5度角较好。身体的上部略微前倾。碗里汤剩下不多时可用手指将碗略微抬高。如果汤用有握环手工艺碗装，可直接拿住握环端起来喝。喝汤不能发出声音，用汤匙应从里往外舀着喝，千万不要端起汤盘直接饮用。

2. 面包与面条

面包通常与黄油搭配，吃时将面包掰成几小块，抹上黄油，用手拿着吃，不要拿着整个面包咬着吃，应抹一块，吃一块。吃意大利面条时可叉、调羹并用，用叉慢慢挑起少量（四五根）面条，将其绕在叉齿上成团状，同时以调羹辅之，即可方便地进食。

3．肉与鱼

西餐中的肉一般都是大块的，无论是羊排、牛排还是猪排都要用刀叉将其切成小块，边切边吃，不要一口气都切成小块后再吃，也不要用叉将整块肉夹至嘴边，边咬边吃。吃鸡或龙虾可以用手，小鸡、鹌鹑、田鸡的腿骨头很小，可用手抓着吃，也可用叉，但骨头需用手指从口中取出。西餐中的鱼一般都已去了骨刺，吃起来很方便，对少量小刺，应用手捏出放在盘子上，不能直接往盘中吐。

4．沙拉

既可作第一道菜，又可作配菜和间隔菜。对沙拉中大块（片）的蔬菜，可用叉或刀切成小块（片）。对沙拉中的豌豆可以左手持叉，右手持刀，用刀把豌豆推到叉上。而美国的吃法干脆就用叉舀着吃。

5．咖啡与茶

西餐的最后一道“菜”是咖啡和茶。喝咖啡时可以右手拿杯把，左手端小碟，也可以只端杯子，将小碟留在台上，喝完一口后，一定要把杯子放回碟上。茶匙仅用于搅拌，用完即放回茶碟，不能用它舀着喝。饮用中国的绿茶、薄荷茶不加任何东西，如果是印度茶、黑茶或英国红茶则可以加少量的奶和糖。

6．熏肉

吃带肥肉的熏肉要使用刀和叉，如果熏肉很脆，则先用叉子将肉叉碎，再用手拿着吃。

7．鱼肉

鱼肉极嫩易碎，因此餐厅常不备餐刀而备专用的汤匙。这种汤匙比一般喝汤用的稍大而且较平，不但可切分菜肴，还能将菜和调味汁一起舀起来吃。若要吃其他混合的青菜类食物，还是用叉为好。对于鱼骨头，首先用刀在鱼鳃附近刺一条直线，刀尖不要刺透，刺入一半即可，将鱼的上半身挑开后，从头开始，将刀放在骨下方，往鱼尾方向划开，把骨剔掉并挪到盘子的一角，最后再把鱼尾切掉。

8．带骨食物

（1）鸟类　先把翅膀和腿切下，然后借助刀和叉来吃身体部分。你可以把翅膀和腿用手拿着吃，但不能拿身体部分。

（2）鸡肉　先吃鸡的一半，把鸡腿和鸡翅用刀叉从连结处分开，然后用叉稳住鸡腿（鸡脯或鸡翅），用刀把肉切成适当大小的片，每次只切两三片。如果场合很正式，不能用手和刀叉取用的，干脆别动。如果是在非正式场合，你可以用手拿取小块骨头，但只能使用一只手。

（3）肉排　用叉或尖刀插入牛肉、猪肉或羊肉排的中心。如果排骨上有纸袖，你可用手抓住来切骨头上的肉，这样就不会使手油腻。在正式场合或者在饭店就餐时即使包有纸袖也不能用手拿着骨头啃着吃。这些多余的东西基本上是用来作装饰的，而没有让你暴吃一顿的意思。另外，在非正式场合，只有骨头上没有汤时才可以拿起来啃着吃。

9．三明治

小的三明治和烤面包是用手拿着吃的，大点的吃前先切开。配卤汁吃的热三明治需要用刀和叉。通过拿面包的方式，可以测试出一个人是否有修养。不过只要你记住在吃面包或蛋卷时，往上抹黄油之前，先将其切成两半或小块的话，你就可以轻松通过测试。小饼干不用弄碎。抹油应在盘子里或盘子上部进行，使用你盘中的黄油刀。把黄油刀稍靠右边放，刀柄放在盘边外面以保持清洁。热吐司和小面包要马上抹油。不必把面包条掰碎，可在其一面抹黄油。把丹麦糕点（甜蛋卷）切成两半或四半，随抹随吃。

10．蔬菜

（1）芦笋　如果要吃的芦笋菜中有汤汁，先将芦笋切成小块，再用刀叉食物。如果芦笋很大而且需要蘸汁，先把笋头切下，然后分开食用以防滴汁和掉渣。也可以用手拿着茎柄，蘸汁吃。对于小的芦笋完全可以用手拿着蘸汁食用。

（2）番茄　除做沙拉吃以外，番茄都可以用手拿着吃。挑个小点的，正好放入嘴中，不要张嘴咀嚼，因为这样汁液会溅出来，要把嘴唇闭紧。如果盘中只有一个大的番茄，用牙轻轻将皮剥掉，先咬下一半，慢慢吃完再吃另一半。

（3）玉米棒　鲜玉米棒大多是在非正式场合吃的，可以先把它掰成两半，以便好拿，值得注意的是，在上面一次不要抹撒太多的黄油或调料。横着吃还是转圈吃，自己选取，两种方法都行。先集中数排或一部分抹黄油，撒盐。吃完后再换地方，这样你的手和面部就不会过多沾染调料。

（4）马铃薯　马铃薯片和马铃薯条是用手拿着吃的。除非马铃薯条里有汁，那样的话要使用叉。小马铃薯条也可拿着吃，但用叉会更好。如果马铃薯条太大，不好取用，就用叉子叉开，不要挂在叉上咬着吃。把番茄酱放在盘子边上，用手拿或用叉子叉着小块蘸汁吃。烤马铃薯在食用时往往已被切开。如果没有用刀从上部切入，用手或叉将马铃薯掰开一点，加入奶油或酸奶、小青葱、盐和胡椒粉，每次加一点。你可以带皮食用。

11．水果

（1）苹果、梨　在宴席上，要用手拿取苹果或梨，放在盘里。你可以用螺旋式将其削皮。如果说样做很难的话，就把水果放在盘上，先切成两半，再去核切块，然后用叉或水果刀食用。如果场合更加随意的话，你可以用手拿着吃。

（2）鳄梨　带壳的鳄梨需要用勺来吃，如果切成片装在盘子里或拌在色拉里，要用叉子吃。

（3）香蕉　如果是在餐桌上吃香蕉，要先剥皮，再用刀切成段，然后用叉子叉着吃。在非正式场合如野餐、海滩等，要把香蕉剥出一半再吃。

（4）无花果　鲜无茶果作为开胃品与五香火腿一起吃时，要用刀叉连皮一起吃下。若上面有硬杆，用刀切下（否则会嚼不动）。作为饭后甜食吃时，要先把无花果切成四半，在橘汁或奶油中浸泡后，用刀叉食用。

（5）柚子（橙子、橘子）　吃柚子时，要先把它切成两半，然后用茶匙或尖柚子匙挖出食用。在非正式场合，可以把柚子汁小心地挤到茶匙中。剥橙子皮有两种方法，两者都要使用尖刀。方法一：螺旋式剥皮。方法二：先用刀切去两端的皮，再竖直将皮一片片切掉。剥皮后，可以把橙肉掰下来。如果掰下的部分不大，可一口吃掉。如果太大，要使用甜食刀叉先切开，后食用。如果橙子是切好的，也可以像吃柚子那样使用柚子匙或茶匙挖着吃。吃橘子要先用手剥去皮，再一片一片地吃。你可能要剥皮并去除白色覆盖膜，尤其是膜很厚的时候。

（6）葡萄　对于无籽葡萄没什么讲究，一粒粒地吃就行。若葡萄有籽，则把葡萄放入口中嚼，吸食肉质，然后把籽吐到手中。要想容易地剥去葡萄皮，则要持其茎部放在嘴边，用中指和食指将肉汁挤入口中，最后把剩在手中的葡萄皮放在盘里。

（7）芒果、木瓜　整个芒果要先用锋利的水果刀纵向切成两半，然后再切成四分之一。用叉将每一块放入盘中，皮面朝上，并剥掉芒果皮。你也可以像吃鳄梨那样用勺挖着吃。如把芒果切成两半，挖食核肉，保留皮壳。吃木瓜可以像吃鳄梨和小西瓜一样，先切成两半，抠出籽，然后用勺挖着吃。

（8）桃李　将桃李先切成二分之一，再切成四分之一，用刀去核。皮可以剥下来，但如果带着皮切成小块，用甜食刀叉食用也是不错的。

（9）柿子　一是先切成两半，然后用勺挖出柿肉；二是将柿子竖直放在盘中，柄部朝下，切成四块，然后再借助刀叉切成适当大的小块。食用时将柿核吐在勺中，放到你的盘子的一边。不要吃柿子皮，因为太苦太涩。

（10）草莓　大草莓可以用手柄部蘸着白砂糖（自己盘中的）整个吃。然后将草莓柄放入自己的盘里。如果草莓是拌在奶油里的，要使用勺子。

（11）西瓜　切成块的西瓜一般用刀和叉来吃，吃进嘴里的西瓜要及时清理西瓜籽，并吐在手中，然后放入自己的盘子。

（12）浆果、樱桃　一般来说，吃浆果时，不管有无奶油，都要用勺子；吃樱桃要用手拿，将樱桃核文雅地吐在手中，然后放入自己的盘子。

12．配料

当装饰配料上到你面前时，用餐匙取一部分放到自己的黄油盘里。如果没有黄油盘，就放在自己的主食盘里。永远不要把装饰配料直接放入口中。如果你想在上面加盐，就在盘中配料旁边撒一点，用手拿着配料蘸着吃。橄榄吃进嘴里时，把核先吐进紧凹的手中，再放入盘子里。腌泡菜配三明治吃时用手拿，配肉吃时用刀和叉。莳萝、欧芹和水芹作为餐食的一部分是要用叉食用的，也可以用手拿着吃，但如果上面盖有色拉配料或酱汁的话，就不要用手拿了。薄柠檬片是做装饰用的；柠檬角或柠檬瓣要挤出汁来。用叉轻轻地扎刺肉质，将汁挤入需要调味的食物中（有些饭店用乳酪布将柠檬半罩住，以防汁液四溅）。

食用马萝卜酱、薄荷胶、葡萄干胶、芥末、苹果酱、酸果萝酱时，要先用汤匙将其舀入盘子里，然后用叉子叉肉抹油食用。液体酱汁如薄荷、樱桃或杏鸭酱，要直接浇到肉上面。浇汁最好要少些，这样不会影响肉的整体的味道。吃蛋卷和饼干用的果胶、果酱和蜜饯要用汤匙舀到黄油盘子的一边，然后用刀平抹在面包或蛋卷小块上。如果没有汤匙，用刀取果胶前，先在盘子边上擦一擦。吃咖喱菜时，可把花生、椰子、酸辣酱等调料放到盘子里混合后配咖喱食用。酸辣酱也可作为配菜吃，不用混合。

先品尝食物，后加盐和胡椒粉。先放盐或胡椒粉是对厨师不礼貌的表现。如果桌上有盐罐，使用里面的盐匙，如果没有，就用干净的刀尖取用。蘸过盐的食物要放在自己的黄油盘里或餐盘里的一边。如果为你提供一个专人盐罐，你可以用手捏取。

按照传统，沙拉要用叉来吃，但是如果沙拉的块太大，就应切开以免从叉子上掉下来。以前吃沙拉和水果用的钢刀又锈又黑，现在不锈钢刀的使用改变了这种状况。吃冰山莴苣一般要使用刀和叉。当沙拉作为主食吃的时候，不要把它放在餐盘里。要放在自己的黄油盘里，靠在主盘旁。通常用一块面包或蛋卷把叉子上的沙拉推在盘子里。

往面包、蛋卷、饼干或土司上抹黄油要用刀，而且小块面包只能抹少量的黄油。不要往蔬菜上抹黄油，因为这被认为是对厨师的污辱。

13. 甜点

（1）冰激凌　吃冰激凌一般使用小勺。当和蛋糕或馅饼一起吃或作为主餐的一部分时，要使用一把甜点叉和一把甜点勺。

（2）馅饼　吃水果馅饼通常要使用叉子。但如果主人为你提供一把叉和一把甜点勺的话，那么就用叉固定馅饼，用勺挖着吃。吃馅饼是要用叉的，除非馅饼是带冰激凌的，这种情况下，叉勺都要使用。如果吃的是奶油馅饼，最好用叉而不要用手，以防止馅料从另一头漏出。

（3）煮梨　使用勺和叉。用叉竖直把梨固定，用勺把梨挖成方便食用的小块。叉还可用来旋转煮梨，以使挖食梨肉。如果只有一把勺，就用手旋转盘子，把梨核留在盘里，用勺把糖汁舀出。

（4）果汁冰糕　如果作为肉食的配餐食用可以用叉，如果是作为甜点食用，使用勺。

（5）炖制水果　吃炖制水果要使用勺，不过可以用叉来稳住大块水果。把樱桃、梅干、李脯的核体面地吐到勺里，放在盘边。

练一练：尝试用刀叉夹食各种水果。

任务二　西餐宴会饮酒礼仪

一、葡　萄　酒

1．品酒方法

（1）看　摇晃酒杯，观察其缓缓流下的酒脚；再将杯子倾斜45度，观察酒的颜色及液面边缘（以在自然光线的状态下最理想），这个步骤可判断出酒的成熟度。一般而言，白酒在它年轻时是无色的，但随着陈年时间的增长，颜色会逐渐由浅黄并略带绿色反光到成熟的麦秆色、金黄色，最后变成金铜色。若变成金铜色时，则表示已经太老不适合饮用了。红酒则相反，它的颜色会随着时间而逐渐变淡，年轻时是深红带紫，然后会渐渐转为正红或樱桃红，再转为红色偏橙红或砖红色，最后呈红褐色。

（2）闻　‘闻’是鉴赏葡萄酒必不可少的流程。将酒摇晃过后，再将鼻子深深置入杯中深吸至少2秒，重复此动作可分辨多种气味。

在葡萄酒的生命周期里，不同时期所呈现出来的香味也不同，初期的香味是酒本身具有的味道；第二期来自酿制过程中产生的香味，如木味、烟熏味等；第三期则是成熟后产生的香味。整体而言，其香味和葡萄品种、酿制法、酒龄甚至土壤都有关系。具体操作分为以下两个步骤：

第一步是在杯中的酒面静止状态下，把鼻子探到杯内，闻到的香气比较幽雅清淡，是葡萄酒中扩散最强的那一部分香气。

第二步是手捏玻璃杯柱，不停地顺时针摇晃品酒杯，使葡萄酒在杯里做圆周旋转，酒液挂在玻璃杯壁上。这时，葡萄酒中的芳香物质，大都能挥发出来。停止摇晃后，第二次闻香，这时闻到的香气更饱满、更充沛、更浓郁，能够比较真实、准确地反映葡萄酒的内在质量。

（3）尝　小酌一口，并以半漱口的方式，让酒在嘴中充分与空气混合且接触到口中的所有部位；当你捕捉到红葡萄酒的迷人香气时，就被她深深地吸引住，禁不住要拥吻她，感受她的全部，让酒液进入你的口腔，漫过舌面，在口腔里如玉珠般滚动；当丝绸般的酒液滑过舌尖时，你会感觉出酒中的甜味，继而是舌面的酸，舌根的苦，舌头两侧对涩味和咸味敏感。红葡萄酒的单宁味一般都较重，口腔中能明显地感觉到紧紧包裹着牙齿的单宁涩，但好的葡萄酒单宁味平衡较好，酒液在你口腔中是如珍珠般的圆滑紧密，如丝绸般的滑润缠绵，让你不忍弃之。此时可归纳分析出单宁、甜度、酸度、圆润度、成熟度，也可以将酒吞下，以感觉酒的终感及余韵。

（4）吐　好酒需要知己的欣赏。如果想完美地了解她、欣赏她，有时就不得不舍弃一些，这就是鉴赏过程的最后一步：吐。当酒液在口腔中充分与味蕾接触，舌头感觉到她的酸、甜、苦味后，再将酒液吐出，此时要感受的就是酒在你口腔中的余香和舌根余味。余香绵长、丰富，余味悠长，就说明这是一款不错的红葡萄酒。

2. 饮酒礼仪

葡萄酒，一般是在餐桌上饮用的，故常称为佐餐酒（Table wines）。在上葡萄酒时，如有多种葡萄酒，哪种酒先上，哪种酒后上，有几条国际通用规则：先上白葡萄酒，后上红葡萄酒；先上新酒，后上陈酒；先上淡酒，后上醇酒；先上干酒，后上甜酒。

不同的葡萄酒饮用方法不同。味美思又叫开胃葡萄酒，餐前喝上一杯，可引起唾液和胃液的分泌，增进食欲。干葡萄酒又叫佐餐葡萄酒，顾名思义，是边吃边喝的葡萄酒。甜葡萄酒又叫待散葡萄酒，在宴会结束之前喝一杯，会使你回味不绝，心满意足。而在宴会高潮的时候，开一瓶香槟酒，单单清脆响亮的启瓶声，就可增加宴会的热烈气氛和酒兴。

（1）倒酒　倒酒，这个再简单不过的动作，相信很多人都会，但是在倒葡萄酒的时候一定要注意，千万别把酒满上，最多将酒倒至杯中的三分之一处，即约在杯身直径最大处就足矣。因为，要留有足够的空间，在摇晃酒杯时才不致使酒溢至外面；同时，留有足够的杯内空间，可挽留从酒中逸出的香气。

（2）举杯　对于葡萄酒来说，温度是最重要的，因此举杯的时候，端酒杯的姿势就显得尤为重要。从方便角度讲，手握杯身是最自然，也是最稳健的。许多人也是这样拿杯的。但正确的姿势是手指捏着杯身下的杯杆，甚至用拇指和食指捏着杯底也是正确的，之所以这种既不自然、又不平衡的姿势才是正确的，是因为这一方面避免将人体温度传导给葡萄酒，另一方面也是避免手指印留在杯身，影响对酒的观赏。

（3）敬酒　西方敬酒时将杯子高举齐眼，并注视对方，最少要喝一口酒以示敬意。

（4）晃杯　葡萄酒入杯后不要即刻饮下，入口前还有个晃杯的动作。晃杯的目的是释放酒的香气，同时也是给酒留有更充足的氧化时间，使酒有柔和的过程。这也是酒不能倒太多的原因之一。

晃杯使酒液自下而上，并顺着杯转动的方向打转。好的晃杯动作会使杯中之酒形成较大的凹面，从而加速香气的释放和氧化；同时又有优美的螺旋状运动轨迹。晃杯时，千万不可将酒晃到外面。晃杯动作可通过在杯中放些水来练习。但水与酒是不一样的，一杯水已练到了打转自如的程度，酒可能在杯中还是不听使唤地晃来晃去，有被晃出的危险。当然也可以偷懒，将酒杯放在桌上，然后用手指按着杯底在桌面上“划圈”似地移动，以起到晃杯的作用。

二、白　兰　地

1. 品酒方法

白兰地的饮用方法多种多样，可作消食酒，可作开胃酒，可以不掺兑任何东西“净饮”，也可以加冰块饮，掺兑矿泉水饮或掺兑茶水饮，对于具有绝妙香味的白兰地来说，无论怎样饮用都可以。究竟如何饮用，随各人的习惯和所好而异。一般来说，不同档次的白兰地，采用不同的饮用方法，可以收到更好的效果。例如：X. O 级白兰地，是在小木桶里经过十几个春夏秋冬的储藏陈酿而成，是酒中的珍品和极品，这种白兰地最好的饮用方法是什么都不掺和，这样原浆原味，更能体会到这种艺术的精髓和灵魂。

有些白兰地贮存年限短，如 V. O 级白兰地或 V. S 级白兰地，只有 3 ~4 年的酒龄，如果直接饮用，难免有酒精的刺口辣喉感，而掺兑矿泉水或冰块饮用，既能使酒精浓度得到充分稀释、减轻刺激，又能保持白兰地的风味不变，这种方法已被广泛采用。特别值得提倡的是，中档次白兰地，冬天掺热茶饮，把茶水泡得酽酽的，使得茶水的颜色和白兰地颜色一致。茶叶中含有丰富的茶碱和单宁，白兰地中也含有丰富的多酚物质和单宁。用这样的浓茶掺兑白兰地，能保护白兰地的颜色香味和酒体的丰满程度不变，只是降低了酒精度，减少了酒精的刺激，可以使干渴的喉咙得到滋润。

白兰地掺兑矿泉水、冰块、茶水、果汁等的新品酒“方式”，已经在世界范围内流行起来，勾兑后的白兰地既是夏天午后的消暑饮料，又是精美晚餐上的主要佐餐饮品。

（1）净饮　用白兰地杯，然后倒些白兰地（最好是一瓶的四分之一）。另外用水杯配一杯冰水，喝时用手掌握住白兰地杯壁，让手掌的温度经过酒杯稍微暖和一下白兰地，让其香味挥发，充满整个酒杯。边闻边喝，才能真正地享受饮用白兰地酒的奥妙。冰水的作用是：每喝完一小口白兰地，喝一口冰水，清新味觉能使下一口白兰地的味道更香醇。当呼吸一口气的时候，白兰地的芬芳久久停留在嘴里。

（2）加水　中国人多喜欢加冰，那只是喝一般牌子的白兰地。对于陈年上佳的干邑白兰地来说，加水、加冰是浪费了几十年的陈化时间，丢失了香甜浓醇的味道，所以一般推荐喝陈年的白兰地最好不要加，任其原味散发出去。

（3）加饮料　多见的是白兰地加可乐。用一个杯，放半杯冰块，少量的白兰地，比酒多些的可乐，用小匙搅拌一下。出来的味道也挺特别的，也有很多人把这个喝法比作喝鸡尾酒。

喝白兰地是一种享受，如果有条件的话，最好是一个人坐在凳子上，手中拿着高级酒杯，边听音乐，边用舌头慢慢地在酒面轻轻与酒摩擦一下，再喝一小口酒。一定要让酒停留在自己的嘴里面，吸一口气，再咽下去。这样，白兰地的芬芳与浓郁就会瞬间在你的鼻腔与嘴里翻腾。这可不是一般酒能做到的。

2. 饮酒礼仪

一种好的白兰地，就是一种艺术品，令人向往和陶醉。艺术的鉴赏离不开人，白兰地鉴赏与评价，也只能靠人的感觉器官。

品尝或饮用白兰地的酒杯，最好是郁金香花形高脚杯。这种杯形，能使白兰地的芳香成分缓缓上升。品尝白兰地时，斟酒不能太多，至多不超过杯容量的 1/4，要让杯子留出足够的空间，使白兰地芳香，在此萦绕不散。这样就能使品尝者对白兰地中的长短不同、强弱各异、错落有致的各种芳香成分，进行仔细分析、鉴赏和欣赏。

第一步：举杯齐眉，察看白兰地的清度和颜色。好白兰地应该澄清晶亮、有光泽。

第二步：闻白兰地的香气。白兰地的芳香成分是非常复杂的，既有优雅的葡萄品种香，又有浓郁的橡木香，还有在蒸馏过程和储藏过程获得的酯香和陈酿香。由于人的嗅觉器官特别灵敏，所以当鼻子接近玻璃杯时，就能闻到一股优雅的芳香，这是白兰地的前香。然后轻轻摇动杯子，这时散发出来的是白兰地特有的醇香，像似椴树花、葡萄花、干的葡萄嫩枝、压榨后的葡萄渣、紫罗兰、香草等。这种香很细腻，幽雅浓郁，是白兰地的后香。

第三步：入口品尝。酒是做给人喝的，酒的好坏，只有尝一尝才能知晓。白兰地的香味成分很复杂，有乙醇的辛辣味，有单糖的微甜味，有单宁的苦涩味及有机酸成分的微酸味。好的白兰地，酸甜苦辣的各种刺激相互协调，相辅相成，一经沾唇，醇美无瑕，品味无穷。舌面上的味蕾，口腔粘膜的感觉，可以鉴定白兰地的质量。品酒者饮一小口白兰地，让它在口腔里扩散回旋，使舌头和口腔广泛地接触、感受它，品尝者可以体察到白兰地奇妙的酒香滋味和特性：协调、醇和、甘洌、沁润、细腻、丰满、绵延、纯正……所有的这些，都能让品尝者辨别和享用所钟情的白兰地。

三、威 士 忌

威士忌品酒方法如下。

(1) 看色泽　颜色会给我们提供高级威士忌的很多信息。所以，当我们拿到一杯威士忌酒的时候，我们首先应该仔细观察这杯酒的色泽。拿酒杯时应该拿住杯子的下方杯脚，而不能托着杯壁，因为手指的温度会让杯中的酒发生微妙的变化。现在，请在灯光下仔细观察手中的酒。为了更好地加以观察，可以在酒杯的背后衬上一张白纸作为背景。威士忌的颜色有很多种，从深琥珀色到浅琥珀色都有。因为威士忌酒都是存放在橡木桶里的，所以酒的色泽和威士忌在橡木桶里存放时间的长短密切相关。一般来说，存放时间越长，威士忌的色泽就越深。注意看，“黑牌”威士忌的颜色是一种晶莹剔透的金琥珀色。

(2) 看挂杯　接下来要看威士忌的挂杯。首先，把这酒杯慢慢地倾斜过来。请注意一定要很轻柔很小心，然后再恢复原状。酒从杯壁流回去的时候，留下了一道道酒痕，这就是酒的挂杯。所谓“长挂杯”就是酒痕流的速度比较慢，短挂杯就是酒痕流的速度比较快。挂杯长意味着酒更浓，更稠，也可能是酒精含量更高。“黑牌”威士忌是一种非常醇厚的威士忌，所以它的挂杯很长。

(3) 闻香味　一股温和的清香味？对！这是大自然的味道，散发着植物的芳香。苏格兰南部也称作 Lowlands，那里山清水秀、气候温和。它优美的环境、怡人的气候赋予了这里的酒一种柔和的清新。每天，旧橡木桶中的酒都在和大地对话，与天空交流，酒里的草香味就来自那里。还有浓郁的香草味？因为“黑牌”威士忌是存放在曾经装过波本酒的橡木桶里的。还有新鲜的水果味？酒里怎么会有水果味道呢？难道酒里有水果浓缩汁？当然没有。因为大多数的苏格兰威士忌是保存在装过雪利酒的酒桶里的。水果味酒来自于装过雪利酒的橡木酒桶，这样，威士忌就有了新鲜的水果味道。这一传统被保留下来，有趣的是，最后甚至被写进了法律。现在法律明文规定，苏格兰威士忌一定要装在用过的橡木桶中。有没有闻到一股干果的味道？这也是因为存放在雪利酒桶里的缘故。此外，还有迷人的烟熏味。"黑牌"威士忌有点辛辣。因为在苏格兰西部的郡岛地区有很多小岛，靠近大海，一年四季气候恶劣。风暴是这里的长客，海风把大海的气息吹到这里。于是这里的酒经过了海风的洗礼产生了大海般的辛辣气概，有清新的海水味。这酒中的味道让人联想到雪茄的味道。是用烟熏来的吗？的确如此。在苏格兰有一种特殊的泥煤，这种特殊的泥煤被用来烘干麦芽，麦芽在烘干的过程中也深深地吸入了这股烟熏味道。

（4）品尝酒　终于可以入口品尝了。你一定尝到了上面说到的四种味道。千万不要一口喝掉，先尝一小口，让酒在口齿和舌尖回荡，细细品味各种香味，然后缓缓咽下。可以纯饮或加入冰块、可乐、苏打、绿茶等，不必担心酒的味道会被改变。

四、咖　　啡

饮咖啡方法如下。

（1）拿咖啡杯　餐后饮用的咖啡，一般都用袖珍型的杯子盛。这种杯子的杯耳较小，手指无法穿出去。但即使用较大的杯子，也不要用手指穿过杯耳再端杯子。咖啡杯的正确拿法，应是拇指和食指捏住杯把儿再将杯子端起。

（2）加糖　给咖啡加糖时，砂糖可用咖啡匙舀取，直接加入杯内；也可先用糖夹子把方糖夹在咖啡碟的近身一侧，再用咖啡匙把方糖加在杯子里。如果直接用糖夹子或手把方糖放入杯内，有时可能会使咖啡溅出，从而弄脏衣服或台布。

（3）拿咖啡匙　咖啡匙是专门用来搅咖啡的，饮用咖啡时应当把它取出来。不要用咖啡匙舀着咖啡一匙一匙地慢慢喝，也不要用咖啡匙来捣碎杯中的方糖。

（4）咖啡太热　若刚刚煮好的咖啡太热，可以用咖啡匙在杯中轻轻搅拌使之冷却，或者等待其自然冷却后再饮用。用嘴试图去把咖啡吹凉，是很不文雅的动作。

（5）杯碟的使用　盛放咖啡的杯碟都是特制的。它们应当放在饮用者的正面或者右侧，杯耳应指向右方。饮咖啡时，可以用右手拿着咖啡的杯耳，左手轻轻托着咖啡碟，慢慢地移向嘴边轻啜。不宜满把握杯、大口吞咽，也不宜俯首去就咖啡杯。喝咖啡时，不要发出声响。添加咖啡时，不要把咖啡杯从咖啡碟中拿起来。

（6）喝咖啡时用点心　有时饮咖啡可以吃一些点心，但不要一手端着咖啡杯，一手拿着点心，吃一口喝一口地交替进行。饮咖啡时应当放下点心，吃点心时则放下咖啡杯。

（7）品咖啡　咖啡的味道有浓淡之分，所以，不能像喝茶或可乐一样，连续喝三四杯，而应以正式的咖啡杯的份量为刚好。普通喝咖啡以 80 ~ 100 毫升为适量，有时候若想连续喝三四杯，就要将咖啡的浓度冲淡或加入大量牛奶，不过仍然要根据生理需求程度来加减咖啡的浓度，也就是不要造成腻或恶心的感觉，而在糖分的调配上也不妨多些变化，使咖啡更具美味。趁热喝是品美味咖啡的必要条件，即使是在夏季也一样。

（8）其他注意事项　① 先喝一口冷水，完成口腔清洁。② 喝咖啡请趁热，因为咖啡中的单宁酸很容易在冷却的过程中起变化，使口味变酸，影响咖啡的风味。

议一议：西餐宴会饮酒礼仪的高雅之处。

任务三　西餐宴会自助餐礼仪

自助餐礼仪，泛指人们安排或享用自助餐时需要遵守的基本礼仪规范。具体来讲，自助餐礼仪又分为安排自助餐的礼仪与享用自助餐的礼仪两个主要的部分。

一、安排自助餐礼仪

安排自助餐的礼仪，指的是自助餐的主办者在筹办自助餐时的规范性作法。一般而言，它又包括备餐时间、就餐地点、食物准备、客人招待等四个方面的问题。

1. 备餐时间

在商务交往中，依照惯例，自助餐大都被安排在各种正式的商务活动之后，作为其附属的环节之一，而极少独立出来，单独成为一项活动。也就是说，商界的自助餐多见于各种正式活动之后，用于招待来宾的项目之一，而不宜以此作为一种正规的商务活动的形式。自助餐多在正式的商务活动之后举行，故而其举行的具体时间受到正式的商务活动的限制。不过，它很少被安排在晚间举行，而且每次用餐的时间不宜长于一个小时。根据惯例，自助餐的用餐时间不必进行正式的限定，只要主人宣布用餐开始，大家即可动手就餐。在整个用餐期间，用餐者可以随到随吃，大可不必非要在主人宣布用餐开始之前到场恭候。在用自助餐时，也不像正式的宴会那样，必须统一退场，不允许“半途而废”，用餐者只要自己觉得吃好了，在与主人打过招呼之后，随时都可以离去。通常，自助餐是无人出面正式宣告其结束的。一般来讲，主办单位假如预备以自助餐对来宾进行招待，最好事先以适当的方式对其进行通报。同时，必须注意一视同仁，即不要安排一部分来宾用自助餐，而另外一部分来宾参加正式的宴请。

2. 就餐地点

选择自助餐的就餐地点，大可不必如同宴会那般较真。重要的是，它既能容纳下全部就餐之人，又能为其提供足够的交际空间。按照正常的情况，自助餐安排在室内外进行皆可。通常，它大多选择在主办单位所拥有的大型餐厅、露天花园之内进行。有时，亦可外租、外借与此相类似的场地。在选择、布置自助餐的就餐地点时，有下列三点事项应予注意。一是要为用餐者提供一定的活动空间。除了摆放菜肴的区域之外，在自助餐的就餐地点还应划出一块明显的用餐区域。这一区域，不要显得过于狭小。考虑到实际就餐的人数往往具有一定的弹性，实际就餐的人数难以确定，所以用餐区域的面积宁肯划得大一些。二是要提供数量足够使用的餐桌与座椅。尽管真正的自助餐所提倡的，是就餐者自由走动，立而不坐。但是实际上，有不少的就餐者，尤其是其中的年老体弱者，还是期望在就餐期间能有一个暂时的歇脚之处。因此，在就餐地点应当预先摆放好一定数量的桌椅，供就餐者自由使用。在室外就餐时，提供适量的遮阳伞，往往也是必要的。三是要使就餐者感觉到就餐地点环境宜人。在选定就餐地点时，不只要注意面积、费用问题，还须兼顾安全、卫生、温湿度等诸问题。要是用餐期间就餐者感到异味扑鼻、过冷过热、空气不畅，或者过于拥挤，显然都会影响对方对此次自助餐的整体评价。

3. 食物准备

在自助餐上，为就餐者所提供的食物，既有其共性，又有其个性。它的共性在于，为了便于就餐，以提供冷食为主；为了满足就餐者的不同口味，尽可能地使食物在品种上丰富而多彩；为了方便就餐者进行选择，同一类型的食物被集中在一处摆放。它的个性则在于，在不同的时间或是款待不同的客人时，食物可在具体品种上有所侧重。有时，它以冷菜为主；有时，它以甜品为主；有时，它以茶点为主；有时，它还可以酒水为主。除此之外，还可酌情安排一些时令菜肴或特色菜肴。一般而言，自助餐上所备的食物在品种上应当多多益善。具体来讲，一般的自助餐上所供应的菜肴大致应当包括冷菜、汤、热菜、点心、甜品、水果以及酒水等几大类型。通常，常上的冷菜有沙拉、泥子、冻子、香肠、火腿、牛肉、猪舌、虾松、鱼籽、鸭蛋等，常上的汤类有红菜汤、牛尾汤、玉米汤、酸辣汤、三鲜汤等，常上的热菜有炸鸡、炸鱼、烤肉、烧肉、烧鱼、马铃薯片等，常上的点心有面包、菜包、热狗、炒饭、蛋糕、曲奇饼、克力架、三明治、汉堡包、批萨饼等，常上的甜品有布丁、果排、冰激凌等；常上的水果有香蕉、菠萝、西瓜、木瓜、柑橘、樱桃、葡萄、苹果等；常上的酒水则有牛奶、咖啡、红茶、可乐、果汁、矿泉水、鸡尾酒等。在准备食物时，务必要注意保证供应。同时，还须注意食物的卫生以及热菜、热饮的保温问题。

4. 客人招待

招待好客人，是自助餐主办者的责任和义务。要作到这一点，必须特别注意下列环节。一是要照顾好主宾。不论在任何情况下，主宾都是主人照顾的重点。在自助餐上，也不例外。主人在自助餐上对主宾所提供的照顾，主要表现在陪同其就餐，与其进行适当的交谈，为其引见其他客人等。只是要注意给主宾留下一点供其自由活动的时间，不要始终伴随其左右。二是要充当引见者。作为一种社交活动的具体形式，自助餐自然要求其参加者主动进行适度的交际。在自助餐期间，主人一定要尽可能地为彼此互不相识的客人多创造一些相识的机会，并且积极为其牵线搭桥，充当引见者，即介绍人。应当注意的是，介绍他人相识，必须了解彼此双方是否有此心愿，而切勿一厢情愿。三是要安排服务者。小型的自助餐，主人往往可以一身而二任，同时充当服务者。但是，在大规模的自助餐上，显然是不能缺少专人服务的。在自助餐上，直接与就餐者进行正面接触的，主要是侍者。根据常规，自助餐上的侍者须由健康而敏捷的男性担任。它的主要职责是：为了不使来宾因频频取食而妨碍同他人进行的交谈，而主动向其提供一些辅助性的服务。比如，推着装有各类食物的餐车，或是托着装有多种酒水的托盘，在来宾之间巡回走动，供宾客取用。再者，他还可以负责补充供不应求的食物、饮料、餐具等。

二、享用自助餐礼仪

所谓享用自助餐的礼仪，在此主要是指在以就餐者的身份参加自助餐时，所需要遵循的具体礼仪规范。一般来讲，在自助餐礼仪之中，享用自助餐的礼仪对绝大多数人而言，往往显得更为重要。通常，它主要涉及下述七点。

1. 排队取菜

在享用自助餐时，尽管需要就餐者自己照顾自己，但这并不意味着可以因此而不择手段。实际上，在就餐取样时，由于用餐者往往成群结队而来的缘故，大家都必须自觉地维护公共秩序，讲究先来后到，排队选用食物。不允许乱挤、乱抢、乱加队，更不允许不排队。在取菜之前，先要准备好一只食盘。轮到自己取菜时，应以公用的餐具将食物装入自己的食盘之内，然后即应迅速离去。切勿在众多的食物面前犹豫再三，让身后之人久等，更不应该在取菜时挑挑拣拣，甚至直接下手或以自己的餐具取菜。

2. 循序取菜

在自助餐上，如果想要吃饱吃好，那么在具体取用菜肴时，就一定要首先了解合理的取菜顺序，然后循序渐进。按照常识，参加一般的自助餐时，取菜时的标准的先后顺序，依次应当是：冷菜、汤、热菜、点心、甜品和水果。因此在取菜时，最好先在全场转一圈，了解一下情况，然后再去取菜。如果不了解这一合理的取菜的先后顺序，而在取菜时完完全全地自行其事，乱装乱吃一通，难免会使本末倒置，咸甜相克，令自己吃得既不畅快又不舒服。举例而言，在自助餐上，甜品、水果本应作为“压轴戏”，最后现吃。可要是不守此规，为图新鲜，而先来大吃一通甜品、水果，那么立即就会饱了，等到后来再见到自己想吃的东西，很可能就会心有余而力不足，只好“望洋兴叹”了。

3. 量力而行

参加自助餐时，遇上自己喜欢吃的东西，只要不会撑坏自己，完全可以放开肚量，尽管去吃。不限数量，保证供应，其实这正是使自助餐大受欢迎的地方。因此，商务人员在参加自助餐时，大可不必担心别人笑话自己，爱吃什么，只管去吃就是。不过，应当注意的是，在根据各人的口味选取食物时，必须要量力而行。切勿为了吃得过瘾，而将食物狂取一通，结果是自己“眼高手低”，

力不从心，从而导致了食物的浪费。严格地说，在享用自助餐时，多吃是允许的，而浪费食物则绝对不允许。这一条，被世人称为自助餐就餐时的“少取”原则。有时，有人亦称之为“多次少取”原则。

4. 多次取菜

在自助餐上遵守“少取”原则的同时，还必须遵守“多次”的原则。“多次”的原则，是“多次取菜”原则的简称。它的具体含义是：用餐者在自助餐上选取某一种类的菜肴，允许其再三再四地反复去取。每次应当只取一小点，待品尝之后，觉得它适合自己的话，那么还可以再次去取，直至自己感到吃好了为止。换而言之，这一原则其实是说，在自助餐选取某菜肴时，取多少次都无所谓，一添再添都是允许的。相反，要是为了省事而一次取用过量，装得太多，则是失礼之举，必定会令其他人瞠目结舌。“多次”的原则，与“少取”的原则其实是同一个问题的两个不同侧面。“少取”是为了量力而行，“多次”也是为了避免造成浪费。所以，二者往往也被合称为“多次少取”的原则。会吃自助餐的人都知道，在选取菜肴时，最好每次只为自己选取一种。待吃好后，再去取用其他的品种。要是不谙此道，在取菜时乱装一气，将多种菜肴盛在一起，导致其五味杂陈，相互窜味，则难免会暴殄天物。另外，要避免外带。所有的自助餐，无论是以之待客的由主人亲自操办的自助餐，还是对外营业的正式餐馆里所经营的自助餐，都有一条不成文的规定，即自助餐只许可就餐者在用餐现场自行享用，而绝对不允许对方在用餐完毕之后携带回家。商界人士在参加自助餐时，一定要牢牢记住这一点。在用餐时不论吃多少东西都没事，但是千万不要偷偷往自己的口袋、皮包里装一些自己的“心爱之物”，更不要要求侍者替自己“打包”。那样的表现，必定会使自己见笑于人。

5. 送回餐具

在自助餐上，既然强调用餐者以自助为主，那么用餐者在就餐的整个过程之中，就必须将这一点牢记在心，并且认真地付诸行动。在自助餐上强调自助，不但要求就餐者取用菜肴时以自助为主，而且还要求其善始善终，在用餐结束之后，自觉地将餐具送至指定之处。在一般情况下，自助餐大都要求就餐者在用餐完毕之后、离开用餐现场之前，自行将餐具整理到一起，然后一并将其送回指定的位置。在庭院、花园里享用自助餐时，尤其应当这么作。不允许将餐具随手乱丢，甚至任意毁损餐具。在餐厅里就座用餐，有时可以在离去时将餐具留在餐桌之上，而由侍者负责收拾。虽则如此，亦应在离去前对其稍加整理为好，不要弄得自己的餐桌上杯盘狼藉，不堪入目。自己取用的食物，以吃完为宜，万一有少许食物剩了下来，也不要私下里乱丢、乱倒、乱藏，而应将其放在适当之处。

6. 照顾他人

商界人士在参加自助餐时，除了对自己用餐时的举止表现要严加约束之外，还须对于他人多加照顾。对于自己的同伴，特别需要加以关心，若对方不熟悉自助餐，不妨向其扼要地进行介绍。在对方乐意的前提下，还可向其具体提出一些有关选取菜肴的建议。对于在自助餐上碰见的熟人，亦应如此加以体谅。不过，不可以自作主张地为对方直接代取食物，更不允许将自己不喜欢或吃不了的食物“处理”给对方吃。在用餐的过程中，对于其他不相识的用餐者，应当以礼相待。在排队、取菜、寻位以及行动期间，对于其他用餐者要主动加以谦让，不要目中无人，蛮横无理。

7. 积极交际

一般来说，参加自助餐时，商务人员必须明确，吃东西往往属于次要之事，而与其他人进行适当的交际活动才是自己最重要的任务。在参加由商界单位主办的自助餐时，情况就更是如此。所以，不应当以不善交际为由，只顾自己躲在僻静之处一心一意地埋头大吃，或者来了就吃，吃了就走，而不同其他在场者进行任何形式的正面接触。参加自助餐时，一定要主动寻找机会，积极地进行交际活动。首先，应当找机会与主人攀谈一番；其次，应当与老朋友好好叙一叙；最后，还应当争取多结识几位新朋友。在自助餐上，交际的主要形式是几个人聚在一起进行交谈。为了扩大自己的交际面，在此期间不妨多换几个类似的交际圈。只是在每个交际圈，多少总要待上一会儿时间，不能只待一两分钟马上就走，好似蜻蜓点水一般。介入陌生的交际圈，大体上有三种方法：其一，请求主人或圈内之人引见；其二，寻找机会，借机加入；其三，毛遂自荐。

想一想：出席自助餐，需要注意哪些礼仪细节？

任务四　西餐宴会涉外宴请礼仪

一、涉外宴请的原则

1. 遵守时间，不得失约

时间是一种最特殊、最稀有的资源。英国作家爱默生说过：“要以一个人对时间的重视程度来衡量这个人”。在现代，时间是效率、是速度、是生命、是金钱的观念被越来越多的人所接受。守约，古往今来就是人们公共交往中最起码的行为道德规范。守约即是信誉，信誉既是资产。外国有句谚语：“宁可丢掉钱袋，也别违约失言。”失约是极为失礼的行为。因此在涉外宴请中，活动一定要如约开展。因故迟到，应向主人和其他来客道歉。万一因故不能按时赴约，要礼貌地尽早通知主人，并表示歉意。

2. 仪表整洁，举止大方

在涉外宴请中，不仅要遵守国内社交活动的一般礼仪规则，而且在言谈举止、仪表态度等方面有着更为严格的要求。

(1) 仪表整洁　仪表也就是人的外表，它往往反映出一个国家、一个民族的习惯，也体现着一个人的内在修养和学识，并在人们的交往中发挥着重要作用。在参加涉外宴请时，商务人员的服装要注意与时间、地点及仪式内容相符。要注意头发整洁，发型美观大方，胡须要刮净，指甲要修剪，鼻毛应剪短，要保持外貌整洁美观。女士还应适度使用化妆品，以保持自己皮肤细润，使自己显得更加年轻。美好的容貌不仅有助于你与外宾交往，而且体现着本组织甚至国家的形象。

(2) 举止大方　举止是指在涉外宴请中的姿态和风度。在涉外宴请中，站立、就座、行走要自然稳重，不拘谨，不慌张。与外宾交往要热情相待，落落大方。对待西方发达国家，要防止崇洋媚外，失去民族自尊心；对待不发达的第三世界国家，不搞大国沙文主义。对大小国家应一视同仁，礼仪安排应该平衡统一，不卑不亢，平等周到。

(3) 尊重习俗，牢记禁忌　全世界有一百多个国家和地区。每个国家、每个民族的礼仪风俗各异，一一掌握似不可能，但有些规律性的特别是与我国习惯有明显差别的社交礼仪规则以及一些社交禁忌，还是很有必要了解和掌握的。

比如，对外宾不要反复劝菜，可向对方介绍中国菜的特点，吃不吃由他。有人喜欢向他人劝菜，甚至为对方夹菜，但外宾没这个习惯，要是一再客气，他人会反感。依次类推，参加外宾举行的宴会，也不要指望主人会反复给你让菜。

中国人所习惯的是为了解对方基本情况的谈话方式，而外国人特别是西方人一般忌谈年龄、婚否、收入、住址、经历、工作和信仰。因为上述问题均被西方人看成个人隐私，是非常不欢迎他人询问的。

跟外国人打交道，一些在中国人看来很正常的举动，也会被认为是无礼甚至犯忌的行为。在西方国家，相互握手时，千万不要越过另两个人拉着的手去与第三个人握；抽烟时不要一次给三个人点烟，据说，这样做会招来不幸。

要注意不同的手势在不同的国家或地区有着不同的含义，以免犯忌失礼。例如，翘起大拇指在我国是一种显示积极的手语信号。但如果这个动作比较猛烈，它又变成了一种侮辱人的信号。在希腊其意思就成了要对方“滚蛋”。

除了上述主要的禁忌外，在一些国家还有其他一些禁忌，有数字、颜色、花卉、图案、服饰等。

（4）以礼相待，入乡随俗　涉外宴请是一种互动行为。无论是在国内宴请外宾，还是在国外宴请外宾，都应热情友好，主动周到，特别是在国内，要使外宾有宾至如归之感。一方面是因为我国尚礼好客的优良传统，作为接待人员应特别注意发扬这一优良传统。另一方面，在当今世界上，到处都对国家尊严和个人尊严的问题极为敏感，哪怕是含蓄的侮辱都很引人警觉，更不必说明目张胆地去冒犯人家了。如果有些不当行为只是出于疏忽，而不是故意，表面看来无伤大雅，但实际上足以损害国家与组织的良好形象。

各国的文化传统与中国的差异很大，因而礼仪习俗在一些方面很自然地存在差别，即使就欧美国家而言，不同的国度、民族间，甚至同一个国家的不同区域间，礼仪习俗也有区别。这就要求在宴请外国客人时，要事先了解和掌握一些对方的礼仪习惯，做到“入乡随俗”，因人施礼，才不至于造成误会甚至闹出笑话。

（5）维护尊严，保守机密　在涉外宴请中，要坚决维护国家主权和民族尊严，不做有损国格、人格的事。交谈中要回避政治、意识形态的分歧，注意保守国家秘密，严格执行保密法规。因为，宴席上的酒攻势，常使一些人头脑发热，失去警惕，什么样的秘密都可以从他们口中得到。实际上这样的教训历史上并不鲜见，所以，涉外宴请必须牢记保守党和国家或本组织的机密，绝不允许以友好、坦诚为借口，向外宾提供机密或提供对我方不利的情况或者资料。

二、涉外宴请的基本要求

1. 弄清世界各地的用餐时间

世界各地的用餐时间各不相同，比如，美国吃饭时间通常比其他地方早得多。此外，你还需要调整一天中吃正餐的时间。比如，在德国、意大利，午餐一般是“大餐”。在墨西哥，午餐曾一度是主餐，但现在情况正发生着变化，墨西哥城庞大而又繁忙，人们无法回家吃午饭。因此，许多墨西哥人便将正餐时间推迟到晚上7：00～8：00。最后，在用餐时间长短上，你也要依照当地标准。在这方面美国人的习惯常常与其他国家大相径庭。美国人不仅吃饭时间早，也比较快，而在其他国家，平常的一顿饭可以吃上几小时。

2. 订餐与点菜要考虑外宾的喜好与禁忌

以东道主的身份设宴款待外国人时，不宜选择的菜肴有三类。一是触犯个人禁忌的菜肴，对此一定要在宴请外宾之前有所了解。在宴请多名外宾时，对每个人的个人禁忌都要有所了解。二是触犯民族禁忌的菜肴。美国人不吃羊肉和大蒜，俄罗斯人不吃海参、海蜇、墨鱼、木耳，英国人不吃狗肉和动物的头、爪，法国人不吃无鳞鱼，德国人不吃核桃。三是触犯宗教禁忌的菜肴。在所有的饮食禁忌之中，宗教方面的饮食禁忌最为严格，而且绝对不容许有丝毫违背。

3. 就餐举止要文明、礼貌、规范

在涉外宴请中，就餐的举止一定要注意以下几点：

（1）让菜不夹菜　可以让菜，但别夹菜给外国朋友。因为你不知道他爱吃不爱吃，你夹了他就得吃，这有强迫服务之嫌。

（2）祝酒不劝酒　不要强迫服务。

（3）不当众整理服饰　不要在外国朋友面前拾掇自己，比如解裤腰带、拽下领带、卷袖子等。

（4）不发出声音　宴请时在外宾面前吃东西不要发出声音，特别在欧美西方国家人的面前吃东西不要发出声音。

4. 正确对待各种不同的食物和饮料

在国外接受宴请时，不要冒犯提供食物的人，应该上什么吃什么，没有一种礼貌的方式用以拒绝你觉得不爱吃的东西。唯一可以拒绝食物的原因是：确实存在过敏反应或不良健康状况。当然，作为主人，非要你吃确实令你讨厌的食物，也是不礼貌的。出于健康和美食的考虑，我们提供以下两个建议：如果你不喜欢吃，很快地吞下去。如果它好吃，不要问吃的是什么。

此外，拒绝饮料通常也是无礼的，有时候还会使你饿肚子。因为在不同的国家，饮料的含义和礼仪不同。如法国人可能会在饭后上咖啡，因为他们认为这有助于消化，这是不能拒绝的，有时甚至连拒绝的手势都会被认为是不礼貌的。

在英国，“茶”既可以是一杯加牛奶的浓茶，也可以是一顿饭。黄昏茶一般是黄昏时吃的一顿非正式但很丰盛的饭，包括许多食物，如热菜、三明治、糕点和水果蛋糕等。下午茶一般是下午吃的点心，包括茶、糕点、水果蛋糕和小三明治等。

在澳大利亚，根据地区不同，“茶”还可能是晚餐，而“饭”则指午餐。

5. 掌握祝酒的方式和礼仪

（1）祝酒的方式　有人说，祝酒起源于希腊与诸神分享美酒的仪式：一个人站着仰望天空，高声祈祷，手举酒杯并故意洒出一些酒。祝酒辞的内容因文化而异。

一般来说按世界各地的礼节应由主人先祝酒。有些地方包括丹麦和瑞典，祝酒有非常正式的形式。在那里，绝不可以先向主人或地位比你高的人祝酒。在主人致祝酒辞之前，也不可以喝酒。

荷兰的祝酒程序一般包括目光交流、举杯，说“proost”并饮一口酒，再进行目光交流、举杯，然后放下酒杯。

（2）不同国家的酒代表不同文化　在欧洲的正式商务宴请中，会上大量的酒，如开胃酒、白葡萄酒、红葡萄酒和白兰地等。即使自己的酒量不大，也要接受这些酒，并时常假装抿上一口。

在法国，饭前常饮开胃酒，如果问你要不要，应该说要。喝混合酒在欧洲不受欢迎，通常饮酒时不加冰，但美国人的饮酒习惯是加冰块。德国人爱喝黑啤酒和德国产的白葡萄酒。

在世界上许多地方，不要拒绝葡萄酒。如果不喜欢，可把酒留在杯子里。注意饮葡萄酒要抿酒，一般不可吞饮。白葡萄酒不需要“闻”。红葡萄酒只有十年以上的才需要“闻”。

饮用含酒精的饮料是社交消遣的一部分，了解饮酒的礼节是有礼貌的表现。当然，饮酒过量，失去自控会有损形象。

（3）了解外国人的饮酒习俗和祝酒讲究　在宾主双方致词祝酒时，应停止饮酒和交谈。需要同外宾干杯时，应按礼宾顺序由主人与主宾首先干杯。与人敬酒或干杯时，应起立举杯，并目视对方。在场的人较多时，可同时举杯示意，不必一一碰杯。在干杯时，可说一两句简短友好的祝酒辞。干杯不要乱挤，也要避免与其他人交叉碰杯，此乃大忌。

议一议：如果宴请美国客人，需要注意哪些礼仪禁忌？

讨论与探究：

1．比较西餐宴会礼仪与中餐宴会礼仪的异同。

2．西餐宴会礼仪中有哪些值得我们借鉴？

项目五　西餐宴会酒水服务

引言：在西餐宴会中，酒水不仅具有开胃的作用，更有增加宴会热闹气氛、助兴的功能。一般而言，西餐宴会用酒讲究以酒佐餐，不同的食物要搭配不同的酒水，而酒的种类繁多，各有其服务方式与饮食方法。身为西餐宴会厅工作人员，应充分了解西餐酒品的相关知识并熟悉各类酒水的服务技巧，视顾客需要为其介绍或推荐用酒，提供高品质的服务。

重点提示：

1. 西餐宴会常用酒水
2. 西餐宴会常用酒水的服务要求

教师导学：教师借助图片、影像资料向学生介绍西餐宴会常用酒水及其服务要求，增加学生对西餐宴会常用酒水的感性认识，并掌握其服务要求。

任务一　西餐宴会常用酒水

一、餐前酒（开胃酒）

餐前酒是宴会未开始之前，客人随意选用的一些开胃酒或鸡尾酒，以增加客人的食欲，一般选择味道稍苦的酒作为餐前酒，据说这种苦味能够开胃，所以餐前酒也叫做开胃酒。

1. 味美思

味美思，是意大利文 Vermouth 的音译。它是以葡萄酒为酒基，用芳香植物的浸液调制而成的加香葡萄酒。它因特殊的植物芳香而“味美”，因“味美”而被人们“思念”不已，真是妙极了。这种酒有悠久的历史，据说古希腊王公贵族为滋补健身，长生不老，用各种芳香植物调配开胃酒，饮后食欲大振。到了欧洲文艺复兴时期，意大利的都灵等地渐渐形成以“苦艾”为主要原料的加香葡萄酒，叫做“苦艾酒”，即 Vermouth（味美思）。至今世界各国所生产的“味美思”都是以“苦艾”为主要原料的。所以，人们普遍认为，味美思起源于意大利，而且至今仍然是意大利生产的“味美思”最负盛名。我国正式生产国际流行的“味美思”是从 1892 年烟台张裕葡萄酿酒公司创办开始的。张裕公司是我国生产“味美思”最早的厂家。

味美思是最著名的餐前酒。味美思的生产工艺，要比一般的红、白葡萄酒复杂。它首先要生产出干白葡萄酒作原料。优质、高档的味美思，要选用酒体醇厚、口味浓郁的陈年干白葡萄酒才行。然后选取二十多种芳香植物或者把这些芳香植物直接放到干白葡萄酒中浸泡，或者把这些芳香植物的浸液调配到干白葡萄酒中去，再经过多次过滤和热处理、冷处理，经过半年左右的贮存，才能生产出质量优良的味美思，酒精含量在 16% ~18%。味美思按其含糖量可分为干、半干、甜三种，干味美思含糖量在 4% 以下，甜味美思含糖量在 15% 以上，其余在 10% ~15%。按色泽有红、白之分，干味美思通常为无色透明或浅黄色，较干；甜味美思呈红色或玫瑰红色，较甜；糖分越高颜色越深。

目前世界上味美思有三种类型，即意大利型、法国型和中国型。味美思的饮用方法在我国不拘形式，在国外习惯上要加冰块或杜松子酒。味美思还有一大功用，就是调配鸡尾酒。因为味美思除了具有加香的特点，还具有加浓的特点，它含糖量高（15 度），所含固形物较多，密度大，酒体醇浓，是调配鸡尾酒不可缺少的酒种。

（1）意大利味美思　意大利酒类法律条文规定味美思以 75% 以上的干白葡萄酒为原

料，且基酒不应带有明显的芳香，所用的芳香植物多达三四十种。

① 马天尼：主要有以下三个品种。

干马天尼：酒精含量18%，无色透明，因该酒在制作蒸馏的过程中加入了柠檬皮及新鲜的小树莓，故果香浓郁。

半干马天尼：酒精含量16%，浅黄色，含有天然香草籽等香味成分。

甜马天尼：酒精含量16%，红色，具有明显的当归药香，含有草药味和焦糖香。

② 卡帕诺：酒精含量：15% ~18%，分为甜型和干型两种，甜型含糖量为18%，干型含糖量为2%。制作过程是以天然芳香植物等药材原料与加强葡萄酒调制后，在 -10℃的低温条件下冷冻10多天后，再经过硅藻土过滤机过滤后储存4 ~5 个月制成的。

（2）法国味美思　法国的味美思按法国酒类法律条文规定，须以80%的白葡萄酒为原料。所用的芳香植物也以苦艾为主。成品酒含糖量较低，为4%左右，呈禾秆黄色，具有老酒香，口味淡雅，苦涩味明显，更具有刺激性。

① 香百利：主要分两种，一种为红苦艾酒，芳香浓郁，酒精含量稍高，为18%；另一种为白苦艾酒。

②杜瓦尔：制作过程是将植物香料切碎后，与基酒浸泡5 ~6 天，静置澄清14 天，再加入苦杏仁壳浸泡（加入食用酒精浸泡两个月而成），用白兰地混合后装瓶。

（3）中国味美思　所谓中国味美思，就是中国最早生产的味美思——张裕味美思。早在19 世纪末，张裕公司就从欧洲引进味美思酿造工艺，并把“Vermouth”音译为“味美思”。当时除了采用欧洲通用的调香原料外，张裕的酿酒师还根据我国丰富的中草药资源，调配出了以中草药为调香原料的风味独特的味美思。

2. 比特酒

比特酒（Bitters），又称苦酒或必打士，是在葡萄酒或蒸馏酒中加入树皮、草根、香料及药材浸制而成的酒精饮料。该酒酒味苦涩，酒精含量在16% ~40%。产于意大利米兰的菲奈特·布兰卡（Fernet Branca）是意大利最有名的比特酒。创始于1845 年的布兰卡家族，一直以来都延续着选用天然草本植物为原料的传统酿制方法，精选自4 个大洲的超过30 种草药和香料，经灌输、萃取、煎制巧妙地与酒水融合，把精华及有益成分都保留在了最终的产品中，其酒精含量（即体积分数）为40% ~45%，俗称酒精度，用40° ~45°表示，其味甚苦，被成为“苦酒之王”。

较有名气的比特酒主要产自意大利、法国、特立尼达和多巴哥、荷兰、英国、德国、美国、匈牙利等国。

比特酒种类繁多，有清香型，也有浓香型；有淡色，也有深色；有含酒精的，也有不含酒精的。但不管是哪种比特酒，苦味和药味是它们的共同特征。用于配制比特酒的调料主要是带苦味的草卉和植物的茎根与表皮，如阿尔卑斯草、龙胆皮、苦橘皮、柠檬皮等。著名的比特酒产于法国、意大利等国，其品种有：意大利康巴利（Campari），法国杜宝内（Dubonnet），意大利西娜尔（Cynar），法国苦·波功（Amer picon），法国安格斯特拉（Angostura）。

（1）Campari（康巴丽），产于意大利米兰，由橘皮和其他草药配制而成，酒液呈棕红色，药味浓郁，口感微苦。苦味来自于金鸡纳霜，酒精度26°。

（2）Cynar（西娜尔），产自意大利，由蓟和其他草药浸泡于酒而配制成的。蓟味浓，微苦，酒精度17°。

（3）Fernet Branca（菲奈特·布兰卡）1845年诞生于米兰－布洛乐托（近SANTO-MASO教堂），为布兰卡兄弟所拥有。酒标上的注册签名为本酒的品质保证。高品质的配料和天然草本植物的香味是本酒优质品质的保证。作为世界闻名的比特酒，自1845年以来，菲奈特·布兰卡的秘密就是它的天然草本植物，独特的配方和历史悠久的布兰卡酒窖的小心窖藏。该酒由多种草木、根茎植物为原料调配而成，味很苦，号称“苦酒之王”，但药用功效显著，尤其适用于醒酒和健胃，酒精度40°。

（4）Amer Picon（法国苦·波功），产于法国，它的配制原料主要有金鸡纳霜、橘皮和其他多种草药。酒液酷似糖浆，以苦著称，饮用时只用少许，再掺和其他饮料共进，酒精度21°。

（5）Suze（苏滋），产于法国，它的配制原料是龙胆草的根块。酒液呈橘黄色，口味微苦、甘润，糖分20%，酒精度16°。

（6）Dubonnet（杜宝内），产于法国巴黎，它主要采用金鸡纳皮，浸于白葡萄酒，再配以其他草药。酒色深红，药香突出，苦中带甜，风格独特。有红、黄、干三种类型，以红杜宝内最出名，酒精度16°。

（7）Angostura（安格斯特拉），产于特立尼达，以朗姆酒为酒基，以龙胆草为主要调制原料。酒液呈褐红色，药香悦人，口味微苦但十分爽适，在拉美国家深为人们所喜爱，酒精度44°。

（8）PIMMS NO.1（飘仙一号），清爽、略带甜味，适合制作一些清新的饮品，酒精含量25%，产于英国，金酒加威末制作而成。

（9）CHINA MARTINI（中国马天尼），出产于意大利马天尼公司，酒精含量31%，含糖量39%，700mL，以规那树皮、苦橘皮为主要香料，味苦涩而柔和，浅黄色。

（10）APEROL（阿贝拢），酒精含量11%，750mL，该酒产于意大利，由蒸馏酒浸泡奎宁、龙胆草等过滤而成，因酒度较低，可直接用做开胃酒。

（11）UNDERBERG（安德卜格），产自德国，酒精含量44%，呈殷红色，具有解酒的作用。这是一种用40多种药材、香料浸制而成的烈酒，在德国每天可售出100万瓶。通常采用20毫升的小瓶包装。

3. 茴香酒

茴香酒是以“茴香”为基础的利口酒并且在大多数地中海国家深受欢迎。因此，每个地区都有自己当地版本的“茴香利口酒”或者说“茴香酒”，并成为当地人们进餐前不可或缺的一部分。茴香酒是用蒸馏酒与茴香油配制而成的，口味香浓刺激，分染色和无色，一般有明亮的光泽，酒精度约为25°。

茴香酒实际上是用茴香油和蒸馏酒配制而成的酒。茴香油中含有大量的苦艾素。45°酒精可以溶解茴香油。茴香油一般从八角茴香和青茴香中提炼取得，八角茴香油多用于开胃酒制作，青茴香油多用于利口酒制作。茴香酒中以法国产品较为有名。酒液视品种而呈不同色泽，一般都有较好的光泽，茴香味浓厚，馥郁迷人，口感不同寻常，味重而有刺激，酒精度在25°左右。有名的法国茴香酒有：Ricard（里卡尔），Pastis（巴斯的士），

Pernod（潘诺），Berger Blanc（白羊倌）等。

拉丁古籍记载，西方名人、政要都有大量喝大茴香酒的习惯，也曾于战争和航海的相关记录中发现大茴香酒具预防疾病的功效。大茴香主要产地集中于地中海沿岸，然而最珍贵的大茴香则是产于中国。大茴香为杉布卡香甜酒的主要原料，产品特色为其特殊浓烈的中国大茴香浓郁的香味，杉布卡香甜酒酒精浓度38%，加冰块饮用时更可突显出中国大茴香的独特香气。

(1) 历史　在法国，过去“茴芹”一直作为医嘱的一种“通便剂”。在早期，“茴芹”以其可以使人感到松弛感的特性，备受酿酒蒸馏师们的推崇。在1755年，Marie Brizard女士，在法国波尔多制造了一瓶甜味的“茴香酒”。但是赋有更为强烈的茴香味道并受人欢迎的“苦艾酒”是产自于瑞士和法国山脉边境的Jura地区。同时，也正是Henri－Louis Pernod先生，Pernod公司的奠基人，尝试着把这种“苦艾西也剂”与“水”混合并取得了全球范围内的巨大成功。

与此同时，“茴香酒”的历史相对较短，并且“茴香酒”是一种消失、灭亡的名叫“苦艾酒”的绿仙女酒的产物。带有茴香香味的饮品已经在人们生活中流传数千年历史了。自酒精蒸馏法发明以来，带有茴香香味的饮品，有可能是第一种添加香味的“利口酒”之一。

大约在1915年，当“苦艾酒”成为“禁酒运动”的替罪羊的时候，“苦艾酒”便被打上了“万恶之源”的标记。几乎是在禁止“苦艾酒”命令下达后，不一会儿，“茴香酒”问世了。“茴香酒”成为了“苦艾酒”的替代品。饮用“茴香酒”的传统，起源于“苦艾酒”，而“苦艾酒”是具有“茴芹”和“苦艾”香味的酒精饮品。饮用“苦艾酒”的适当方法是向玻璃杯里添加一些“苦艾酒”，随后倒入冰水和一块方糖，并使用一支调制“苦艾酒”的专用调匙搅拌均匀后饮用。基本上，人们可以控制“苦艾酒”的“甜度”和“浓度”。当时，在转换、过渡的过程中，有些制造商们设法使酿制“茴香酒”配方尽量类似于“苦艾酒”，而其他一些制造商们决定开创一种新型的饮品。Henri Bardouin被视为一种纯正的、老风格的茴香酒且制造商们设法使其口感保持原始的“苦艾酒”味道。还有，当时为了复制该酒的味道，人们已经开始把“香草”和“酒精”混合起来进行试验。在众多酿制蒸馏师中，有位名叫Paul Ricard的蒸馏师，他把他的试验带到了各种酒吧内并要求酒吧内的酒客们尝试他的试验并因此使其配方完美化。1932年，Paul Ricard开展他的商业生产“Ricard”——真正的法国马赛茴香酒（le vrai pastis de Marseille）。至今“茴香酒”作为法国最受欢迎的开胃酒之一。“茴香酒”经常使用在味美的鱼、贝壳类、猪肉和鸡肉菜肴中。此外，添加过的色素和焦糖，可以加强其口感，但是该饮品中的主要特性仍然是“茴芹”的口感。如今在法国，茴香酒仍然是消耗量最大的利口酒。

(2) 特点　虽然以“茴芹”为基料的鸡尾酒不是绝大多数人的喜好选择，因为其强烈的香味将压倒性地掩盖鸡尾酒内其他成分的“香味”和“口感”。然而，伦敦人已经设法以“茴芹”为基料，调制鸡尾酒。人们常用Pernod牌，这种无色的，带有焦糖味的茴香酒调制诸多鸡尾酒。

传统上讲，各种“茴芹”饮品与“苦味”是不可分割的。这些饮品中，主要包含“龙胆根利口酒”，同样也含有“意大利苦味剂”和其他“苦味利口酒”。这些“苦味剂”对于酒吧调酒师而言，是非常理想的，因为只需要几滴高浓度的苦味剂，诸如angostura，可以提高许多鸡尾酒的口感。

现今，最受人欢迎的“茴香酒”有Pernod牌茴香酒、“51茴香酒（Pastis 51）”等。Pernod牌茴香酒口味甘甜、不含“苦艾酒”的苦味，并且酒精含量较低，就Pernod牌苦艾酒（Pernod Absinthe）而言，这是一款由许多伟大植物制成的酒，其中包含苦艾（artemesia absinthium）物质，而“苦艾”则是一种药用植物。传统上，由于该植物可以治愈肠内蛔虫所以获得其名。该植物不但用于驱赶跳蚤和飞蛾，还可以酿制成“苦艾利口酒”。同样，这种植物还可以在医疗领域中发挥其滋补、健胃、退热和驱虫的作用。Pernod牌苦艾酒的酒精含量是40%～68%。以上说到的，这些新型茴香酒，口感较为清淡、甘甜，但是在该酒内添加水的传统还是继续保留着。

“51茴香酒（Pastis 51）”的酒瓶就像一根指向“南方”的指南针指针。当人们一想起法国南部的时候，人们会联想到拥有金黄色的太阳的普罗旺斯（Provence）、阵阵幽香的薰衣草、惬意的假日、较为缓慢的生活节奏。在普罗旺斯方言中，Pastis单词的意思是“经过混合”或“调和”意思。作家Daniel Young先生，在他的书Made in Marseille（马赛制造）中写到当该饮品与水混合后，“茴香酒”的名字就是根据其阴沉的酒体外观所命名的。而以上所描述的所有特性，人们都可以在一瓶“51茴香酒”中找到：色泽金黄并且是法国南部地区出产的非法定酒。该酒需要慢慢地饮用才能感受到其风味。

（3）饮用方法　在法国南部喝茴香酒不讲究兑果汁之类，那会失去品尝原味茴香酒的特有乐趣。特别是马赛地区，茴香酒的惟一喝法就是兑少量水将其稀释后直接饮用。那里几乎每个酒馆里的酒架上，茴香酒总是占有一席之地。最常见的有5种牌子：Pernod（潘诺）、Ricard（里卡尔）、卡萨尼（Casanis）、加诺（Janot）、卡尼尔（Granier）。而在法国茴香酒有上百种，但最流行的只有两个牌子：Pernod（潘诺）、Ricard（里卡尔），如今这两个牌子已经成为法国茴香酒的代名词。

二、佐　餐　酒

一般用葡萄酒作为佐餐酒。按照国际葡萄酒组织的规定，葡萄酒只能是破碎或未破碎的新鲜葡萄果实或汁完全或部分酒精发酵后获得的饮料，其酒精度数不能低于8.5°。

1. 分类

葡萄酒的品种很多，因葡萄的栽培、葡萄酒生产工艺条件的不同，产品风格各不相同。一般按酒的颜色、含糖量、是否含二氧化碳及采用的酿造方法来分类，国外也有采用以产地、原料名称来分类的。具体分类如下。

（1）按酒的颜色分类

① 白葡萄酒：用白葡萄或皮红肉白的葡萄分离发酵制成。酒的颜色微黄带绿，近似无色或浅黄、禾秆黄、金黄。凡深黄、土黄、棕黄或褐黄等色，均不符合白葡萄酒的色泽要求。

② 红葡萄酒：采用皮红肉白或皮肉皆红的葡萄经葡萄皮和汁混合发酵而成。酒色呈自然深宝石红、宝石红、紫红或石榴红。凡黄褐、棕褐或土褐颜色，均不符合红葡萄酒的色泽要求。

③ 桃红葡萄酒：用带色的红葡萄带皮发酵或分离发酵制成。酒色为淡红、桃红、橘红或玫瑰色。凡色泽过深或过浅均不符合桃红葡萄酒的要求。这一类葡萄酒在风味上具有新鲜感和明显的果香，含单宁不宜太高。玫瑰香葡萄、黑比诺、佳利酿、法国蓝等品种都适合酿制桃红葡萄酒。

（2）按含糖量分类

① 干葡萄酒：含糖量低于4g/L，品尝不出甜味，具有洁净、幽雅、香气和谐的果香和酒香。

② 半干葡萄酒：含糖量在4～12g/L，微具甜感，酒的口味洁净、幽雅、味觉圆润，具有和谐恰悦的果香和酒香。

③ 半甜葡萄酒：含糖量在12～50g/L，具有甘甜、爽顺、舒愉的果香和酒香。

④ 甜葡萄酒：含糖量大于50g/L，具有甘甜、醇厚、舒适、爽顺的口味，具有和谐的果香和酒香。

（3）按是否含二氧化碳分类

① 静酒：不含有自身发酵或人工添加的二氧化碳的葡萄酒叫静酒，即静态葡萄酒。

② 起泡酒和汽酒：即含有一定量二氧化碳气体的葡萄酒，分为两类。起泡酒所含二氧化碳是用葡萄酒加糖再发酵产生的。在法国香槟地区生产的起泡酒叫香槟酒，在世界上享有盛名，其他地区生产的同类型产品按国际惯例不得叫香槟酒，一般叫起泡酒。用人工的方法将二氧化碳添加到葡萄酒中的叫汽酒，因二氧化碳作用使酒更具有清新、愉快、爽怡的味感。

（4）按酿造方法分类

① 天然葡萄酒：完全采用葡萄原料进行发酵，发酵过程中不添加糖分和酒精，选用提高原料含糖量的方法来提高成品酒精含量及控制残余糖量。

② 加强葡萄酒：发酵成原酒后用添加白兰地或脱臭酒精的方法来提高酒精含量，叫加强干葡萄酒。既加白兰地或酒精，又加糖以提高酒精含量和糖度的叫加强甜葡萄酒，我国叫浓甜葡萄酒。

③ 加香葡萄酒：采用葡萄原酒浸泡芳香植物，再经调配制成，属于开胃型葡萄酒，如味美思、丁香葡萄酒、桂花陈酒；或采用葡萄原酒浸泡药材，精心调配而成，属于滋补型葡萄酒，如人参葡萄酒。

④ 葡萄蒸馏酒：采用优良品种葡萄原酒蒸馏，或发酵后经压榨的葡萄皮渣蒸馏，或由葡萄浆经葡萄汁分离机分离得的皮渣加糖水发酵后蒸馏而得。一般再经细心调配的叫白兰地，不经调配的叫葡萄烧酒。

（5）按葡萄来源分类

① 家葡萄酒：以人工培植的酿酒品种葡萄为原料酿成的葡萄酒，产品直接以葡萄酒命名。国内葡萄酒生产厂家大都以生产家葡萄酒为主。

② 山葡萄酒：以野生葡萄为原料酿成的葡萄酒。产品以山葡萄酒或葡萄酒命名。例如，通天酒业生产的通天山葡萄酒就是以野生葡萄为原料酿制而成的。

2. 酿造流程

葡萄的采摘日期是根据葡萄籽粒的成熟度来决定的。葡萄的酸度随着成熟减少，而保持它的糖分和鞣酸的增加。适当的酸度和酒精度的平衡体现了葡萄酒的特性，在采摘完全成熟的葡萄之前，人们要在得到好的质量和如果遇到坏天气葡萄会腐烂病变之间冒风险。当希望控制采摘的质量，或为了一种特殊的酿造结果，就需要采用手工采摘葡萄。为了提高葡萄自身的含糖量，有时要进行晾晒，这样会减少它的酒精含量，但提高了保存期。在法国汝拉省，人们总是把葡萄酒称为麦秸酒，这是因为葡萄在榨汁之前是先放在麦秸上晾晒的。

3. 红葡萄酒

总体说来，红葡萄酒的酿制与白葡萄酒类似，只是在发酵时要让葡萄果皮、果肉、果核在一起共同进行。持续发酵时间由几天到三周不等，从而使葡萄酒得到酒味、香味和深红的颜色。将葡萄皮分离出去，监视着它继续在酿酒桶中发酵。直到装瓶前，葡萄酒在橡木桶和酿酒罐中不断的成熟。具体过程如下：

去梗，也就是把葡萄果粒从梳子状的枝梗上取下来。因枝梗含有特别多的单宁酸，在酒液中有一股令人不快的味道。

压榨果粒，酿制红酒的时候，葡萄皮和葡萄肉是同时压榨的，红酒中所含的红色色素，就是在压榨葡萄皮的时候释放出的。正因如此，所有红酒的色泽才是红的。

榨汁和发酵，经过榨汁后，即可得到酿酒的原料——葡萄汁。有了酒汁就可酿制好酒，葡萄酒是通过发酵作用得的产物。经过发酵，葡萄中所含的糖分会逐渐转化成酒精和二氧化碳。因此，在发酵过程中，糖分越来越少，而酒精度则越来越高。通过缓慢的发酵过程，可酿出口味芳香细致的红葡萄酒。

添加二氧化硫。要想保持葡萄酒的果味和鲜度，就必须在发酵过程后立刻添加二氧化硫处理。二氧化硫可以阻止由空气中的氧引起的葡萄酒氧化。新酒在发酵后 3 周左右，必须进行第一次沉淀与换桶。第二次沉淀要 4 ~ 6 周。沉淀的次数和时间上的顺序，完全就是所要达到的口味。

葡萄酒在桶中储存 3 ~ 9 个月以后，就要装瓶。以前，葡萄酒瓶以软木塞来封口，2001 年以后，很多科技革新的装瓶厂都采用新式的真空密封的旋转式酒瓶。

4. 白葡萄酒

普通白葡萄酒习惯上使用纯正、去皮的白葡萄经过压榨、发酵制成，但是也可以使用紫葡萄，只是在压榨的过程中要更仔细。尚未发酵的葡萄汁要经过沉淀或过滤，发酵槽的温度要比制作红酒低一些，这样做的目的是为了更好地保护白葡萄酒的果香味和新鲜口感。具体过程如下：

一旦采摘开始，葡萄就应尽快送到酿酒场地，所使用的葡萄都不要被挤破。将葡萄珠分离出，除去果枝、果核，然后在榨出的汁内放入酵母。为了更好地保存白葡萄的果香，在发酵前让葡萄皮浸泡在果汁中12～48小时。使用水平的葡萄压榨机，制成的白葡萄酒更鲜更香。压榨的过程要快速进行以防止葡萄氧化。

5. 桃红葡萄酒

桃红酒与红酒的主要区别在于紫葡萄皮和汁在一起浸泡的时间。当出现了令人满意的颜色（一般是12～36小时）之后，就像酿造白葡萄酒一样开始榨汁，个别的也取一部分酒发酵。在洛林地区许多清澈的或较暗色泽的桃红酒都是用这种方法制成的。

6. 香槟与起泡酒

起泡酒中著名的香槟，是由普通的白葡萄酒经过第二次发酵获得泡沫装瓶制成的。在最终装瓶之前，在酒中加入能够引起泡腾的糖和酵母，用这种方法制成的酒也称为香槟类酒。陈酿葡萄酒沉淀放置最少一年，陈酿香槟酒要沉淀放置最少十年。晃动和排气是制造香槟的必须工序。香槟酒可能放在不同容量的瓶内：1/4瓶装的，1/2瓶装的，75毫升标准瓶的，还有150毫升直至1500毫升不等的。制作香槟酒的工艺称为传统工艺，用这种方法在世界各地都可以酿出同样高质量的起泡酒。但是也有简单的方法制出普通的起泡酒：① 酒在瓶中二次发酵后倒入加压的酒罐里，在压力下过滤后重新装瓶；② 酒在密闭罐中二次发酵，从罐中抽出装瓶；③ 把二氧化碳气体注入到普通的酒里即可制得起泡酒。

三、甜 食 酒

1. 砵酒

根据葡萄牙和英国的法律规定，只有葡萄牙杜罗河谷的锡那－科尔戈和拜索－科尔戈两地区产的，用白兰地强化的，在加亚新镇陈酿的葡萄酒才能称为砵酒。砵酒是世界上最优秀的甜食酒。砵酒和葡萄酒一样受收获年成的影响。好年成酿制的砵酒质量高、风味好。

2. 雪利酒

“雪利酒”是由西班牙语Jerez的英译化而来，在西班牙，它的名字应该是“赫雷斯”酒。而和很多的欧洲名酒的得名规律一样，它也以产地得名。“赫雷斯”是位于西班牙南部海岸的一个小镇，小镇附近富含石灰质的土壤，适于生长品种葡萄巴洛米诺（Palomino），这种白葡萄即为雪利酒的原料。

（1）分类　雪利酒有两种不同的种类，分类方法以酿造过程中开花或不开花为分别。所谓的开花，就是指在酿酒过程中，有些酒的表面会浮上一层白膜。有白膜的称为“开花”，这就是菲瑙（Fino）雪利，味道不是很甜，但轻快鲜美，是一种很好的饭前开胃酒。另外，“不开花”的就是没有白膜的，称作俄罗洛索（Oloroso），味道浓郁甜美，而且酒精浓度不是很高（一般葡萄酒为12%～15%），通常作为饭后酒。如果细分则雪利酒的种类很多，分别是：① Fino—不甜。采用Palomino种葡萄品种制造，呈淡麦黄色，带有清淡的香辣味。酒精度数约为15.5°。② Manzanilla—不甜。产于海边的圣路卡（Sanlucar）的Fino型不甜酒，因为盐分和湿气的关系，酒质更紧

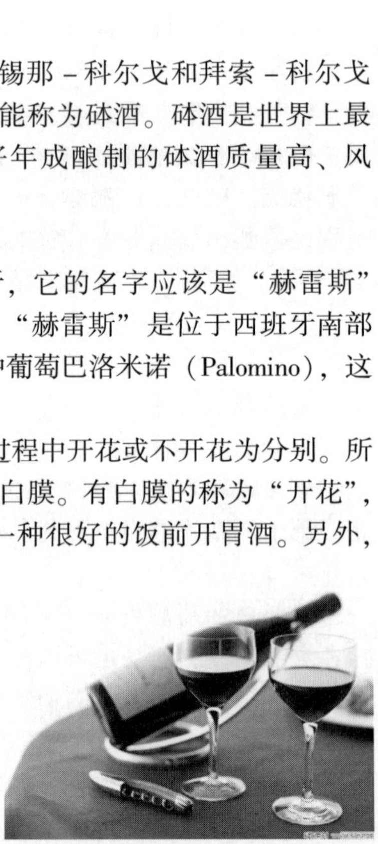

密更为细致。③ Amontillado—略甜。Fino 进一步成熟的酒，呈琥珀色，带有类似杏仁的香味。酒精度数 17°左右。④ Oloroso—甜。具醇厚浓郁的独特香味，有甜味和略甜两种，酒精度数 18° ~20°。浓甜的 Cream 型雪利即是以此酒为底调制而成。⑤ Cream—甜。以晒干的 PX（Perdo Ximenez）葡萄发酵酿制而成浓黑雪利酒，若将 PX 雪利酒和 Oloroso 雪利酒混合，酿出的酒就称为 Cream Sherry。

（2）历史　雪利酒也许可以说是至今仍在生产的最古老的醇酒。腓尼基人早在公元前 8 世纪就开始在地中海地区从事小麦、橄榄和产自大西洋地区的葡萄酒的贸易活动，至今人们还会间或在海上发现一种密封的双耳细颈小底瓶，而瓶中的液体很可能就是当时酿造的葡萄酒。公元 2 世纪，古罗马人确实曾对这一地区出产的葡萄酒十分推崇。莎士比亚时代，雪利白葡萄酒（Sherry-Sack）被认为是当时世界上最好的葡萄酒。

（3）酿造方法

① 传统制法：雪利有其特殊风味，通常被形容为“似坚果的麦香”。在颜色上由白色到深黄色，甜度由“完全不甜”到“稍甜”，如同波特甜酒，其甜度受到发酵中加入白兰地的时间影响。世界上唯一生产独特雪利的地方是西班牙安达卢西亚省（AudaLucia），一个由“黑瑞兹”（Jerez de la Frontera）、“艾尔布也多”（El Puerto de Santa Maria）与“桑鲁加”（Sanl \ 'ucar de Barrameda）所形成的三角地带。用于酿制雪利的葡萄品种有帕萝米诺（Palomino）与佩德洛席梅涅兹（Pedro Xim \ 'enez）两种。葡萄榨汁后置于新橡木桶内发酵，第一次发酵 3 ~7 天，产生大量泡沫之后，再缓慢发酵持续约 10 周，这段期间，葡萄内所含的醣都会转变成酒精。在次年一月，酒渐澄清，沉淀物沉入桶底。二月，在毫无人工操作的情况下，部分酒的表面会产生一层白膜，称为“开花”（Flor），是酵母菌的一种，它造就出了著名的“菲瑙”（Fino）；而开花很少或没有花的酒即形成“俄罗洛索”（Oloroso），这是因大自然神奇而造就的两种雪利。为助长“开花”，木桶盖要松开使空气流通，而且曝晒在艳阳之下。此过程是为了使葡萄糖产生变化，并赋予雪利独特风味。大约三个月后，将雪利冷却并贮存。雪利酒最重要而异于其他葡萄酒的地方是其陈酒培育新酒的处理程序（Solera）。这种处理程序使旧木桶永远保持一样品质的佳酿。至今已无 1888 年生产的酒，却可经由此程序而保持与 1888 年时相同的品质与水准。新酒在经过评鉴分级后，测试酒精含量，再加入白兰地提高酒精浓度。“菲瑙”酒精浓度加强到 15%，“俄罗洛索”在 17% ~18%。

② 特殊酿法：西班牙温暖的气候，酒很容易因为气温过高而腐坏，为了弥补这一缺陷，西班牙人想出一个绝妙的方法：一般酒在橡木桶发酵时，为了防止发霉，都是将酒满满的装入桶中；但雪利酒却反其道行，酒农会故意留下 1/3 的空间，让酒接触到空气，而产生一层由天然的酵母菌孢子构成的白色薄膜（flor）。这层 flor 不仅保护底下的酒免于氧化，保持明亮的酒色，而且创造出更佳的口感与新鲜、强烈、令人垂涎三尺的面包香气。而特殊的陈年系统——索雷拉（Solera），让雪利酒可以同时兼具新酒的清新与老酒的醇厚，这种方法是把成熟过程中的酒桶分为数层堆放（堆栈层数每个酒厂都不太一样，少者仅 3 层，最多则可达到 14 层），最底层的酒桶存放最老的酒，最上层的则是最年轻的酒。每隔一段时间，酒厂会从最底层取出一部分的酒装瓶准备出售，再从上层的酒桶中取酒，依顺序补足下层所减少的酒，例如：取第二层补第一层，取第三层补第二层……如此一来便能借着老酒为基酒，以年轻的酒调和，便能让雪利保持永恒的风味。

3. 玛德拉酒

玛德拉岛地处大西洋，长期以来为西班牙所占领。玛德拉酒产于此岛上，是用当地生产的葡萄酒和葡萄烧酒为基本原料勾兑而成，十分受人喜爱。玛德拉酒是上好的开胃酒，也是世界上屈指可数的优质甜食酒。玛德拉酒分为四大类：Sercial（舍西亚尔）、Verdelho（弗德罗）、Bual（布阿尔）、Malmser（玛尔姆赛）。舍西亚尔是干型酒，酒色金黄或淡黄，色泽艳丽，香气优美，人称“香魂”，口味醇厚、浓正，西方厨师常用来做料酒。弗德罗也是干型酒，但比舍西亚尔稍甜一点。布阿尔是半干型或半甜型酒。玛尔姆赛是甜型酒，是玛德拉酒家族中享誉最高的酒。此酒呈棕黄色或褐黄色，香气悦人，口味极佳，比其他同类酒更醇厚浓重，风格和酒体给人以富贵豪华的感觉。玛德拉酒的酒精含量大多在16%～18%。玛德拉酒的名品有：Borges（鲍尔日）、Crown Barbeito（巴贝都王冠）、Leacock（利高克）、Franca（法兰加）等。

四、餐 后 酒

1. 白兰地

白兰地，最初来自荷兰文 Brandewijn，意为可燃烧的酒。狭义上讲，是指葡萄发酵后经蒸馏而得到的高度酒精，再经橡木桶贮存而成的酒。白兰地是一种蒸馏酒，以水果为原料，经过发酵、蒸馏、储藏后酿造而成。以葡萄为原料的蒸馏酒叫葡萄白兰地，常说的白兰地，都是指葡萄白兰地。以其他水果原料酿成的白兰地，应加上水果的名称，苹果白兰地、樱桃白兰地等，但它们的知名度远不如前者大。白兰地通常被称为“葡萄酒的灵魂”。世界上生产白兰地的国家很多，但以法国出品的白兰地最为驰名。而在法国产的白兰地中，尤以干邑地区生产的最为有名，其次为雅文邑（亚曼涅克）地区所产。除了法国白兰地以外，其他盛产葡萄酒的国家，如西班牙、意大利、葡萄牙、美国、秘鲁、德国、南非、希腊等国家，也都有生产一定数量风格各异的白兰地。独联体国家生产的白兰地，质量也很优异。但其实，白兰地的起源是中国。

（1）原料　白兰地是以葡萄为原料，经过榨汁、去皮、去核、发酵等程序，得到含酒精较低的葡萄原酒，再将葡萄原酒蒸馏得到无色烈性酒。将得到的烈性酒放入橡木桶储存、陈酿，再进行勾兑以达到理想的颜色、芳香味道和酒精度，从而得到优质的白兰地。最后将勾兑好的白兰地装瓶。白兰地是以葡萄为原料的蒸馏酒，其独特幽郁的香气来源于三大方面：一是葡萄原料品种香，二是蒸馏香，三是陈酿香。由此看来葡萄品种是如此之重要，用于酿制白兰地的葡萄品种一般为白葡萄品种，白葡萄中单宁、挥发酸含量较低，总酸较高，所含杂质较少，因而所蒸白兰地更柔软、醇和。具有以下特点的葡萄品种，较适宜作为白兰地生产原料：

① 糖度低。这样每升白兰地蒸馏酒所耗用的葡萄原料多，进入白兰地蒸馏酒中的葡萄品种自身的香气物质随之增多。

② 浆果成熟后酸度高。较高的酸度可以参与白兰地的酯香的形成，适宜做白兰地的

品种，葡萄成熟后滴定酸不应小于6g/L。

③ 葡萄应为弱香型或中性香型，无突出及特别香气。GB11856—1997标准中有这样一条“具有和谐的葡萄品种香”，“和谐”二字的理解必须靠多年的实践经验，用心体会，既要体现出原料品种香，又要与酒香和谐统一。同时由于白兰地的长期贮存陈酿，葡萄品种香还应具备较强的抗氧化性。

④ 葡萄应高产而且抗病害性较好。

（2）口感　白兰地酒精度在40°~43°（勾兑的白兰地酒在国际上一般标准是42°~43°），虽属烈性酒，但由于经过长时间的陈酿，其口感柔和，香味纯正，饮用后给人以高雅、舒畅的享受。白兰地呈美丽的琥珀色，富有吸引力，其悠久的历史也给它蒙上了一层神秘的色彩。国际上通行的白兰地，酒精体积分数在40%左右，色泽金黄晶亮，具有优雅细致的葡萄果香和浓郁的陈酿木香，口味甘洌，醇美无瑕，余香萦绕不散。

（3）生产工艺　白兰地酿造工艺精湛，特别讲究陈酿时间与勾兑的技艺，其中陈酿时间的长短更是衡量白兰地酒质优劣的重要标准。干邑地区各厂家储存在橡木桶中的白兰地，有的长达40~70年。利用不同年限的酒，按各自世代相传的秘方进行精心调配勾兑，创造出各种不同品质、不同风格的干邑白兰地。酿造白兰地很讲究贮存酒用的橡木桶。由于橡木桶对酒质的影响很大，因此，木材的选择和酒桶的制作要求非常严格。最好的橡木是来自于干邑地区利穆赞和托塞斯两个地方的特产橡木。由于白兰地酒质的好坏以及酒品的等级与其在橡木桶中的陈酿时间有着紧密的关系，因此，酿藏对于白兰地酒来说至关重要。关于具体酿藏多少年代，各酒厂依据法国政府的规定，所定的陈酿时间有所不同。在这里需要特别强调的是，白兰地酒在酿藏期间酒质的变化，只是在橡木桶中进行的，装瓶后其酒液的品质不会再发生任何的变化。

（4）分类　世界上有很多国家都生产白兰地，如法国、德国、意大利、西班牙、美国等，但以法国生产的白兰地为品质最好，而法国白兰地又以干邑和阿尔玛涅克两个地区的产品为最佳，其中，干邑的品质被举世公认，最负盛名。白兰地按产地、原料的不同可分为：干邑、阿尔玛涅克、法国白兰地、其他国家白兰地、葡萄渣白兰地、水果白兰地六大类。

（5）葡萄品种　白兰地的香气成分十分复杂。葡萄品种的芳香是白兰地香气成分的重要来源。葡萄品种含有的芳香成分，在发酵过程中，由于酵线菌及其他微生物的作用，转移到葡萄原酒中，通过蒸馏，这些芳香成分，又从葡萄原酒，转移到原白兰地中。

不是所有的葡萄品种都适合加工白兰地。适合加工白兰地的葡萄品种，在浆果达到生理成熟时，都具有以下特点：① 糖度较低。② 酸度较高。③ 具有弱香型或中性香型。④ 丰产抗病。

酿造白兰地的葡萄，最好栽培在气候温和、光照充足、石灰质含量高的土壤中。在法国科涅克地区的葡萄园内栽植着各种品种的葡萄，用这里的葡萄生产出的白葡萄酒是酿造科涅克的原料葡萄酒。酿造科涅克的主要葡萄品种是白玉霓，占葡萄原料的90%。白玉霓是个晚熟品种，具有良好的抗病性能。酿造出的葡萄酒具有以下两个特点：一是酸度高；二是酒精含量较低。酿造科涅克的辅助品种是白福尔和鸽笼白，这两个品种占葡萄品种的10%。

2. 威士忌

威士忌一词，是古代居住在爱尔兰和苏格兰高地的塞尔特人的语言，古爱尔兰人称此酒为 Visage - beatha，古苏格兰人称为 Visage Baugh。经过千年的变迁，才逐渐演变成 Whiskey。不同国家对威士忌的写法也有差异，爱尔兰和美国写为 Whiskey，而苏格兰和加拿大则写成 Whisky，尾音有长短之别。

（1）酿制工艺　一般威士忌的酿制工艺过程可分为下列七个步骤。

① 发芽：首先将去除杂质后的麦类（Malt）或谷类（Grain）浸泡在热水中使其发芽，其间所需的时间视麦类或谷类品种的不同而有所差异，但一般而言约需要一周至二周的时间来进行发芽的过程，待其发芽后再将其烘干或使用泥煤（Peat）熏干，等冷却后再储放大约一个月的时间，发芽的过程即算完成。在这里特别值得一提的是，在所有的威士忌中，只有苏格兰地区所生产的威士忌是使用泥煤将发芽过的麦类或谷类熏干的，因此就赋予了苏格兰威士忌一种独特的风味，即泥煤的烟熏味，而这是其他种类的威士忌所没有的一个特色。

② 磨碎：将存放一个月后的发芽麦类或谷类放入特制的不锈钢槽中加以捣碎并煮熟成汁，其间所需要的时间 8 ~ 12 个小时。通常在磨碎的过程中，温度及时间的控制可说是相当重要的环节，过高的温度或过长的时间都将会影响到麦芽汁（或谷类的汁）的品质。

③ 发酵：将冷却后的麦芽汁加入酵母菌进行发酵的过程，由于酵母能将麦芽汁中醣转化成酒精，因此在完成发酵过程后会产生酒精浓度 5% ~6% 的液体，此时的液体被称之为“Wash”或“Beer”。由于酵母的种类很多，对于发酵过程的影响又不尽相同，因此各个不同的威士忌品牌都将其使用的酵母的种类及数量都视为其商业机密，而不轻易告诉外人。一般来讲在发酵的过程中，威士忌厂会使用至少两种以上不同品种的酵母来进行发酵，但最多也有使用十几种不同品种的酵母混合在一起来进行发酵作用的。

④ 蒸馏：一般而言蒸馏具有浓缩的作用，因此当麦类或谷类经发酵后形成低酒精度的“Beer”后，还需要经过蒸馏的步骤才能形成威士忌酒，这时的威士忌酒精浓度在 60% ~ 70%，被称为“新酒”。麦类与谷类原料所使用的蒸馏方式有所不同，由麦类制成的麦芽威士忌是采取单一蒸馏法，即以单一蒸馏容器进行二次的蒸馏过程，并在第二次蒸馏后，将冷凝流出的酒去头掐尾，只取中间的“酒心（Heart）”部分成为威士忌新酒。另外，由谷类制成的威士忌酒则是采取连续式的蒸馏方法，使用两个蒸馏容器以串联方式一次连续进行两个阶段的蒸馏过程。基本上各个酒厂在筛选“酒心”的量上，并无一固定统一的比例标准，完全是依各酒厂的酒品要求自行决定，一般各个酒厂取“酒心”的比例多掌握在 60% ~70%，也有的酒厂为制造高品质的威士忌酒，取其纯度最高的部分来使用。如享誉全球的麦卡伦（Macallan）单一麦芽威士忌即是如此，即只取 17% 的“酒心”来作为酿制威士忌酒的新酒使用。

⑤ 陈年：蒸馏过后的新酒必须要经过陈年的过程，使其经过橡木桶的陈酿来吸收植物的天然香气，并产生出漂亮的琥珀色，同时亦可逐渐降低其高浓度酒精的强烈刺激感。目前在苏格兰地区有相关的法令来规范陈年的酒龄时间，即每一种酒所标示的酒龄都必须

是真实无误的，苏格兰威士忌酒至少要在木酒桶中酝藏三年以上，才能上市销售。有了这样的严格措施规定，一方面可保障消费者的权益，更替苏格兰地区出产的威士忌酒在全世界建立起了高品质的形象。

⑥ 混配：由于麦类及谷类原料的品种众多，因此所制造的威士忌酒也存在着各不相同的风味，这时就靠各个酒厂的调酒大师依其经验的不同和本品牌酒质的要求，按照一定的比例调配勾兑出自己与众不同口味的威士忌酒，也因此各个品牌的混配过程及其内容都被视为是绝对的机密，而混配后的威士忌酒品质的好坏就完全由品酒专家及消费者来判定了。需要说明的是这里所说的“混配”包含两种含义，即谷类与麦类原酒的混配、不同陈酿年代原酒的勾兑混配。

⑦ 装瓶：在混配的工艺做完之后，最后剩下来的就是装瓶了，但是在装瓶之前先要将混配好的威士忌再过滤一次，将其杂质去除掉，然后即可由自动化的装瓶机器将威士忌按固定的容量分装至每一个酒瓶当中，然后再贴上各自厂家的商标即可装箱出售。

（2）分类

① 苏格兰威士忌：苏格兰威士忌是与独产于中国的贵州省遵义市仁怀市茅台镇的茅台酒、法国科涅克白兰地齐名的三大蒸馏名酒之一。苏格兰生产威士忌酒已有500年的历史，其产品有独特的风格，色泽棕黄带红，清澈透明，气味焦香，带有一定的烟熏味，具有浓厚的苏格兰乡土气息。苏格兰威士忌具有口感干冽、醇厚、劲足、圆润、绵柔的特点，是世界上最好的威士忌酒之一。

② 爱尔兰威士忌：爱尔兰威士忌酒作为咖啡的伴侣已经被人们相当熟悉，其独特的香味是深受人们喜爱的主要原因。爱尔兰制造威士忌至少有700年的历史，有些权威人士认为威士忌酒的酿造起源于爱尔兰，之后传到苏格兰。爱尔兰人有很强的民族独立性，就连威士忌酒Whiskey的写法上也与苏格兰威士忌酒Whisky有所不同。爱尔兰威士忌酒的生产原料主要有：大麦、燕麦、小麦和黑麦等，以大麦为主，占80%左右。爱尔兰威士忌酒用塔式蒸馏器经过三次蒸馏，然后入桶老熟陈酿，一般陈酿时间在8～15年，所以成熟度相对较高。装瓶时，为了保证其口味的一惯性还要进行勾兑与掺水稀释。

③ 美国威士忌：美国是生产威士忌酒的著名国家之一，同时也是世界上最大的威士忌酒消费国。据统计美国成年人每人每年平均饮用16瓶威士忌酒，这是世界任何国家所不能比拟的。虽然美国生产威士忌酒的酿造仅有200多年的历史，但其产品紧跟市场需求，产品类型不断翻新，因此美国威士忌很受人们的欢迎。美国威士忌酒以优质的水、温和的酒质和带有焦黑橡木桶的香味而著名，尤其是美国的Bourbon Whiskey波旁威士忌（又称波本威士忌酒）更是享誉世界。美国威士忌酒的酿制方法没有什么特殊之处，只是所用的谷物原料与其他各类威士忌酒有所区别，蒸馏出的酒酒精纯度也较低。美国西部的宾夕法尼亚州、肯塔基和田纳西地区是制造威士忌的中心。

④ 加拿大威士忌：加拿大生产威士忌酒已有200多年的历史，其著名产品是稞麦（黑麦）威士忌酒和混合威士忌酒。在稞麦威士忌酒中，稞麦（黑麦）是主要原料，占51%以上，再配以大麦芽及其他谷类组成，此酒经发酵、蒸馏、勾兑等工艺，并在白橡木桶中陈酿至少3年（一般达到4～6年）才能出品。该酒口味细腻，酒体轻盈淡雅，酒度40°以上，特别适宜作为混合酒的基酒使用。加拿大威士忌酒在原料、酿造方法及酒体风

格等方面与美国威士忌酒比较相似。

⑤ 日本威士忌：属苏格兰威士忌类型，生产方法采用苏格兰传统工艺和设备，从英国进口泥炭用于烟熏麦芽，从美国进口白橡木桶用于贮酒，甚至从英国进口一定数量的苏格兰麦芽威士忌原酒，专供勾兑自产的威士忌酒。日本威士忌酒按酒度分级，特级酒含酒精43%（体积分数），一级酒含酒精40%（体积分数）以上。

⑥ 中国威士忌：中国生产威士忌已有多年历史。20世纪70年代中期又由原轻工业部食品发酵工业科学研究所与工厂协作，从原料加工到生产工艺进行研究，选用中国产泥炭及良种酵母，试制出苏格兰类型的麦芽威士忌、谷物威士忌和勾兑威士忌，酒精含量40%（体积），风味与国际产品近似。

⑦ 波本威士忌：波本是美国肯塔基州（Kentucky）的一个地名，所以波本威士忌，又称Kentucky Stright Bourbon Whiskey。它是用51%～75%的玉米谷物发酵蒸馏而成的，在新的内壁经烘炙的白橡木桶中陈酿4～8年，酒液呈琥珀色，原体香味浓郁，口感醇厚绵柔，回味悠长，酒精度为43.5°。波本威士忌并不意味着必须生产于肯塔基州波本县。按美国酒法规定，只要符合以下三个条件的产品，都可以用此名：第一，酿造原料中，玉米至少占51%；第二，蒸馏出的酒液度数应在40°～80°；第三，以酒度40°～62.5°储存在新制烧焦的橡木桶中，储存期在2年以上。所以伊利诺、印第安纳、俄亥俄、宾夕法尼亚、田纳西和密苏里州也出产波本威士忌，但只有肯塔基州生产的才能称Kentucky Straight Bourbon whiskey。

3. 朗姆酒

朗姆酒也叫糖酒，是制糖业的一种副产品，它以蔗糖作原料，先制成糖蜜，然后再经发酵、发馏，在橡木桶中储存3年以上而成。根据不同的原料和酿制不同方法，朗姆酒可分为：朗姆白酒、朗姆老酒、淡朗姆酒、朗姆常酒、强香朗姆酒……酒精含量38%～50%，酒液有琥珀色、棕色，也有无色的。

（1）类型　根据风味特征，可将朗姆酒分为浓香型和清香型。

① 浓香型：首先将甘蔗糖澄清，再接入能产丁酸的细菌和产酒精的酵母菌，发酵10天以上，用壶式锅间歇蒸馏，得86%左右的无色原朗姆酒，在木桶中储存多年后勾兑成金黄色或淡棕色的成品酒。

② 清香型：甘蔗糖只加酵母，发酵期短，塔式连续蒸馏，产出95%度的原酒，贮存勾兑，成浅黄色到金黄色的成品酒，以古巴朗姆为代表。

（2）品质　酒体轻盈，酒味极干的朗姆酒主要由西印度群岛属西班牙语系的国家生产，如古巴、波多黎各、维尔京群岛、多米尼加等，其中以古巴朗姆酒最负盛名。酒体丰厚、酒味浓烈的朗姆酒多为古巴、牙买加和马提尼克的产品。酒在木桶中陈年的时间长达5～7年，甚至15年，有的要在酒液中加焦糖调色剂（如古巴朗姆酒），因此其色泽金黄、深红。这类朗姆酒主要是古巴的产品，其久香气味是由芳香类药材所致。芳香朗姆酒一般要贮存10年左右。较著名的是Mulata（慕兰潭）朗姆酒。

（3）制作方法　朗姆酒生产的原料为甘蔗汁、糖汁或糖蜜。甘蔗汁原料适合于生产清香型朗姆酒。甘蔗汁经真空浓缩被蒸发掉水分，可得到一种较厚的带有粘性液态的糖浆，适宜于制备浓备型朗姆酒。

① 原料预处理：糖蜜的预处理可分成几个不同的阶段。首先要通过澄清去除胶体物质，尤其是硫酸钙，在蒸馏时会结成块状物质。糖蜜预处理的最后阶段是用水稀释，经冲稀后的低浓度溶液中，总糖含量 10～12 克/100 毫升，是适宜的发酵浓度，并添加硫酸铵或尿素。

② 酒的酿制：从管道交错、蒸馏柱炽热的机器中，朗姆酒神奇般地溢出。酒厂承袭传统工艺，每到生产旺季，均采用传统酿造方法。先将榨糖余下的甘蔗渣稀释，然后加入酵母，发酵 24 小时以后，蔗汁的酒精含量达 5°～6°，故俗称“葡萄酒”。之后进行蒸馏，第一个蒸馏柱内上下共有 21 层，由一个蒸汽锅炉将蔗汁加热至沸腾，使酒精蒸发，进入蒸馏柱上层，同时使酒糟沉入蒸馏柱下层，以待排除。

③ 陈化朗姆酒的年度质控：经过这一工序后，蒸馏酒精进入第二较小的蒸馏柱进行冷却、液化处理。第二个蒸馏柱有 18 层，用于浓缩。以温和的蒸汽处理，可根据酒精所含香料元素的比重分别提取酒的香味：重油沉于底部；轻油浮于中间，最上层含重量最轻的香料，其中包括绿苹果香元素。只有对酒精香味进行分类处理，酿酒师才能够随心所欲的配对朗姆酒的香味。

（4）品种

① 慕兰潭（Mulata）：甘蔗朗姆酒，由维亚克拉拉圣菲朗姆酒公司生产。将蒸馏后的酒置于橡木桶内熟成，有多种香型和口味。

② 郎立可莱姆（ronrico）：普路拖利库生产的朗姆酒。1860 年创立，酒名是由朗姆和丰富两个词合并而成的。酒品分为白色和蓝色，哥录特型酒是需要木桶熟成的。

③ 拉姆斯（lambs）：马铃薯朗姆酒。英国海军与朗姆酒的关系源远流长，1655～1970 年的每一天，英国海军都要发放朗姆酒，此酒的酒名是由海军士兵们起的，属浅色类型。

④ 口库斯巴（cockspum）：巴录巴特被称为朗姆酒的发祥地。由当地顶尖级的旖旎司生产，将制糖后的剩余材料作为朗姆酒的原材料生产，经过 2 次蒸馏，用两年的时间熟成。酒名为雄鸡爪。

⑤ 马脱壳（mount gay）：巴录巴特式朗姆酒，由西印度群岛的克依公司生产。酒名是由 17 世纪同一岛屿上的农场主克依而来的。同时，该岛也被称为朗姆酒的发祥地。

⑥ 柠檬哈妥（lemon hart）：嘎那产朗姆酒，哈托是经营砂糖和朗姆酒的贸易商，曾经为英国海军供应过朗姆酒，1804 年开始经营品牌。此酒为 75.5°的烈性朗姆酒，由巴罗公司生产。

⑦ 唐 Q（don Q）：此酒由塞拉内公司生产，酒名就叫唐 Q，商标中对香味和口味均有描述，此酒属浅色品种，除了金色外还有水晶色。

⑧ 摩根上尉（captain morgan）：由林肯朗姆制造，由摩根 · 冒路卡路公司生产，与一般的朗姆酒不同，他使用了辣椒并带有天然的香气。1983 年以热带朗姆酒为原料制造的新产品高路特诞生。

⑨ 帕萨姿（pusser's rum）：由尾津岛的朗姆制造，市场上销售的是 1970 年的新品，

此酒以前一直是英国海军的特供品，由帕萨姿公司生产，产品分为浅色和蓝色。

（5）分类

① 银朗姆（Silver Rum）：又称白朗姆，是指蒸馏后的酒需经活性炭过滤后入桶陈酿一年以上。酒味较干，香味不浓。

② 金朗姆（Golden Rum）：又称琥珀朗姆，是指蒸馏后的酒需存入内侧灼焦的旧橡木桶中至少陈酿三年。酒色较深，酒味略甜，香味较浓。

③ 黑朗姆（Dark Rum）：又称红朗姆，是指在生产过程中需加入一定的香料汁液或焦糖调色剂的朗姆酒。酒色较浓（深褐色或棕红色），酒味芳醇。

（6）代表品牌

朗姆酒的代表品牌主要有波多黎各的百加得（Bacardi）、牙买加的摩根船长（Captain Morgan）、美雅士（Myers）等。在国际上朗姆酒的驰名品牌有：Mulata（慕兰潭）、Bacardi Light（百加得淡酒）、Bacardi Silver（百加得银标）、Bacardi Gold（百加得金标）、Bacardi 151（百加得 151Proof）、Puerto Rico Rum（波多黎各朗姆酒）、Jamaican Rum（牙买加朗姆酒）、Myer's Rum（牙）（美雅士），Havana Club（哈瓦那俱乐部朗姆酒）、Don Q（《唐吉诃德》朗姆酒）等。

4. 利口酒

利口酒可以称为餐后甜酒，是由英文 Liqueur 英译而来的，它是以蒸馏酒（白兰地、威士忌、朗姆酒、金酒、伏特加）为基酒配制各种调香物品，并经过甜化处理的酒精饮料，具有高度和中度的酒量，颜色娇美，气味芬芳独特，酒味甜蜜。因含糖量高，相对密度较大，色彩鲜艳，常用来增加鸡尾酒的颜色和香味，突出其个性，是制作彩虹酒不可缺少的材料。还可以用来烹调，烘烤，制作冰激凌、布丁和甜点。

（1）原料　利口酒泛指酒中添加了天然芳香药用动、植物，并具有一定保健作用的饮料配制甜酒。从其本身的产品特征与我国现在的酒类行业划分的配制酒中的果露酒极为相近。其多采用芳香及药用植物的根、茎、叶、果和果浆作为添加料，个别品种如蛋黄酒则选用鸡蛋作为添加料。由于西方人追求浪漫的生活情调而将利口酒在外观上呈现出包括红、黄、蓝、绿在内的纯正鲜艳的或复合的色彩，可谓色彩斑斓。

（2）品种　利口酒是用是由中性酒如白兰地、威士忌、朗姆、金酒、伏特加或葡萄酒为基酒，加入果汁和糖浆再浸泡各种水果或香料植物经过蒸馏、浸泡、熬煮等过程而制成，且至少含有 2.5% 的甜浆。甜浆可以是糖或蜂蜜，大部分的利口酒含甜浆量都超过 2.5% 。利口酒所采用的加味材料千奇百怪，最常见的分二大类，即植物和水果。

利口酒的种类较多，主要有以下几类：柑橘类利口酒、樱桃类利口酒、桃子类利口酒、奶油类利口酒、香草类利口酒、咖啡类利口酒。除上述几大类风味特点十分显著的酒品外，还有其他很多种独具特色的利口酒。

5. 其他

(1) 金酒

金酒（GIN）是在1660年，由荷兰的莱顿大学（Unversity of Leyden）名叫西尔维斯（Doctor Sylvius）的教授制造成功的。最初制造这种酒是为了帮助在东印度地域活动的荷兰商人、海员和移民预防热带疟疾病，作为利尿、清热的药剂使用，不久人们发现这种利尿剂香气和谐、口味协调、醇和温雅、酒体洁净，具有净、爽的自然风格，很快就被人们作为正式的酒精饮料饮用。金酒的怡人香气主要来自具有利尿作用的杜松子。杜松子的加法有许多种，一般是将其包于纱布中，挂在蒸馏器出口部位，蒸酒时，其味便串于酒中；或者将杜松子浸于绝对中性的酒精中，一周后再回流复蒸，将其味蒸于酒中。有时还可以将杜松子压碎成小片状，加入酿酒原料中，进行糖化、发酵、蒸馏，以得其味。有的国家和酒厂配合其他香料来酿制金酒，如荽子、豆蔻、甘草、橙皮等。此后，这种用杜松子果浸于酒精中制成的杜松子酒作为一种新的饮料逐渐为人们接受。据说，1689年流亡荷兰的威廉三世回到英国继承王位，于是杜松子酒传入英国，英文叫Gin。

品种如下。

① 荷式金酒：荷式金酒产于荷兰，主要的产区集中在斯希丹（Schiedam）一带，是荷兰人的国酒。荷式金酒被称为杜松子酒（Geneva），是以大麦芽与稞麦等为主要原料，配以杜松子酶为调香材料，经发酵后蒸馏三次获得的谷物原酒，然后加入杜松子香料再蒸馏，最后将蒸馏而得的酒，贮存于玻璃槽中待其成熟，包装时再稀释装瓶。荷式金酒色泽透明清亮，酒香味突出，香料味浓重，辣中带甜，风格独特。无论是纯饮或加冰都很爽口，酒度为52°左右。因香味过重，荷式金酒只适于纯饮，不宜作混合酒的基酒，否则会破坏配料的平衡香味。荷式金酒在装瓶前不可贮存过久，以免杜松子氧化而使味道变苦；装瓶后则可以长时间保存而不降低质量。荷式金酒常装在长形陶瓷瓶中出售。新酒叫Jonge，陈酒叫Oulde，老陈酒叫Zeet oulde。比较著名的酒牌有：亨克斯（Henkes）、波尔斯（Bols）、波克马（Bokma）、邦斯马（Bomsma）、哈瑟坎坡（Hasekamp）。荷式金酒的饮法也比较多，在东印度群岛流行在饮用前用苦精（Bitter）洗杯，然后注入荷兰金酒，大口快饮，痛快淋漓，具有开胃之功效，饮后再饮一杯冰水，更是美不胜言。荷式金酒加冰块、再配以一片柠檬，就是世界名饮干马天尼（Dry Martini）的最好代用品。

② 英式金酒：大约是在17世纪，威廉三世统治英国时，发动了一场大规模的宗教战争，参战的士兵将金酒由欧洲大陆带回英国。1702~1704年，当政的安妮女王对法国进口的葡萄酒和白兰地苛以重税，而对本国的蒸馏酒降低税收。金酒因而成了英国平民百姓的廉价蒸馏酒。另外，金酒的原料低廉，生产周期短，无须长期增陈贮存，因此经济效益很高，不久就在英国流行起来。英式金酒的生产过程较荷式金酒简单，它用食用酒槽和杜松子及其他香料共同蒸馏而得干金酒。由于干金酒酒液无色透明，气味奇异清香，口感醇美爽适，既可单饮，又可与其他酒混合配制或作为鸡尾酒的基酒，所以深受世人的喜爱。英

式金酒又称伦敦干金酒，属淡体金酒，意思是指不甜，不带原体味，口味与其他酒相比，比较淡雅。英式干金酒的商标有：Dry Gin、Extra Dry Gin、Very Dry Gin、London Dry Gin 和 English Dry Gin，这些都是英国上议院给金酒一定地位的记号。著名的酒牌有：英国卫兵（Beefeater）、歌顿金（Gordon's）、吉利蓓（Gilbey's）、仙蕾（schenley）、坦求来（Tangueray）、伊丽莎白女王（QueenElizabeth）、老女士（Old Lady's）、老汤姆（Old Tom）、上议院（House of Lords）、格利挪尔斯（Greenall's）、博德尔斯（Boodles）、博士（Booth's）、伯内茨（Burnett's）、普利莫斯（Plymouth）、沃克斯（Walker's）、怀瑟斯（Wiser's）、西格兰姆斯（seagram's）等。伦敦干金酒也可以冰镇后纯饮。冰镇的方法有很多，例如：将酒瓶放入冰箱或冰桶，或在倒出的酒中加冰块，但大多数客人喜欢将之用于混饮（即做混合酒的基酒）。

③ 美式金酒：美国金酒为淡金黄色，因为与其他金酒相比，它要在橡木桶中陈年一段时间。美国金酒主要有蒸馏金酒（Distiled gin）和混合金酒（Mixed gin）两大类。通常情况下，美国的蒸馏金酒在瓶底部有“D”字，这是美国蒸馏金酒的特殊标志。混合金酒是用食用酒精和杜松子简单混合而成的，很少用于单饮，多用于调制鸡尾酒。

④ 其他金酒：金酒的主要产地除荷兰、英国、美国以外还有德国、法国、比利时等国家。比较常见和有名的金酒有：辛肯哈根·德国（schinkenhager）、布鲁克人·比利时（Bruggman）、西利西特·德国（Schlichte）、菲利埃斯·比利时（Filliers）、多享卡特·德国（Doornkaat）、弗兰斯·比利时（Fryns）、克丽森·法国（Claessens）、海特·比利时（Herte）、罗斯·法国（Loos）、康坡·比利时（Kampe）、拉弗斯卡德·法国（Lafoscade）、万达姆·比利时（Vanpamme）、布苓吉维克·南斯拉夫（Brinevec）等。干金酒中有一种叫 Sloe gin 的金酒，但它不能称为杜松子酒，因为它所用的原料是一种野生李子，名叫黑刺李。Sloe gin 习惯上可以称为“金酒”，但要加上“黑刺李”，称为“黑刺李金酒”。

（2）咖啡

“咖啡”（Coffee）一词源自埃塞俄比亚的一个名叫卡法（kaffa）的小镇，在希腊语中“Kaweh”的意思是“力量与热情”。茶叶与咖啡、可可并称为世界三大饮料。咖啡树是属茜草科常绿小乔木，日常饮用的咖啡是用咖啡豆配合各种不同的烹煮器具制作出来的，而咖啡豆就是指咖啡树果实内之果仁，再用适当的烘焙方法烘焙而成。

知名品种如下

① 麝香猫咖啡（Kopi Luwak）：是近期发明的咖啡，产于印度尼西亚，咖啡豆是麝香猫食物范围中的一种，但是咖啡豆不能被消化系统完全消化，咖啡豆在麝香猫肠胃内经过发酵，并经粪便排出，当地人在麝香猫粪便中取出咖啡豆后再做加工处理，也就是所谓的“猫屎”咖啡。此咖啡味道独特，口感不同，但习惯这种味道的人会终生难忘。由于现在野生环境的逐步恶化，麝香猫的数量也在慢慢减少，导致这种咖啡的产量也相当有限，能品到此咖啡的人是相当的有幸。

②蓝山（Blue Mountain Coffee）：是一种大众知名度较高的咖啡，只产于中美洲牙买加的蓝山地区，并且只有种植在1800米以上的蓝山地区的咖啡才能授权使用“牙买加蓝山咖啡（Blue Mountain Coffee），”的标志，占牙买加蓝山咖啡总产量的15%。而种植在海拔457～1524米的咖啡被称为高山咖啡（Jamaica High Mountain Supreme Coffee Beans），种植在海拔274～457米的咖啡称为牙买加咖啡（Jamaica Prime Coffee Beans）。蓝山咖啡拥有香醇、苦中略带甘甜、柔润顺口的特性，而且稍微带有酸味，能让味觉感官更为灵敏，品尝出其独特的滋味，是为咖啡之极品。

③摩卡（Mokha）：有人说：咖啡中，蓝山可以称王，摩卡可以称后。摩卡咖啡拥有全世界最独特、最丰富、最令人着迷的复杂风味：红酒香、狂野味、干果味、蓝莓味、葡萄味、肉桂味、烟草味、甜香料、原木味，甚至巧克力味……摩卡咖啡口感特殊，层次多变，像足了女人的心情，慢慢品尝时你所能体验到的感受从头到尾都不会重复，变化不断，越品越如同品饮一杯红酒。有人曾经这样形容：如果说墨西哥咖啡可以被比作干白葡萄酒，那么也门摩卡就是波尔多葡萄酒。

④苏门答腊曼特宁（Sumatran Mandheling）：盛产于印度尼西亚的苏门答腊，当地的特殊地质与气候培养出独有的特性，具有相当浓郁厚实的香醇风味，并且带有较为明显的苦味与炭烧味，苦、甘味更是特佳，风韵独具。印尼是个咖啡产量大国。咖啡的产地主要是爪哇、苏门答腊和苏拉威，罗布斯塔豆种占总产量的90%，而苏门答腊曼特宁则是稀少的阿拉比卡豆种。这些树被种植在750～1500米的山坡上，神秘而独特的苏门答腊赋予了曼特宁咖啡香气浓郁、口感丰厚、味道强烈、略带有巧克力味和糖浆味的特点。

⑤夏威夷科纳（Hawaii Kona）：夏威夷产的科纳咖啡豆是世界上外表最美丽的咖啡豆，它异常饱满，而且光泽鲜亮，豆形平均整齐，具有强烈的酸味和甜味，口感湿顺、华润。因为生长在火山之上，夏威夷独特的火山气候铸就了科纳咖啡独特的香气，同时有高密度的人工培育农艺，因此每粒豆子都可说是娇生惯养的“大家闺秀”，标致、丰腴并有婴孩般娇艳的肤质。科纳咖啡口味新鲜、清冽，中等醇度，有轻微的酸味，同时有浓郁的芳香，品尝后余味长久。最难得的是，科纳咖啡具有一种兼有葡萄酒香、水果香和香料香的混合香味，就像这个火山群岛上五彩斑斓的色彩一样迷人。

⑥巴西咖啡（Brazilian Coffee）：巴西是世界上最大的咖啡产地，总产量占全世界的接近30%。巴西咖啡的口感中带有较低的酸味，配合咖啡的甘苦味，入口极为滑顺，而且又带有淡淡的青草芳香，在清香略带苦味，甘滑顺口，余味能令人舒活畅快。对于巴西咖啡来说并没有特别出众的优点，但是也没有明显的缺憾，这种口味温和而滑润、酸度低、醇度适中，有淡淡的甜味，这些所有柔和的味道混合在一起，要想将他们一一分辨出来，是对味蕾的最好考验。

⑦山多士（Santos）：属于巴西咖啡中的极品，以巴西圣保罗州山多士港口命名的咖啡，其咖啡豆粒大，香味高，有适度的苦味，亦有高品质的酸度，总体口感柔和，淡美和地酸度，若仔细品尝回味无穷。

⑧哥伦比亚特级（Colombian Supermo San Agustin）：哥伦比亚咖啡是少数以自己国家名字在世界上出售的单品咖啡之一。在质量方面，还没有别的咖啡得到咖啡客们如此高度的评价。它另有一个很好听的名字，叫“翡翠咖啡”。

⑨ 埃塞俄比亚哈拉尔（Ethiopia Harar）：埃塞俄比亚咖啡多产于海拔2000米以上的高原，大产区有德吉马、甘比、伊尔加什夫、西达摩、哈拉尔，其中哈拉尔的黑山地区，是世界上唯一有野生咖啡的地方，那里的野生咖啡每年都要拿到伦敦拍卖。

⑩ 危地马拉安提瓜（Guatemalan Antigua）：产于南美洲国家危地马拉，此豆属于波旁种的咖啡豆，是酸味较强的品种之一，味道香醇而略具野性，最适合用来调配成混合咖啡。安提瓜市是美洲最古老和最美丽的城市，早在1543年，安提瓜市就是中美洲全体殖民时代的首都，1773年的大地震后，安提瓜市整个毁灭，所以将首都迁移至危地马拉市。现在的安提瓜岛（Antigua）是咖啡的著名产地，丰富的火山土壤，低湿度，强烈的太阳光和凉爽的晚风是安提瓜地区的特色。每隔30年左右，安提瓜岛附近地区就要遭受一次火山爆发的侵袭，这给本来就富饶的土地提供更多的氮，而且充足的降雨和阳光使这个地方更适于种植咖啡。目前危地马拉一些质地最优的咖啡出口到日本，在那里，每杯咖啡卖到3～4美元。

⑪ 波多黎各尧科特选（Puerto Rico Yauco Selecto）：波多黎各尧科特选是令人着迷的咖啡，它风味俱全，无苦味，富含营养，果味浓郁。早在19世纪60年代，波多黎各尧科地区所生产的咖啡，博得了高级咖啡的声誉，遍及欧洲各国。当时各国的皇帝和皇后都将其视为咖啡中的极品，欧洲的上流社会也广为饮用。尧科精选咖啡在该岛国西南部的三个农场种植，土质为优质黏土，采用古老的咖啡树种，尽管产量较其他品种低，但普遍优质，其口味芳香浓烈，饮后回味悠长。这种咖啡售价很高，香味可与世上其他任何咖啡品种媲美，被国际咖啡鉴定师公认为世界排名第三的咖啡。

⑫ 厄瓜多尔加拉帕戈斯（Ecuador Galapagos）：厄瓜多尔是世界上海拔最高的阿拉伯咖啡种植园。从1875年咖啡树首次被引入厄瓜多尔以来，其咖啡的质量坚持100年不变，尤其是每年6月初收获的咖啡，被人称为“世界上最好喝的咖啡”。厄瓜多尔咖啡豆分为加拉帕戈斯和希甘特两个品种，它们的颗粒都比较大，分量也很重。尤其是加拉帕戈斯群岛得天独厚的地理条件赋予了咖啡豆优异于其他产地咖啡豆的优秀基因，它优质的品质源于在种植时没有任何化学制剂。由于厄瓜多尔适于咖啡树生长的土地正在逐步减少，因此，加拉帕戈斯咖啡更显珍贵。

（3）鸡尾酒

① 命名：鸡尾酒的命名五花八门、千奇百怪，有植物名、动物名、人名，从形容词到动词，从视觉到味觉等。而且，同一种鸡尾酒叫法可能不同；反之，名称相同，配方也可能不同。不管怎样，它的基本划分可分以下几类：以酒的内容命名、以时间命名、以自然景观命名、以颜色命名。另外，上述四类兼而有之的也不乏其例。

a. 以酒的内容命名：以酒的内容命名的鸡尾酒虽说为数不是很多，但却有不少是流行品牌，这些鸡尾酒通常都是由一两种材料调配而成，制作方法相对也比较简单，多数属于长饮类饮料，而且从酒的名称就可以看出酒品所包含的内容。例如比较常见的有：罗姆可乐，由罗姆酒兑可乐调制而成，这款酒还有一个特别的名字，叫“自由古巴”（Cuba Liberty）。此外，还有金可乐、威士忌可乐、伏特加可乐等。

b. 以时间命名：以时间命名的鸡尾酒在众多的鸡尾酒中占有一定数量，这些鸡尾酒有些表示了酒的饮用时机，但更多的则是在某个特定的时间里，创作者因个人情绪，或身边发生的事，或其他因素的影响有感而发，产生了创作灵感，创作出一款鸡尾酒，并以这一特定时间来命名鸡尾酒，以示怀念、追忆。如“忧虑的星期一”、“六月新娘”、“夏日风情”等。

c. 以自然景观命名：所谓以自然景观命名，是指借助于天地间的山川河流、日月星辰、风露雨雪，以及繁华都市、边远乡村抒发创作者的情思。因此，以自然景观命名的鸡尾酒品种较多，且酒品的色彩、口味甚至装饰等都具有明显的地方色彩，比如：“雪乡”、“乡村俱乐部”、“迈阿密海滩”等。此外还有“红云”、“夏威夷”、“蓝色的月亮”、“永恒的威尼斯”等。

d. 以颜色命名：以颜色命名的鸡尾酒占鸡尾酒的大部分，它们基本上是以“伏特加”、“金酒”、“罗姆酒”等无色烈性酒为酒基，加上各种颜色的利口酒调制成形形色色、色彩斑斓的鸡尾酒品。

红色：鸡尾酒中最常见的色彩，它主要来自于调酒配料“红石榴糖浆”。红色能营造出异常热烈的气氛，为各种聚会增添欢乐、增加色彩，以红色著名的鸡尾酒还有“新加坡司令”、“日出特基拉”、“迈泰”等。

绿色：主要来自于著名的绿薄荷酒。薄荷酒有绿色、透明色和红色三种，但最常用的是绿薄荷酒，它用薄荷叶酿成，具有明显的清凉、提神作用，著名的绿色鸡尾酒有“蚱蜢”、“绿魔”、“青龙”等。

蓝色：这一常用来表示天空、海洋和湖泊的自然色彩，由于著名的蓝橙酒的酿制，便在鸡尾酒中频频出现，如“忧郁的星期一”、“蓝色夏威夷”、“蓝天使”等。

黑色：用各种咖啡酒，其中最常用的是一种叫甘露（也称卡鲁瓦）的墨西哥咖啡酒。其色浓黑如墨，味道极甜，带浓厚的咖啡味，专用于调配黑色的鸡尾酒，如“黑色玛丽亚”、“黑杰克”、“黑俄罗斯”等。

褐色：可可酒，由可可豆及香草做成，由于欧美人对巧克力偏爱异常，配酒时常常大量使用。调制比如“白兰地亚历山大”、“第五街”、“天使之吻”等鸡尾酒。

金色：用带茴香及香草味的加里安奴酒，或用蛋黄、橙汁等。常用于“金色凯迪拉克”、“金色的梦”、“金青蛙”等的调制。

② 品酒礼仪：随着酒会的进行，应酬周旋的必要逐渐减少，但作为一个有教养的客人，仍需留意女主人的通盘安排。

③ 鸡尾酒的特点：鸡尾酒经过200多年的发展，现代鸡尾酒已不再是若干种酒及乙醇饮料的简单混合物。虽然种类繁多，配方各异，但都是由各调酒师精心设计的佳作，其色、香、味兼备，盛载考究，装饰华丽，除圆润、协调的味觉外，观色、嗅香，更有享受、快慰之感，甚至其独特的载杯造型，简洁妥帖的装饰点缀，无一不充满诗情画意。纵观鸡尾酒的性状，现代鸡尾酒应有如下特点：

a. 是混合酒：鸡尾酒由两种或两种以上的非水饮料调和而成，其中至少有一种为酒精性饮料。

b. 花样繁多，调法各异：用于调酒的原料有很多类型，各酒所用的配料种数也不相同，如两种、三种甚至五种以上。即使以流行的配料种类确定的鸡尾酒，各配料在分量上也会因地域不同、人的口味各异而有较大变化，从而冠用新的名称。

c. 具有刺激性中味：鸡尾酒具有明显的刺激性，能使饮用者兴奋，因此具有一定的酒精浓度。适当的酒浓度能使饮用者紧张的神经和缓，肌肉放松等。

d. 能够增进食欲：鸡尾酒应是增进食欲的滋润剂。饮用后，由于酒中含有的微量调味饮料如酸味、苦味等饮料的作用，饮用者的口味应有所改善，绝不能因此而倒胃口、厌食。

e. 口味优于单体组分：鸡尾酒必须有卓越的口味，而且这种口味应该优于单体组分。品尝鸡尾酒时，舌头的味蕾应该充分扩张，才能尝到刺激的味道。如果过甜、过苦或过香，就会影响品尝风味的能力，降低酒的品质，是调酒时不能允许的。

f. 冷饮性质：鸡尾酒需足够冷冻。但如朗姆类混合酒，以沸水调配，自然不属典型的鸡尾酒。当然，也有些酒种既不用热水调配，也不强调加冰冷冻，但其某些配料是温的，或处于室温状态的，这类混合酒也应属于广义的鸡尾酒的范畴。

g. 色泽优美：鸡尾酒应具有细致、优雅、匀称、均一的色调。常规的鸡尾酒有澄清透明或浑浊两种类型。

h. 盛载考究：鸡尾酒应由式样新颖大方、颜色协调得体、容积大小适当的载杯盛载。装饰品虽非必须，但却常有。它们对于鸡尾酒，犹如锦上添花，使之更有魅力。况且，某些装饰品本身也是调味料。

i. 一年四季都加冰块：配方有几万种，色彩、味道各不相同，调制鸡尾酒的基酒有琴酒（Gin）、威士忌（Whisky、Whiskey）、伏特加（Vodka）、白兰地（Brandy）、龙舌兰酒（Tequila）、朗姆酒（Rum）等；果汁类有橙汁、柠檬汁、姜汁等；汽水类有可乐、七喜、汤力水、苏打水、干姜水等，有时加入樱桃、杨梅、橙片等装饰，但共同点是一年四季都加冰块。

④ 饮用方法：

a. 短饮：即短时间喝的鸡尾酒，时间一长风味就减弱了。此种酒采用摇动或搅拌以及冰镇的方法制成，使用鸡尾酒杯。一般认为鸡尾酒在调好后 10 ~ 20 分钟饮用为好。大部分酒精度数是 30°左右。

b. 长饮：长饮是调制成适于消磨时间悠闲饮用的鸡尾酒，兑上苏打水、果汁等。长饮鸡尾酒几乎全都是用平底玻璃酒杯或果汁水酒酒杯这种大容量的杯子。它是加冰的冷饮，也有加开水或热奶趁热喝的热饮，一般认为 30 分钟左右饮用为好。长饮与短饮相比大多酒精浓度低，容易喝。

走一走：到超市酒柜进行实地调研，了解常用酒水。

任务二　西餐宴会常用酒水的服务要求

一、葡萄酒的保存及饮用温度

葡萄酒是一种装瓶后继续变化和成熟的活跃性饮料。人们常说："葡萄酒是有生命的物质。"这句话说明葡萄酒如同人的成长一般，会随着时间的发展而成熟。除此之外，葡萄酒也像人一样，需要细心的照顾以及经常的关怀。既然如此，葡萄酒理当被小心谨慎地储备、保存，使其能够在最佳状态时供人饮用，让人享受到它最原始的魅力。因此，为了使顾客能够完全享受葡萄酒的美味，葡萄酒日常保存工作的实行以及葡萄酒最佳饮用温度的提供，便是服务人员在西餐宴会中提供酒类服务时最重要的工作之一。

1. 葡萄酒的保存方式

（1）将酒瓶水平放置　通常在储存葡萄酒时，应该将葡萄酒酒瓶水平放置，使瓶中的葡萄酒能够与瓶口软木塞充分接触。这样横躺储存，能够保持软木塞的湿润，以免在开酒时软木塞因为太干燥而断裂在瓶中无法取出。此外，保持酒与软木塞的接触，还可防止空气进入瓶中，有效防范外界异味被酒吸收而破坏酒原本的风味（白兰地、利口酒类则要竖立存放）。

（2）维持储酒场所的储存条件　葡萄酒的储存场所需要专门的分隔式空间。储酒场所必要条件的维持是成功保存酒的关键之一。其中，储酒场地的温度、光线、湿度及气味等将影响葡萄酒品质的因素，尤其应小心控制，以免影响酒的风味。

（3）妥善处理尚未饮完的葡萄酒　已开瓶但尚未喝完的葡萄酒，应将软木塞再塞回瓶口，并且把未喝完的红葡萄酒或白葡萄酒直立摆回冰箱。此外，如果有较小的瓶子，最好能将剩余的酒倒入小瓶中，再摆进冰箱存放。其中，直立摆放的目的在于减少酒与氧气的接触面、降低酒氧化的速度，并延长储存于冰箱中的期限。尽管如此，大部分的白葡萄酒在开瓶过后，仍只能在冰箱中储存大约一个星期；至于红葡萄酒，则有较长的储存期限，其中一些红葡萄酒甚至可以在冰箱中保存大约三个星期。但若超过三个星期，再好的酒味道都难免会变化。所以，不论是红葡萄酒或是白葡萄酒，在开瓶后最好不要在冰箱中储存过久，应尽快将其饮用完，以免酒的味道变质，破坏酒原本的美味而不堪饮用。

2. 葡萄酒的饮用温度

在饮酒过程中，葡萄酒的适当饮用温度是相当重要的一门学问。众所周知，同样的葡萄酒，如果温度不同，酒的香气、口味就会截然不同。一般说来，人们常认为白葡萄酒应该冷藏后饮用，而红葡萄酒则应以室温为最佳饮用温度。

二、葡萄酒与食物的搭配

1. 葡萄酒与食物的搭配原则

由于食物和葡萄酒都是多种多样的，所以在搭配食物和葡萄酒时，往往有许多不同的组合方式可供选择。一般而言，人们通常根据自己的爱好以及预算来决定所饮用的葡萄酒，但除了考虑偏好以及预算之外，还应该注意到酒能“增进食物风味”的功能。适当地选用佐餐的葡萄酒，能恰如其分地增添食物的美味并呈现酒的绝佳风味。具体搭配原则如下：

（1）食用以某种葡萄酒调味的菜肴时，选择相同的酒佐餐。

（2）采用某一地区饮食风格时，选择饮用同一地区的葡萄酒。

（3）葡萄酒和食物的搭配必须符合两者口味的强度，以使葡萄酒与食物在口味上能充分协调，不至于让食物的风味被酒破坏或掩盖。

2. 葡萄酒与食物的搭配组合

其实，葡萄酒搭配食物的原则不仅限于上述几点，更因所搭配食物、调味品或使用奶酪、点心的不同，而有不同的原则来选择佐餐酒，以有助于充分凸显食物的最佳风味并享受葡萄酒的完美口感。虽然葡萄酒是欧洲国家的产物，但其实有许多葡萄酒都很适合搭配亚洲食物享用。

（1）海鲜和贝类　搭配香槟和不甜的白葡萄酒最为合适，香槟搭配蚝、虾、蟹等海鲜特别美味，也可以换成不甜的白葡萄酒。

（2）鱼翅　香槟是最好的搭配。当然在其中加上一滴干邑白兰地酒更能增添鱼翅的美味，比加红醋味道还好。

（3）鸡肉和猪肉　当使用清淡的调味料或快炒时，香槟或不甜的白葡萄酒是很好的搭配。但若猪肉被烤成“叉烧”，那么搭配一瓶清淡的红葡萄酒将会更好。

（4）鸭肉　如果是熏鸭或烤鸭，可以选择比较清淡至中稠度的红葡萄酒。

（5）面食　以海鲜或贝类为主的面食可以选择不甜的到浓郁丰厚的白葡萄酒，牛肉烩面则可搭配中稠度到浓郁丰厚的红葡萄酒。

（6）点心　葡萄酒与点心的搭配若要达到口感上的充分协调，就必须配合彼此口味的强度。一般而言，微甜的白葡萄酒很适合选作点心的佐酒。香槟酒是唯一可以当作开胃酒、同时也能搭配各种菜肴的葡萄酒，当然它也可用来搭配点心饮用。然而，纵使香槟酒可作为搭配点心享用的佐酒，也最好避免选择完全不甜的香槟酒，因为这种酒几乎不含糖，而且和点心的芳醇截然不同。所以在选择搭配点心饮用的香槟或其他酒类时，务必留意酒与点心甜度上的协调，这样才能充分享受两者口感结合的绝佳风味。

（7）奶酪　通常客人食用奶酪时，都会饮用和先前食物相同的佐酒作搭配，然而这样的选择往往使顾客无法品尝到乳酪的最佳风味。奶酪在法国与葡萄酒有着非常密切的关系，人们常说：“奶酪不但能显出好酒的风味，更能去除次等酒的缺陷。”

三、葡萄酒服务

1. 红葡萄酒服务程序

（1）准备工作　准备好红酒篮，将一块干净的口布铺在红酒篮中。将葡萄酒放在酒篮中，商标朝上。

（2）红葡萄酒的展示　服务员右手拿起装有红酒的酒篮，走到宾客座位的右侧，左手轻托住酒篮的底部，呈45°倾斜，商标向上，请宾客看清酒的商标，并询问宾客是否需要服务。

（3）红葡萄酒的开启　将红酒立于酒篮中，左手扶住酒瓶，右手用开酒刀割开锡箔，并用一块干净的口布将瓶口擦净。将螺丝锥垂直钻入木塞，注意不要旋转酒瓶，螺丝锥不要扎透软木塞；待螺丝锥完全钻入木塞后，轻轻拔出木塞，木塞出瓶时不应有声音，不要使软木塞断裂。拔出软木塞后，应嗅闻软木塞接触酒的一面，检查瓶中酒是否有坏味、腐味或其他异味等。用布巾将瓶口附近擦拭干净，再检查一下葡萄酒的液面有无异物。将木塞放入小盘中，并摆在宾客红葡萄酒杯的右侧，以便客人进一步确认。

（4）红葡萄酒的服务　服务员将打开的红葡萄酒瓶放回酒篮，商标朝上，同时用右手拿起酒篮。从宾客右侧倒入宾客杯中1/5红葡萄酒，请宾客品评酒质。宾客认可后，按照先宾后主、女士优先的原则，依次为宾客倒酒，倒酒时站在宾客的右侧，倒入杯中1/2即可。每倒完一杯酒要轻轻转动一下酒篮，避免酒滴在台布上。倒完酒后，把酒篮放在宾客餐具的右侧，注意不能将瓶口对着宾客。若酒篮太浅，酒便可能从软木塞已除去的酒瓶中自行流出，这时可在酒篮底下放置一个盘面朝下的盘子，稍微固定酒瓶，以免瓶身移位而使酒流出；酒篮较深时，则可省略此动作。

（5）红葡萄酒的添加　随时为宾客添加红葡萄酒。当整瓶酒将要倒完时，要询问宾客是否再加一瓶，如宾客不再加酒，即观察宾客，待其喝完酒后，立即将空杯撤掉。

2. 滗析红葡萄酒

红葡萄酒在发育成熟期间，酒中的单宁酸和色素等杂质都会沉淀在瓶底而成为沉淀物。这些沉淀物一旦被搅动，酒便会显得浑浊，并且使客人在饮用之际感受到因沉淀物干扰而产生的粗糙质感。澄清酒中沉淀物需要一项专业性的工作——滗析。

滗析是将原来红葡萄酒瓶内产生得沉淀物存留在瓶内，将上面的纯净部分的酒液倒入酒容器里，而不至于让客人在享用酒时因为沉淀物质的干扰而影响口感。一瓶“充分成熟”的老酒必须经过滗析的程序。滗析除了使酒澄清之外，还可以使葡萄酒接触空气而氧化，从而促进香气散发，并使从酒库取出的葡萄酒的温度略微上升。

对于滗析处理，有些人认为高品质的酒在滗析这种快速接触空气的过程中会失去这些好酒优秀、上等的酒香；有些人则认为即使是新酒也可以滗析，因为滗析可以使酒在空气接触的过程中有“呼吸”的机会，呼出其酒香而去除沉重的酒味。有些宾客点用高品质的佳酿，希望所宴请的宾客知晓所点用的酒具有高贵的品质，大多不希望经滗析的处理，以便宾客能看到瓶身而彰显酒的珍贵；反之，若宴请者不想让宾客知道所点用的酒品质较差或有其他目的，反而希望借滗析来达到其目的。总之，顾客有时候会为了某一展示的目的而选择滗析与否，服务人员在滗析酒之前应征求宾客的意见。

一旦有滗析的需要时，服务人员必须轻柔地将顾客所点用的酒用酒篮装盛，当着客人的面，进行滗析的操作。

3. 白葡萄酒服务程序

（1）准备工作　在冰桶中放入1/3桶冰块，再放入1/2桶的水后，放在冰桶架上，倘若没有冰桶架，就把冰桶放在一个铺着餐巾的大盘子，并将其置于客人的餐桌上或靠墙的桌子上。服务员拿持冰桶时，必须一手牢固地提着它，一手扶着它，使冰桶看起来安全稳固。配一条叠成8厘米宽的条状口布。白葡萄酒取回后，放入冰桶中，商标朝上。

（2）白葡萄酒的展示　将准备好的冰桶架、冰桶、酒、条状口布、一个小盘拿到宾客坐位的右侧，将小盘放在宾客餐具的右侧。左手持口布，右手持葡萄酒，将酒瓶底部放在条状口布的中间部位，再将条状口布两端拉起至酒瓶商标以上部位，并使商标全部露出。

右手持用口布包好的酒瓶，用左手四个指尖轻托住酒瓶底部，送至宾客面前，诸宾客看清酒的商标，并询问宾客是否需要服务。

（3）白葡萄酒的开启　得到宾客允许后，将酒瓶放回冰桶中开启。

（4）白葡萄酒的服务　服务员右手持用条状口布包好的酒瓶，商标朝向宾客，从宾客右侧倒入 1/5 杯的白葡萄酒，请宾客品评酒质。宾客认可后，按照先宾后主、女士优先的原则，依次为宾客倒酒；倒酒时站在宾客的右侧，倒入杯中 3/4 即可。每倒完一杯酒要轻轻转动一下酒瓶，避免酒滴在桌布上。倒完酒后，把白葡萄酒瓶放回冰桶，商标朝上。

（5）白葡萄酒的添加　随时为宾客添加白葡萄酒。当整瓶酒将要倒完时，询问宾客是否再加一瓶。如宾客不再加酒，即观察宾客，待其喝完酒后，立即将空杯撤掉。

4. 香槟酒服务程序

（1）准备工作。准备好冰桶，将酒瓶擦拭干净，放在冰桶内冰冻。将酒连同冰桶和冰桶架一起放到宾客桌旁不影响正常服务的位置。

（2）酒的开启。将香槟酒从冰桶内抽出向主人展示，主人确认后放回冰桶内。用酒刀将瓶口处的锡纸割开去除；左手握住瓶颈，同时用拇指压住瓶塞，右手将捆扎瓶塞的铁丝拧开、取下；用干净口布包住瓶塞顶部，左手依旧握住瓶颈，右手握住瓶塞，双手同时反方向转动并缓慢地上提瓶塞，直至瓶内气体将瓶塞完全顶出；开瓶时动作不宜过猛，以免发出过大的声音而影响宾客（气泡酒瓶塞的开启一般不用螺丝锥，而是用手）。

（3）品酒服务。用口布将瓶口和瓶身上的水迹擦掉，将酒瓶用口布包住。用右手拇指抠住瓶底，其余四指分开，托住瓶身，向主人杯中注入 1/5 的酒，交由主人品尝；主人品完认可后，服务员须询问是否可以立即斟酒。

（4）斟酒服务。斟酒时服务员右手持瓶，从宾客右侧按顺时针方向进行，女士优先、先宾后主；斟酒量为杯量的 3/4；每斟一杯酒最好分两次完成，以免杯中泛起的泡沫溢出；斟完后需将瓶身顺时针轻转一下，防止瓶口的酒滴落到台面上。酒的商标须始终朝向宾客。为所有的宾客斟完酒后，将酒瓶放回冰桶内冰冻。

四、啤 酒 服 务

1. 啤酒的分类

（1）按灭菌工艺分类

① 生啤：有散装生啤、纯生啤酒、作坊生啤。

散装生啤，指啤酒酿造合格后，不经过巴氏灭菌处理，用特种车或其他的盛器进行装运，销售前压入二氧化碳。生啤口味鲜爽，是夏季消暑的佳品，但由于这类啤酒中有大量的活酵母菌，稳定性差，一般保存时间不宜太长，在低温下一般为一周。只宜当地销售。

纯生啤酒，是采用现代灭菌设备经过 4 次过滤除菌后密封装入不锈钢啤酒桶内，销售时专门配有一台生啤机，边降温边补充二氧化碳。此酒口味鲜美，气体充足，营养丰富，它是具有一定生物稳定性的啤酒，在 0 ~ 8℃ 条件下可保质 20 ~ 30 天，是国际上酒质、保鲜、营养三个方面综合评价最为理想的啤酒。

作坊生啤，此酒最大的特点是将一套迷你型酿酒设备搬进店堂，在店堂内营造古朴优雅的气氛，吸引广大消费者。作坊生啤的优点是自产自销，现酿现喝，无须灭菌处理及降温保质，酒中保留了全部活体酵母菌，酒液绝对新鲜。缺点是小作坊式生产，缺乏大工业生产所具备的先进设备、优良水质、科学工艺和标准检测等条件，难以酿出一流的美酒。

② 熟啤：此类啤酒在酿造合格后，需采用巴氏灭菌处理工艺，以去除大量新鲜的酵母菌。这种啤酒多为瓶装或罐装，口味较其他类啤酒稍差，营养价值较低，一般保质期在4~6个月，保存时间过长会出现老熟、氧化。尽管如此，熟啤仍是大众消费的主要品种。

③ 鲜啤：啤酒酿造合格后，经过板式热交换器，在72℃时作瞬时杀菌处理，即可在常温下保鲜2~3个月。其酒质、营养介于生啤和熟啤之间。

（2）按啤酒颜色分类

① 淡色啤酒：这类啤酒色泽浅黄，又叫黄啤。用大麦芽和啤酒花作为原料，口味较清爽，酒花香气突出。我国消费者习惯以黄啤为主，并以色泽为佳。

② 深色啤酒：这类啤酒酒液呈咖啡色，富有光泽，也称黑啤。用一部分高温烘烤的焦香麦芽和啤酒花为原料，麦芽汁浓度较高，发酵度较低，口味比较醇厚，有明显的麦芽香味，氨基酸含量也高一些。

2．啤酒服务方式

（1）斟倒技巧　啤酒斟倒服务过程必须注意掌握方法与技巧，将一杯啤酒分两次斟倒，第一次倒至杯子的3/4处，使泡沫不至于溢出。过一会儿，再将原先的杯子斟满，使其保持泡沫层，这样既可避免啤酒溢出杯子，又使每杯啤酒都有一层漂亮的泡沫。应该注意，泡沫层不宜太多也不宜太少，通常在杯沿下2厘米为宜。

（2）斟倒方式　斟倒方式通常有两种：一种是使用托盘进行斟倒，将已开启的啤酒放于托盘上，站在客人的右侧，左手托盘，右手进行斟倒；另一种是不使用托盘，如果是餐桌服务则站在客人的右侧，如果是吧台服务则当场打开啤酒，用右手拿啤酒，左手托啤酒杯的底部，杯身以45°倾斜进行斟倒。约倒满杯二分之一时，将酒杯直立。

3．饮用啤酒的杯具要求

用于啤酒饮用的杯具种类较多，有敦厚、结实的玻璃直筒带把的巴克杯，通常用来盛装生啤酒，可盛装半升至一升。也有在很多酒吧普遍使用的无把平底啤酒杯或各种异型特色啤酒杯等，容量在8~16盎司。西餐厅服务中通常将啤酒斟倒在饮料杯中。

4．饮用啤酒的温度要求

啤酒适宜低温饮用，一般上桌服务前都要进行冷冻，温度取决于不同的季节，冷冻温度在6~8℃，冬天为10~12℃。饮用豪华啤酒时温度要略高些，但如果是鲜啤酒，则应温度低些，温度过高会失去其独特的风味。啤酒冷冻的温度不宜太低，太凉了会使啤酒淡而无味失去泡沫，饮用的温度过高又会产生过多的泡沫，甚至苦味太浓。

五、咖啡和红茶服务

1．普通咖啡的服务

服务普通咖啡时，先要准备好咖啡杯、碟、茶匙，还要准备好糖罐、奶盅，奶盅里面要倒半杯牛奶（可以应客人的要求换成淡奶或是脱脂牛奶），牛奶要用咖啡机上蒸汽头打热。准备工作做好后在咖啡碟上放一杯咖啡（选择普通咖啡），连同其他物品一起托到客人面前。先放奶盅和糖，再放咖啡杯。在服务咖啡时，咖啡杯的柄和茶匙柄要朝向客人右手边，以方便客人拿取。

2．特种咖啡的服务

（1）特浓咖啡的服务　特浓咖啡是一种浓度极高的咖啡，咖啡因含量很高，许多西方人喜欢在早餐后来一杯特浓咖啡提神醒脑。要准备特浓咖啡专用咖啡杯、碟和茶匙，同样也要准备糖和奶，在咖啡机上选择特浓咖啡键即可。如果客人需要双倍特浓咖啡，可以在咖啡机上按两次键放在一个杯子里。

（2）卡布其诺的服务　准备工作除了普通咖啡杯、碟、茶匙之外，只要再准备糖即可。先将牛奶打出奶泡注入杯底，再将咖啡注入至满杯，最后按客人要求撒上可可粉或肉桂粉。

（3）拿铁的服务　同卡布其诺的准备工作及做法的区别只在于最后不放可可粉或肉桂粉。

（4）冰咖啡的服务　冰咖啡是在玻璃冰水杯内放冰块，冲入事先冷却好的咖啡，放上搅拌棒和吸管，准备好奶盅（奶不用打热）和糖油（一种经过熬制的糖水，用于冷的饮料，也装在奶盅里）。上桌时先上奶和糖油再上咖啡。

（5）低因咖啡的服务　这是一种经过处理后咖啡因含量极低的咖啡，需用专用的咖啡粉，其服务方式同普通咖啡。

3．红茶的服务

当客人点了红茶而未做其他要求时，我们应准备茶壶（里面泡一个茶包），准备茶杯、茶碟、茶匙和奶盅。给客人上茶时，先放糖罐和奶盅，再放茶壶，最后放茶杯。

六、餐前酒和餐后酒服务

1．餐前酒

餐前酒是在用餐前为增近食欲而饮用的酒精饮料的总称。餐前酒的酒精含量不高，没有强烈的香气，很柔和，有酸味并略带苦味。多数餐前酒还因二氧化碳气体的作用，给人一种轻快的刺激感。

2．餐后酒

餐后酒是在食用高蛋白菜肴后，为促进消化而饮用的酒，是增强肠胃活动的酒精含量较高的饮料。餐后酒味道丰富、爽口，有化解食道与胃之间的堵塞物的功效。除此之外，该酒还像咖啡或雪茄烟的味道一样，给人一种醇和感，使人尽享味觉上的乐趣。

议一议：中餐宴会与西餐宴会的酒水服务有何区别？

讨论与探究：

1．饮用葡萄酒需要注意哪些问题？

2．饮用咖啡需要注意哪些问题？

项目六　西餐宴会菜点、菜单设计与制作

引言： 由于举办西餐宴会的目的、宴请的对象、人数的多少不同，西餐宴会的形式也有所不同。目前西餐宴会普遍采用的形式有正式宴会、鸡尾酒会、冷餐酒会、自助餐会等。设计西餐宴会菜点要考虑多方面的因素，需统筹安排。各式菜点制作工艺各有特色，本项目主要介绍菜点、菜单的设计要求与制作方法。

重点提示：

1. 西餐宴会菜点设计
2. 影响西餐宴会菜点的因素
3. 西餐宴会开胃菜制作
4. 西餐宴会汤菜制作
5. 西餐宴会主菜制作
6. 西餐宴会配菜制作
7. 西餐宴会沙拉制作
8. 西餐宴会点心制作
9. 西餐宴会菜单制作

教师导学： 教师借助图片、影像资料向学生介绍西餐宴会菜点的设计要求及影响因素，使学生掌握开胃菜、汤菜、主菜、配菜、沙拉、点心的制作方法以及西餐宴会菜单的制作方法。

任务一　西餐宴会菜点设计

一、正式宴会菜点设计

正式宴会适宜招待规格较高、人数不是很多的客人。正式宴会的菜点包括头盘、汤、副菜、主菜、配菜、甜品、饮料等内容。由于不同国家的民族生活习惯的不同，在菜点内容的安排上也有所不同，基本安排如下。

第一道：头盘。

头盘，也称为开胃菜。开胃菜的内容一般有冷头盘或热头盘之分，常见的品种有鱼子酱、鹅肝酱、熏鲑鱼、鸡尾杯、奶油鸡酥盒、焗蜗牛等。因为是要开胃，所以开胃菜一般都具有特色风味，味道以咸和酸为主，而且数量较少，质量较高。

第二道：汤。

与中餐极大不同的是，西餐的第二道菜就是汤。西餐的汤大致可分为清汤、奶油汤、蔬菜汤和冷汤4类。品种有牛尾清汤、各式奶油汤、海鲜汤、美式蛤蜊周打汤、意式蔬菜汤、俄式罗宋汤、法式焗葱头汤等。冷汤的品种较少，有德式冷汤、俄式冷汤等。

第三道：副菜。

鱼类菜肴一般作为西餐的第三道菜，也称为副菜。品种包括各种水产类菜肴与蛋类、面包类、酥盒菜肴。因为鱼类等菜肴的肉质鲜嫩，比较容易消化，所以放在肉类菜肴的前面，叫法上也和肉类菜肴主菜有区别。吃鱼类菜肴时西餐讲究使用专用的调味汁，品种有鞑靼汁、荷兰汁、酒店汁、白奶油汁、大主教汁、美国汁和水手鱼汁等。

第四道：主菜。

肉、禽类菜肴是西餐的第四道菜，也称为主菜。肉类菜肴的原料取自牛、羊、猪、小牛仔等各个部位的肉，其中最有代表性的是牛肉或牛排。牛排按其部位又可分为沙朗牛排(也称西冷牛排)、菲利牛排、“T”骨牛排、薄牛排等。其烹调方法常用烤、煎、铁扒等。肉类菜肴配用的调味汁主要有西班牙汁、浓烧汁精、蘑菇汁、白尼斯汁等。禽类菜肴的原料取自鸡、鸭、鹅，通常将兔肉和鹿肉等野味也归入禽类菜肴，禽类菜肴品种最多的是鸡，有山鸡、火鸡、竹鸡等，可煮、可炸、可烤、可焖，主要的调味汁有黄肉汁、咖喱汁、奶油汁等。

第五道：配菜。

蔬菜类菜肴可以安排在肉类菜肴之后，也可以与肉类菜肴同时上桌，所以可以算作一道菜，或称之为一种配菜。蔬菜类菜肴在西餐中称为沙拉。与主菜同时服务的沙拉，称为生蔬菜沙拉，一般用生菜、番茄、黄瓜、芦笋等制作。沙拉的主要调味汁有醋油汁、法国汁、千岛汁、奶酪沙拉汁等。沙拉除了蔬菜之外，还有一类是用鱼、肉、蛋类制作的，这类沙拉一般不加味汁，在进餐顺序上可以作为头盘食用。还有一些蔬菜是熟食的，如花椰菜、煮菠菜、炸马铃薯条等。熟食的蔬菜通常是与主菜的肉食类菜肴一同摆放在餐盘中上桌，称之为配菜。

第六道：甜品。

西餐的甜品是主菜后食用的，可以算作是第六道菜。从真正意义上讲，它包括所有主菜后的食物，如布丁、煎饼、冰激凌、奶酪、水果等。

第七道：饮料。

西餐的最后一道是上饮料，咖啡或茶。饮咖啡一般要加糖和淡奶油。茶一般要加香桃片和糖。正式的全套餐点没有必要全部都点，点太多却吃不完反而失礼。稍有水准的餐厅都不欢迎只点前菜的人。前菜、主菜（鱼或肉择其一）加甜点是最恰当的组合。点菜并不是由前菜开始点，而是先选一样最想吃的主菜，再配上适合主菜的汤。

二、鸡尾酒会菜点设计

鸡尾酒会以饮为主，以吃为辅，除饮用各种鸡尾酒外，还备有其他饮料，但一般不用烈性酒。传统的鸡尾酒会菜点供应较少，主要是一些冷小吃，随着鸡尾酒会的形式在世界各地的普及，其菜点的供应也逐渐丰富起来。

1. 鸡尾酒会菜点结构

（1）鸡尾小点，如小饼干加乳酪、小面包加鹅肝酱等。

（2）冷盘类。

（3）热菜类。

（4）现场切肉类，酒会中必备的菜色，至少需设置一道此类食物，若多设几道也无妨。但服务员在切肉时，务必将肉块切得大小适中，以方便宾客能一口品尝为原则。

（5）绕场服务小吃，如鸡尾小点心、油炸小点心等，或者特别增加类，如手卷、烤乳猪等。

（6）甜点及水果类。

（7）配酒料，即佐酒食用餐点，如干果类、蔬菜条等，通常放置在酒会必备的小圆桌上，以便客人自行取用。

2. 鸡尾酒会菜点设计的注意事项

（1）酒会中，除非个人特殊需求一般都不设置桌椅供宾客入座，也就是说客人通常以站立的姿势食用餐点。因此，酒会餐点在刀法上必须讲究精致、细腻，食物应切分成较小块、少量，使客人能够方便拿持餐食入口，而不必再使用刀叉。

（2）酒会和自助餐的菜点设计有很大不同。一般除烈性鸡尾酒之外，酒会所提供的菜肴并不像自助餐那样以让客人吃到饱为目的，而是限量供应，讲究精致、简单、方便，所以食物的分量有限，吃完便不再提供，除非客人要求再另外增加分量。

（3）在菜点的设计上，酒会菜点讲究食物的精美，因此酒会中每道菜的手工部分比平常多，成本也不可避免地随之提高。有鉴于此，其食物成本必须相对降低，以控制宴会厅经营成本并维持宴会部门的盈利能力。

（4）酒会菜点不提供沙拉和汤类食物，以符合简单、方便的原则。

（5）人数越多，菜单开出的菜肴种类也会随之增加。例如，200 人和 2000 人与会的酒会，尽管每人单价相同，酒会中出现的菜色也有很大的差别。由此可见，与会人数也是决定菜点设计的重要依据。

举办酒会时，如果能严格将上述原则作为菜点设计的依据，便能轻而易举地设计出一套适当且宾主尽欢的酒会菜点。

三、冷餐酒会菜点设计

冷餐酒会的特点是以冷菜为主，热菜为辅，菜点的品种丰富多彩，一般都在 20 种以上。以 25 种菜点为例，冷菜可安排 15 种，热菜安排 4 种，点心安排 6 种。设计要点如下：

（1）冷菜可安排各种沙拉、冷冻、肉批等菜肴；热菜可安排烩、焖类菜肴。

（2）选用的原料要新鲜卫生，整形菜肴要完整无损。

（3）安排的菜肴要有多种原料和不同风格。

（4）一些大型的菜肴要让客人欣赏后，再由服务员或厨师现场为客人派菜。

四、自助餐会菜点设计

在宴会厅供应的自助餐会菜点，其特色是花色品种多、布置讲究。冰雕摆件、黄油雕刻件、鲜花、水果或其他装饰常常使自助食品色彩缤纷、富丽堂皇。由于自助餐提供的菜点范围很广，所以要变换花色品种是不难做到的。宴会是以每桌（席）为计价单位的，自助餐会则不同，不管客人选用的品种数量多少，大多按每位客人固定的价格收取费用，零点餐厅自助餐销售价格则较难确定，因为难以控制宾客的选择及预计客人的数量。在计划自助餐会菜单时，要预计目标客人所喜欢的菜品类别，提供相当数量的多种类的菜品，供客人自由选择。

1. 西式自助餐会菜点结构

（1）冷盘类。

（2）沙拉类。

（3）汤类。

（4）切肉类。

（5）热菜类。

（6）甜点水果类。

（7）面包类。

（8）饮料类（咖啡或红茶）。

2. 制定自助餐会菜点的注意事项

（1）根据自助餐会的主题和客人组成，拟订自助餐会食品结构及比例。自助餐菜单要创造出特色，具有一定的主题风味。例如，海鲜自助餐、野味自助餐、水产风味自助餐等。

（2）根据自助餐消费标准，结合原料库存情况，分别开列各类菜点食品名称。开列每道菜点所用原料，核算成本进行调整平衡，确定菜点盛器，规定装盘及盘饰要求。

（3）选用能大批量生产且数量和质量下降较小的菜式品种；热菜尽量选用能加热保温的品种；尽量选用能反复使用的食品。选用较大众化的食品，避免使用口味过分辛辣刺激或原料怪异的菜式。

想一想：西餐宴会菜点设计要注意哪些问题？

任务二　影响西餐宴会菜点的因素

菜点是西餐宴会的重要组成部分，西餐宴会设计首先必须对菜点进行科学合理的设计。西餐宴会菜点设计是指对组成一次西餐宴会的菜点的整体设计和具体每道菜的设计，而不是将一些单个菜肴、点心随意拼凑成宴会套菜。传统的西餐宴会菜肴设计，偏向于只考虑宴会本身材料的供应情况以及客人的消费层次，但这些考虑因素已不能满足现代西餐宴会多元化的需要。现代西餐宴会菜点牵扯到宴会售价成本、规格类别、宾主嗜好、风味特色、办宴目的、时令季节等诸多因素。这些因素都会影响西餐宴会菜点的设计，它要求设计者不仅要掌握厨房生产管理知识、西餐宴会服务知识、西餐宴会菜点规格标准、营养学知识、美学知识，还应了解顾客的心理需求，了解各国人的饮食习俗等相关知识。

一、宾 客 因 素

西餐宴会菜肴设计涉及内容很广泛，需要考虑的因素很多，但其核心就是以顾客的需求为中心，尽最大努力满足顾客需求。准确把握客人的特征，了解客人的心理需求，是宴会菜点设计工作的基础，也是首先需要考虑的因素。因此，菜肴的设计都以西餐宴会主题和参加宴会的客人的具体情况为依据，充分考虑西餐宴会的各种因素，使整个西餐宴会气氛达到理想境界，参加西餐宴会的客人都能得到最佳的物质和精神享受。

1. 宾客的饮食习惯

出席西餐宴会的客人各有其不同的生活习惯，对于菜肴的选择，也有不同的爱好。如果了解宴请对象的爱好，则有助于西餐宴会菜点种类的确定。应该根据宾客（特别是主宾）的国籍、民族、宗教、职业、年龄、体质以及个人的饮食嗜好和忌讳，灵活安排宴会菜点。例如，意大利人喜欢在开胃菜后食通心粉类的面食；而法国人则喜欢在鱼与牛肉之间加入一道蛋类食品；俄罗斯及北欧民族酷爱以肉食、乳酪和小菜配上各种不同的酒来代替开胃菜；西班牙则较偏好米食。女性喜欢清淡、低淀粉、低脂、美味可口的素食、蔬菜和水果等；而男性则喜欢一些富含脂肪、蛋白质及碳水化合物的食物。体力劳动者爱肥浓，脑力劳动者喜清淡。老年人由于消化器官退化，不喜欢过油腻、过甜、胆固醇高的食物，对老年宾客应提供一些易消化、清淡并富有营养的食物。凡此种种，都要了如指掌，能照顾时都照顾。还有当地传统风味以及宾客指定的菜点，更应注意列入，使客人皆大欢喜。只有了解上述情况之后，才能分析总结客人的总体共性需求，又考虑到个别客人的特殊需要，从而设计出受赴宴者欢迎的菜肴，优化菜单安排的效果。

2. 宾客的心理需求

了解客人饮食习惯的同时，还要分析举办宴会者和参加宴会者的心理，有的客人参加宴会是想体会一下宴会厅独特的菜肴；有的是出于名望的心理，特意前来享受宴会的良好气氛，借宴会形式搞一些主题活动，达到娱乐、团聚的目的；有的客人注意环境气氛和档次；有的则注重经济实惠。总之，客人举办或参加宴会有各种各样的心理，在进行西餐宴会菜肴设计时，就应该深入分析客人的心理需求。从而满足他们明显的和潜在的心理需求。只有以客人的需要为导向，才能设计出宾主双方都满意的菜点。

3. 宴会的主题

客人举办宴会，不是随意的，都有其明确的主题，有的是工作业务往来的宴会消费；有的是庆婚、祝寿活动的喜庆宴会；有的是想通过宴会达成某种合作等。西餐宴会菜点的设计如同绘画的构图，要分宾主虚实，突出西餐宴会的主题。不然就会杂乱无章，平淡无味。高明的设计者绝不会把宴会菜点安排成无个性、无层次的“大杂烩”，而是遵循时代特点，根据人们的生活特点和饮食规律而进行组合。许多西餐宴会主题突出，宴会的菜肴与制作都与之相联系。宴会菜肴设计可以根据各个主题的不同，在菜点上稍加变化，以便于有针对性地设计宴会菜肴，突出主题，这对宴会的气氛有很大影响。许多菜肴设计都与宴会主题相结合，形成一种独特的风格。

4. 宴会的价格

顾客在预订宴会时，往往确定了宴会的大致价格范围，设计菜点时就要按照“质价相等”、“优质优价”的原则。这里的“质”主要指原料的不同，以适合不同价格的宴会，而不是指价格低，宴会的质量也低。合理设计西餐宴会菜点，既要保证合理利润，又不使顾客吃亏，价格标准的高低也只能在食物材料的使用上有所区别，不能因价格影响西餐宴会的效果和品质，设计者应在规定的标准内将菜点适当搭配，使宾主双方满意，这正是西餐宴会菜点设计的巧妙之处。通常，在品质控制方面，设计者必须依据西餐宴会的价格高低，在保证菜肴数量足够的前提下，从菜点主料、配料的搭配上进行设计。

一般来说，较高规格的西餐宴会组配要求以精、巧、雅、优等菜品制作为主体，使用高级原料，并在菜肴中仅选用主料而不用或减少配料的使用，菜点的件数不能过多，但质量要精，讲究菜品的口味和装饰；中档的西餐宴会组配以美味、营养、可口、实惠为主体，菜点的件数、质量比较适中；中低档的西餐宴会组配以实惠、经济、可口、量足为主题，可使用一般原料，上大众化菜品，并且增加配料用量以降低食物成本，保证每人吃饱吃好，菜点的件数不能过少，要实惠和丰满，在口味的设计与加工做法上，应本着粗菜细做、细菜精做的原则，将菜肴作适当调配，以丰富的数量及适当的口味，维持宴会效果。

二、菜点设计因素

不管西餐宴会收费的高低，其菜点都讲究组合，数量充足，体现时令，注重原料、造型、口味、质感的变化。西餐宴会菜点设计达到这些特点和要求，是满足顾客需求的前提。因此设计西餐宴会菜点时，这些特点和要求成为影响设计的制约因素。

1. 菜点的数量

西餐宴会菜点的数量是指组成西餐宴会的菜点总数量与每道菜点的分量。西餐宴会菜点的数量是设计的关键，在确定的价格范围内，菜点数量过多，往往宴后剩余也多，易造成浪费。如菜点数量过少，则又会导致顾客的不满，甚至投诉，从而影响饭店的声誉。只有数量合理，才会令宾客既满意又回味无穷。

西餐宴会菜点的数量，应与参加宴会的人数一致，以每人平均能吃到500克左右的净料为原则。每道菜肴的分量及整组菜点的数目，可根据西餐宴会的档次、规格、赴宴人数作灵活调整。具体而言，宴会的规格越高，菜点数目总量相对越多，品种和形式就越丰富，制作方法越精巧，每份数量则相对减少。而菜肴品种少的低档西餐宴会，每道菜肴的数量要丰满些，以平均每人吃到600克以上的净料为宜。

2. 菜点的变化

不论何种规格的西餐宴会，都应该根据不同的需要灵活设计菜点。一套西餐宴会菜点就像一曲美妙的乐章，由乐曲到尾声，应富有节奏和旋律，无论是在原料选择、烹调方法，还是味道上都应富于变化，绝不能千篇一律，尽量避免工艺的雷同或菜式的单调杂乱，要区分主辅、轻重，有层次地使西餐宴会成为一个统一的整体，努力体现变化的美。这样才能使菜肴丰富多彩，高低起伏，而不至于平淡无奇，从而满足宾客的美食要求。西餐宴会菜点的变化表现在以下几个方面：

（1）原料选择应多样，如鸡、鸭、鱼、肉、豆、菜、果。

（2）加工形态要不同，如丝、条、块、片、丁、球、整只。

（3）调味变化有起伏，如酸、甜、辣、咸、鲜、香、复合味。

（4）色彩搭配应协调，如赤、橙、黄、绿、青、蓝、紫。

（5）烹调方法选多样，如炒、烧、烩、烤、煎、炖、拌。

（6）质感差异多变化，如软、烂、嫩、酥、脆、滑、糯。

（7）器皿交错有特色，如盘、碗、杯、碟、盅、钵、盆。

（8）品种衔接需配套，如菜、点、羹、汤、酒、果、甜品。

由此可见，一桌丰盛的西餐宴会菜点，其构成形式是丰富多彩的。在菜肴风味多样化的基础，还可提供多种不同的营养素。原料不同，口味各异。一种烹调法只能使菜肴形成一个特点；而多种烹调法使西餐宴会上的所有菜肴在口味上有浓、有淡，色彩上有深、有浅，质感上有脆、有嫩，使菜肴达到既丰富多彩又不落俗套。原料色彩的合理组合，能最大限度地烘托出菜肴的本质美，使菜肴既鲜艳悦目，又层次分明。在设计组合时，要注意不同档次西餐宴会菜肴互相搭配的比例，以保证整个宴会各类菜肴质量的均衡。只有这样，西餐宴会才会有节奏感和动态美，既灵活多样、充满生气，又增加美感、促进食欲，这是西餐宴会菜点获得成功的基本保证，也是西餐宴会菜品开发的一个较好途径。

3. 季节因素

时令季节主要影响西餐宴会菜点的原料选择和味型、色泽的确定。菜点必须与季节密切配合，尽量采用当季的材料或时令菜式，不能只满足于具备虽有几种规格但经年不变的套菜式菜单，而应在原有的菜肴基础上，结合季节性材料，设计出一些符合时令的宴会套菜，这样才能给人一种新鲜舒适的感觉。

结合季节特征设计西餐宴会菜肴，首先可以结合季节的时令原料以体现特色，又可及时取消时节替换而使材料价格上涨的菜品，从而降低宴会成本。原料都有生长期、成熟期和衰老期，只有成熟期上市的材料，才多汁鲜美，质地细嫩，营养丰富，带有自然的鲜香，最宜烹调。筹划人员要了解各种原料的上市时间、产地、原料生长情况以及其特点等，做到心中有数，不至于在设计时盲目从事，把夏天的菜肴放在冬季的菜单上。

其次，设计西餐宴会菜肴的色彩、味型，季节的变化对人的视觉及味觉都会有影响。如冬季菜肴色调应以深色，特别是红色为主；夏季则以给人清爽感觉的色彩为主调。西餐宴会菜肴的口味，冬季应以醇厚浓重为主，夏季应以清淡爽口为主。总之，按时令调配口味，要四时各异。

4. 原料供应

设计菜肴时除安排时令原料外，还应充分了解当地整个原料市场的供应情况及其质量、大致价格范围等，并掌握采购这些原料的最佳时机，即价格合理、质量符合采购规格的时机，避免菜点设计好而无货源的现象。了解市场供应的变化，选用合适的原料，制定出应时应季，符合货源供应和人们口味变化等情况的菜点，以满足客人的需要，同时既能在保证质量的前提下，降低成本，又与售价相适宜。如果货源不稳定或是没把握时，尽量不要列入计划之中，以免在宴会时发生缺货问题。

在掌握食品原料市场供应情况的同时，还应重视库存原料，特别是那些易损易坏的原料，如鲜果、蔬菜、乳制品以及各种干货原料，都要加以合理利用。

三、厨房生产因素

设计好的宴会菜点要通过厨房部门的员工利用厨房设备进行生产加工，因此，厨师的技术水平和厨房的设备条件直接影响西餐宴会菜点的设计。

1. 厨师的技术力量

厨师的烹饪技能是在设计菜点时必须要考虑的问题；如若不然，设计了某道菜却无人会做，那么也就失去了设计的意义。因此在设计菜点时，应了解厨房生产人员的技术状况，以便根据他们的技术能力，设计出切合实际的菜点。素质好、技术高的员工，价值是很高的，而且不易找到，或留不住，所以一旦拥有，就必须在饮食生产中充分发挥他们的作用。选择一些能发挥他们特长的菜点，可以确保西餐宴会菜点质量，体现出宴会的特色。同时，还要考虑厨师烹调技术的适应性，对于那些烹调技术高或经过培训对新技术接受能力较强的厨师可计划安排一些烹调难度大、需新技术的新品种。一般情况下，要尽量设计厨师有能力生产的品种。当然，为了吸引宾客，专门聘请烹饪水平较高的厨师也是必要的。总之，要亮出名店、名师、名菜、名点和特色菜的旗

帜，施展本地本店的技术专长，避开劣势，充分选用名特物料，运用独创技法，力求新颖别致，令人耳目一新。

除了考虑厨师的烹饪技能外，还应考虑到生产部门的人员分工。因为分工合理与否，直接影响着生产，最终影响着菜点的质量。每道菜肴从初加工到成品是由不同的员工共同协作完成的，设计的菜肴在其每道生产工序上，都应有能保质保量完成工作的员工。因此合理使用人员，合理安排工作，才能保证生产顺利进行，完成菜点的制作任务。

2. 厨房的设施设备

厨房设备与设施成本较高，所以在经营中应充分使用。西餐宴会菜点设计的好坏会导致设备利用不足或造成生产障碍，因为现有的设备与设施限制着宴会菜点生产的数量及种类。在设计菜点时，一定要考虑设备与设施能否保质保量地生产出所设计的菜点，换句话说，应根据设备与设施的生产能力筹划菜点。如适用于10桌宴会的菜点不一定适用于100桌的宴会，所以在设计菜点时，某些菜肴需限制在一定桌数以内。厨房有独特的烹调设备，应发挥其优势，设计出独特菜肴。当生产设备、设施缺少或者不足时，会使菜点品种的生产受到限制，如米饭的需要量超过了蒸饭箱的承受量，则需考虑用其他食品代替。注意避免过多地使用某一种设备，如有几款菜点都要用蒸箱制作，而其他的设备用不上，使厨房工作人员感到设备短缺，菜点设计人员发现这个问题时，应及时对菜点进行调整，让所有设备都得到均衡使用。如果厨房没有制作条件，就不要设计复杂的菜肴。

菜点确定后，一定要有精美的盛器进行相应的辅助，否则菜点设计将达不到最佳效果。

四、宴会厅接待因素

西餐宴会厅接待能力的影响主要也包括两方面，即宴会服务人员和服务设施。

厨房生产出菜点后，必须通过服务员的正规服务，才能满足宾客的需求，如果服务人员不具备相应的上菜、分菜技巧，就不要设计复杂的菜肴，如果服务设施陈旧，则最好提供简单的膳食，但要服务周到。某道菜肴需要某种服务设备，而暂时又买不到这种设备，无法按规定提供饮食服务，则不能设计这道菜。所有这些都是菜点设计时应注意的问题，不能忽视。

设计西餐宴会菜点时必须考虑服务的种类和形式，是高档服务，还是一般服务。如果西餐宴会厅以高档次为特色，餐具为金餐具和银餐具，则要设计高档宴会菜肴，有的西餐宴会厅专营传统菜肴则应配以相应的服务方式，宴会设计者必须明确宴会厅的特色。

总之，宴会菜点设计需要考虑的因素还有很多，归根结底只有两点：满足宾客需求和保证饭店赢利。二者应同时兼顾，平衡协调，忽视任何一个方面，都会影响顾客的利益或宴会的经营，宴会设计人员应该根据以上介绍的各种因素，再结合宴会厅的特色进行菜点设计，以设计出具有自身特色的宴会菜点，增强宴会厅的吸引力和市场竞争能力。

五、营养设计因素

西餐宴会作为西方饮食文明的重要举措，合理配膳越来越受到人们的关注，合理配膳要求饮食种类要齐全，保证营养素的比例和数量要适当。

1. 西餐宴会食品原料应多样

人类的食物是多种多样的，各种食物所含的营养成分不完全相同。除母乳外，任何一种天然食物都不能提供人体所需的全部营养素，平衡膳食必须由多种食物组成，才能满足人体各种营养需要，达到合理营养、促进健康的目的，因而提倡宴会食品原料应广泛多样。

通常食物原料包括以下五大类：

(1) 谷类及薯类　主要提供碳水化合物、蛋白质、膳食纤维及 B 族维生素。

(2) 动物性食物　主要提供蛋白质、脂肪、矿物质、维生素 A 和 B 族维生素。

(3) 豆类、奶类及其制品　主要提供蛋白质、脂肪、膳食纤维、矿物质和 B 族维生素，奶类除含丰富的优质蛋白质和维生素外，含钙量较高，且利用率也很高，是天然钙质的极好来源。

(4) 蔬菜水果类　蔬菜与水果含有丰富的维生素、矿物质和膳食纤维。

(5) 纯热能食物　主要提供能量，植物油还可提供维生素 E 和必需脂肪酸。

目前的西餐宴会食物要注意控制动物性食物的比例及减少烹调时的用油量，增加蔬菜、菌类、水果、粗粮、奶类、豆类或其制品的搭配，以达到菜肴营养素的互补，提高营养素的利用率。

2. 西餐宴会食物酸碱应平衡

事实上，原料多样不一定会使食物酸碱比例平衡，人体的血液是弱碱性的，吃进去的食物酸碱比例应为1:4。鸡、鸭、鱼、肉、蛋等都是酸性食物。豆制品、水果、蔬菜、菌类等都是碱性食物。而一般西餐宴会上的食品是以酸性食物居多。人体血液如果偏酸性，就会得高血脂、高血压、肥胖症、糖尿病、癌症等文明病和富贵病，所以在设计西餐宴会菜点时应使菜肴尽量保持酸碱平衡。

3. 西餐宴会菜品数量要适当

传统西餐宴会讲究形式隆重，菜肴多样，脂肪与蛋白质含量过高，营养过量，就餐时间增长，既伤胃肠，又不符合现代饮食要求。人体需要食物的营养及热能是有一定量的。因此，应提倡根据就餐人数实际需要来设计西餐宴会食品，合理地、科学地设计安排，从而使宴会食品的组合与数量符合人体营养需求。

4. 西餐宴会食品脂肪含量要控制

脂肪含量高是目前西餐宴会食物的突出问题，除动物原料所含脂肪较高外，主要是烹调用油，因此，西餐宴会食品脂肪含量一方面在烹调时要加以控制，另一方面在设计西餐宴会菜点时要注意。

议一议：西餐宴会菜点设计的影响因素有哪些？

任务三　西餐宴会开胃菜制作

一、“开那批”开胃菜

“开那批”是英文Canape的译音，是以脆面包、脆饼干等为底托，上面放有各种少量的或小块冷肉、冷鱼、鸡蛋片、酸黄瓜、鹅肝酱或鱼子酱等的冷菜形式。

“开那批”的主要特点是食用时不用刀叉，也不用牙签，直接用手拿取入口。因此，它还具有分量少、装饰精致的特点。

“开那批”的适用范围较为广泛，禽类、肝类、肉类、野味类、鱼虾类、蔬菜类等均可制作，在制作过程中，为了使其口感较好，一般蔬菜类选用一些粗纤维少、质地易碎、汁少味浓的蔬菜；肉类原料往往使用质地鲜嫩的部位，这样制作出的菜肴口感细腻、味道鲜美。

二、鸡尾杯类开胃菜

鸡尾杯类开胃菜是指以海鲜或水果为主要原料，配以酸味或浓味的调味酱制成的开胃菜，通常盛在玻璃杯里，用柠檬角装饰，类似鸡尾酒，故名。一般用于正式餐前的开胃小吃，也可用于鸡尾酒会。

鸡尾杯类开胃菜原料较广，有各类海鲜类、禽类、肉类、蔬菜类、水果类等制成的各种冷制食品或热制冷食的品种，在各类正式宴会前、冷餐会、鸡尾酒会等场合用的较多，并深受欢迎。

鸡尾杯类开胃菜原料常见的品种如下：

海鲜类：大虾、蟹肉、熟制的龙虾、海鲜罐头及鱼子酱等。

禽类：热制冷食的烤鸡、烤鸭、烤火鸡、酱制禽类及肝类等。

肉类：热制冷食的烤猪肉、牛肉、羊肉等。

鱼类：各种煮鱼、熏鱼、烤鱼及鱼罐头类等。

乳制品类：各种黄油、奶油等。

肉制品类：各种香肠、火腿、烤肠等。

蔬菜类：黄瓜、番茄、生菜、洋葱、蘑菇等。

水果类：苹果、梨、香蕉、橙子、芒果等。

其他：各种酸菜、泡菜、酸黄瓜等。

三、鱼子酱开胃菜

通常使用腌制过或制成罐头的黑鱼子、红鱼子，将鱼子放入一个小型玻璃器皿或银器中，再放在装有碎冰的大盘中，另配洋葱末和柠檬汁做调味品。

黑鱼子酱就是鲟鱼所产的卵，经过精心筛选、轻微腌渍之后经冷藏而制成的产品。鱼子酱是俄罗斯最负盛名的美食，也是俄罗斯人新年餐桌必不可少的美味。伊朗和俄罗斯境

内的里海生产的三种鲟鱼就供应全世界95%的鱼子酱。黑鱼子酱目前由于数量稀少，也仅有鲟鱼才产，所以其价格极其昂贵，一直以来，鱼子酱素有“黑黄金”之称。

所谓红鱼子酱，其实就是鲑鱼卵，其中以大马哈鱼的鱼卵为上品。

鱼子酱食用时，为了避免高温烹调影响品质，一般生吃。尤其值得注意的是，鱼子酱切忌与气味浓重的辅料搭配食用。

鱼子酱一般适合低温保存，可以把鱼子酱瓶子放在碎冰里或者把鱼子酱倒在冰镇过的盘子里。至于配酒，如用于配香槟，则适合选酸味偏重香味清爽的，太香浓的味道会掩盖鱼子酱本身的味道。最适合跟鱼子酱相配的是俄罗斯产的冰冻到接近零度的伏特加。鱼子酱过去通常是皇宫贵族享用，其他只有局限的少部分人群才有机会享受。当今，鱼子酱多用于高档的冷餐会或高档的酒会上。

四、批类开胃菜

“批”是英文Pie的译音，是指各种用模具制成的冷菜，主要有三种：以各种熟制的肉类、肝脏，经绞碎，放入奶油、白兰地酒或葡萄酒、香料和调味品搅成泥状，入模冷冻成形后切片的，如鹅肝酱；以各种生的肉类、肝脏经绞碎、调味（或加入一部分蔬菜丁或未绞碎的肝脏小丁）装模烤熟，冷却后切片的，如野味批；以熟制的海鲜、肉类、调色蔬菜，加入明胶汁、调味品，入模冷却凝固后切片的，如鱼冻、全力等。

批类开胃冷菜在原材料选择上范围较广，一般情况下，禽类、肉类、鱼虾类、蔬菜类及动物内脏均可以用于制作。在制作过程中，由于考虑到热制冷吃的需要，往往要选择一些质地娇嫩的部位。批类开胃冷菜适用的范围极广，既可用于正规的宴会，也可用于一般的家庭制作，一般用于大型冷餐会、酒会较多，也深受喜爱。

做一做：根据西餐开胃菜制作的方法，尝试制作一道西餐宴会常用开胃菜。

任务四　西餐宴会汤菜制作

一、清　汤　类

清汤，是指将含有鲜味成分的各种基础汤，加入富含蛋白质的原料，如鸡蛋清、瘦肉末等，通过煮制，清除汤中的杂质，从而制成的一种清澈、透明、味道鲜美的汤品。

清汤的分类：根据制作清汤的原料不同，可分为牛清汤、鸡清汤、鱼清汤等。

牛清汤是用牛基础汤制作的。由于牛的生长期较其他动物长，所以肌红蛋白较多，呈味物质比较充分，煮制的汤颜色比其他清汤深，口味也更鲜醇。

鸡清汤是用鸡基础汤料制作的清汤。由于鸡组织中含有羰基化合物和含硫化合物等香料成分，所以鸡清汤中具有特殊的香味和香气，并且有轻微的硫黄气味。鸡清汤呈淡黄色。

鱼清汤是用鱼基础汤制作的汤。由于鱼组织中含有氨基酸酰胺、肌苷酸等鲜味成分，所以鱼汤具有独特的鲜美气味。鱼组织中血管分布少，血红蛋白也较少，所以汤色很淡，只略带浅黄。

二、蓉　汤　类

蓉汤，是指将各种蔬菜制成的菜蓉，加入基础汤或浓汤中调制而成的汤类。

蓉汤是传统的汤类，西方各国几乎都有这种类型的汤。由于蓉汤含有丰富的营养素和良好的风味，所以经久不衰，至今仍广为流传。

蓉汤根据制作方法和用料的不同，主要分为两种类型。一是将菜蓉直接加入基础汤或清水中，依靠菜蓉的浓度使汤变浓稠。大多数蓉汤是用这种方法制作而成的，如栗子蓉汤、马铃薯蓉汤。二是将菜蓉与白沙司混合，依靠菜蓉和面粉使汤变浓稠。这种类型的蓉汤相对较少，如胡萝卜蓉汤、菜花蓉汤。

三、奶 油 汤 类

1．奶油汤的类型

（1）用油炒面加白色基础汤和奶油、牛奶调制的奶油汤。

（2）用油炒面加牛奶和蔬菜蓉混合调制的奶油汤。

（3）在蓉汤的基础上加上牛奶或奶油调制的奶油汤。

2．奶油汤制作方法

制作奶油汤可分为制作油炒面和调制奶油汤两个步骤。

制作油炒面

（1）选料　面粉应选用净白面粉，并过细箩，去除杂物；油脂应选用较纯的黄油。

（2）用料　面粉与油脂的比例一般为1∶1，油脂最少可减至1∶0.6。

（3）制作过程　选用厚底的沙司锅，放入油加热至油完全融化（50～60℃），倒入面粉搅拌均匀，在120～130℃的炉面上慢慢炒制，并定时搅拌，以免糊底，至面粉呈淡黄色，并能闻到炒面粉的香味即好。

调制奶油汤

奶油汤的调制，现今主要流行两种方法，即热打法和温打法。

（1）热打法　将白色油炒面炒好，趁热冲入部分滚热的牛奶或白色基础汤，慢慢搅打均匀，再用力搅打至汤与油炒面完全融为一体。当表面洁白光亮、手感有劲时，再逐渐加入其余的牛奶或白色基础汤，并用力搅打均匀，然后加入盐、鲜牛奶等，开透即可。

这种方法制作的奶油汤，色白、光亮、有劲，不容易懈，但搅打时比较费力。制作中应注意几个问题：一是牛奶、白色基础汤和油炒面一定要保持较高温度，以使面粉充分糊化。二是搅打牛油汤时要快速、用力，使水和面粉充分分散，汤不易懈，并有光泽。三是如汤出现面粉颗粒或其他杂质，可用纱布或细箩过滤。

（2）温打法　油脂中放切碎的胡萝卜、洋葱、香草束和面粉一起炒香。然后逐渐加入30～40℃的牛奶或白色基础汤，用蛋抽打均匀，煮沸后，再用微火煮至汤液黏稠，然后过滤。过滤后再放入鲜奶油，用盐调味即可。

制作中应注意两个问题：一是加入的牛奶或白色基础汤温度不宜过高，以防出现颗粒或疙瘩。二是熬煮时要用微火，不要糊底，一般要煮制30分钟以上。

四、浓肉汤类

浓肉汤也称菜肉粥，起源于英伦三岛，是用蔬菜丁、肉丁和米饭或大麦粒等调制的一种较浓稠的汤类。

五、蔬菜汤类

蔬菜汤是指将各种蔬菜等制作成汤料，加入各种基础汤中制成的汤类菜肴。由于这类汤中大多带有一些肉类汤料，所以也可以称为肉类蔬菜汤。

蔬菜汤色泽鲜艳，口味多样，诱人食欲。由于调制蔬菜汤所使用的基础汤和汤料各有不同，所以蔬菜汤的品种也多种多样。

六、海鲜汤类

海鲜汤是以鱼、虾等海鲜类原料为主要汤料，辅以部分蔬菜汤料，用鱼汤或海鲜汤调制成的汤类菜肴。

七、冷汤类

冷汤大多是用清汤或凉开水加上各种蔬菜或少量肉类调制而成的。冷汤的饮用温度以1～10℃为宜，有的人还习惯加冰饮用。各种冷汤大多具有爽口、开胃、刺激食欲的特点，适宜夏季食用。传统的冷汤大多用牛基础汤制作，目前用冷开水制作的比较多。

八、基 础 汤

西餐的基础汤（Stork），又称底汤，乃是用富含蛋白质、矿物质和胶原物质的动物性原料按一定方式煮制成的一种营养丰富、滋味鲜醇的汤汁，是西餐制作各种汤菜和沙司的基本用料。西餐的汤菜可分为清汤类、奶油汤类、蔬菜汤类、泥蓉汤类、冷汤类五个类型，各具特色和风味。每种类型的汤菜都使用特定的基础汤。西餐的汤菜制作考究，工艺细致，而基础汤则是汤菜的主要成分。西餐中的沙司（Sauce）为西餐广泛应用于各种冷、热菜式的调味汁，品种繁多，表明西餐味型的多样化。制取沙司需要量多质优的基础汤以确保沙司的质量。显然，制取基础汤是西餐烹调中不可或缺的重要环节。

分类及制汤原料：根据基础汤的色泽和制作工艺常区分为浅色基础汤和深色基础汤。浅色基础汤又叫白色基础汤，是指煮汤原料（汤料）直接加入清水煮制的汤类，其色浅淡，故名。常见者有牛基础汤（beef stork）、鸡基础汤（Chicken stork）、鱼基础汤（fish stork）、基础奶油汤（basic cream soup）。深色基础汤，又叫棕红色基础汤，是指汤料先送入烤炉烤香、上色，然后加清水煮制的汤类，其色深，多为棕红，故名。由于棕红色英文为 brown，故棕红色基础汤又称作布朗基础汤。牛布朗基础汤（beef brown stork），是这类基础汤的主体。此外，还有鸭、猪、虾、野味等布朗基础汤。制作工艺过程大体如牛布朗基础汤。

西餐煮制各种基础汤的煮汤原料（汤料），用牛棒骨、小牛骨、牛肉等制牛肉汤，用母鸡、鸡骨架、鸡翅、鸡颈、鸡脚等制鸡汤，用剔肉的鱼骨、鱼头、鱼皮、碎散鱼肉等制鱼汤。汤料要求新鲜无异杂味。生长期长的动物性原料较生长期短的鲜味成分多，故结缔组织多的牛肉、老母鸡和肉质密实的鱼肉均宜制汤。牛肉中含有较多的呈味物质和肌红蛋白，所以制出的牛肉汤口味鲜醇，颜色较深。鸡肉组织中含有一定羯基化合物和含硫化合物等香味成分而血红蛋白又较少，故鸡汤口味鲜香而颜色浅淡。鱼肉组织中含氨基酸、肌苷酸等鲜味成分，但少血红蛋白，故鱼汤具有独特的鲜味而颜色浅淡。西餐制基础汤时用蔬菜香料，可增加汤的香味和营养，并可减轻原料的异味。要注意畜、禽、鱼类加工得出的骨骼、骨架、碎散肉头等边角余料大多可用于制汤。所谓物尽其用。

议一议：中餐和西餐在制汤方面有哪些区别？

任务五　西餐宴会主菜制作

主菜又名主盆，是全套菜的灵魂，制作考究，既考虑菜肴的色、香、味、形，又考虑菜肴的营养价值。主菜多用海鲜、牛、羊、猪肉和禽类作主要原料，如大虾吉列、西冷牛排、惠灵顿牛排等。下面介绍几种西餐宴会常用主菜。

一、牛　　排

1．概述

食用牛肉的习惯最早来源于欧洲中世纪，猪肉及羊肉是平民百姓的食用肉，牛肉则是皇宫贵族们的高级肉品。尊贵的牛肉被他们搭配上了当时也是享有尊贵身份的胡椒及香辛料一起烹调，并在特殊场合中供应，以彰显主人的尊贵身份。18 世纪时，英国是著名的牛肉食用大国，19 世纪中期牛排成了美国人最爱食用的食物。

各国对牛肉的态度、风俗不同，所以牛肉的食用方法也不同。美国食用牛排的方式粗犷且豪迈，不拘小节，整块菲力牛排烧烤后再切片。意大利的牛排则最让人津津乐道，回味无穷，烹调时用油煎至表面呈金黄，并注入白葡萄酒。而英国人则习惯于将大块的牛排叉起来烤。法式牛排特别注重酱汁的调配，用各式的酱汁凸显牛排的尊贵地位。

2．牛排种类

英文 STEAK 一词是牛排的统称，其种类非常多，常见的有以下四种以及一种特殊顶级牛排品种（干式熟成牛排）。

TENDERLOIN 又叫 FILLET（菲力），是牛脊上最嫩的肉，几乎不含肥膘，因此很受爱吃瘦肉朋友的青睐，由于肉质嫩，煎成 3 成熟、5 成熟和 7 成熟皆宜。

RIB－EYE（肉眼牛排），瘦肉和肥肉兼而有之，由于含一定肥膘，这种肉煎烤味道比较香。食用技巧是不要煎得过熟，3 成熟最好。

SIRLOIN（西冷牛排，牛外脊），含一定肥油，由于是牛外脊，在肉的外延带一圈呈白色的肉筋，总体口感韧度强，肉质硬，有嚼头，适合年轻人和牙口好的人吃。食用技巧是切肉时连筋带肉一起切，另外不要煎得过熟。

T－BONE（T 骨牛排），呈 T 字形，是牛背上的脊骨肉。T 骨两侧一边量多一边量少，量多的是西冷，量稍小的便是菲力。此种牛排在美式餐厅更常见，法式大餐讲究制作精致，因此对于量较大而质较粗糙的 T 骨牛排较少采用。

干式熟成牛排（dry aged steak），一般常用顶级肉眼牛排存放至少 7～24 天风干，这个过程使牛肉颜色变深，牛肉的结缔组织软化，同时又由于部分水分的蒸发而令牛肉的肉味更醇厚。恒温室采用斜面设计，在风干时将油分多的部分放在上方，油脂融化后就顺着斜面流到牛肉中，保证将所有宝贵的肉汁都封在牛肉之中。制作牛排时挑选的牛肉为 120～140天左右的谷饲牛肉，只挑选肉眼、西冷、菲力这几个部位，这些部分的分量通常不到一头牛的十分之一，常常是各国政客喜爱的饕餮美食。

3. 牛排熟度

近生牛排（blue）　正反两面在高温铁板上各加热30～60秒，目的是锁住牛排内湿润度，使外部肉质和内部生肉产生口感差，外层便于挂汁，内层生肉保持原始肉味。

一分熟牛排（rare）　牛排内部为血红色且内部各处保持一定温度，同时有生熟部分。

三分熟牛排（medium rare）　大部分肉接受热量渗透传至中心，但还未产生大变化，切开后上下两侧熟肉棕色，向中心处转为粉色再然后中心为鲜肉色，伴随刀切有血渗出（新鲜牛肉和较厚牛排这种层次才会明显，对冷冻牛肉和薄肉排很难达到这种效果）。

五分熟牛排（medium）　牛排内部区域粉红可见，且夹杂着熟肉的浅灰和棕褐色，整个牛排温度口感均衡。

七分熟牛排（medium well）　牛排内部主要为浅灰棕褐色，夹杂着少量粉红色，质感偏厚重，有咀嚼感。

全熟牛排（well done）　牛排通体为熟肉褐色，牛肉整体已经烹熟，口感厚重。

4. 牛排等级

首先，用英文字母把成肉率分为三个等级——A、B、C，A级成肉率最高，C级最低。后面的数字部分是根据“脂肪混杂”、“肉的色泽”、“肉质紧致和纹理”、“脂肪的色泽和品质”4个项目分出的5个等级。

“脂肪混杂”表示牛肉霜降的程度；“肉的色泽”以“新鲜的三文鱼色”为最好，然后目测判断牛肉的光泽；“肉质紧致和纹理”则是考察肉的纹理细致和柔软程度；“脂肪的色泽和品质”颜色以白色或奶油色为标准，还要考虑光泽和品质。上述标准各分5个等级，数字越大级别越高。肉质的等级是由4个项目中得分最低的等级来决定的。

其中，“脂肪混杂”是最被重视的一个项目，5级之内又细分为12档，所以会出现这样的级别——“A－5－11”——在成肉率、肉质等级之后再加上脂肪混杂的程度。

西方人爱吃较生口味的牛排，由于这种牛排含油适中又略带肉汁，口感甚是鲜美。东方人更偏爱七分熟，因为怕看到肉中带血，因此认为血水越少越好。

影响牛排口味的因素很多，如食用速度，当牛排上桌后，享用牛排的速度可以决定牛排是否好吃。因为牛排中既有牛油又含汁液，温度如果稍低其鲜香度会随之降低。

吃牛排讲究火候，而并非享受酥烂口感，这也是在西餐中炖牛肉和煎牛排的区别。另外，餐具也会影响牛排的口味。吃牛排的刀一定要锋利，在吃牛排前一定要先查看一下刀齿是否分明清晰。除此以外，配汁对牛排口味的影响也很大。

5. 牛排做法

牛排是西方传统饮食，国内做牛排存在中西差异，最大的不同就是由于中西方食用牛的品种不同而导致肉质有根本上的区别。用国内的牛肉做牛排不能参照欧美的做法，主要原因是欧美做牛排所用的牛肉是专门的品种，非常细嫩，不经过前期处理就能十分软嫩。

牛排可煎可烤，但想要内部嫩滑且肉香扑鼻，最有效的办法就是将制作温度分为两段。

以煎为例，牛排第一次下锅煎炸一定要大火高温，这时牛肉表面一层肉脱水变硬，发生美拉德反应，颜色变为深褐色，并且散发出煎炸的香味，在牛肉变焦之前翻一面，将另一面也煎成深褐色。这一阶段是为了制作出牛排的风味。

第二阶段就是让内部成熟，而尽量让之前变硬外部的温度不要过高，以免肉的表里温差过大。此时有两种方法，一是用原锅改成小火继续煎炸，但是需要勤翻面，1 分钟左右 1 次，让热力缓慢地进入牛肉内部。二是放入烤箱低温烤制，这样热力从四面八方稳定地加热肉品。这个阶段可以让肉品内部温度变高，渗出肉汁。

牛排煎烤的时间根据牛肉的面积厚度、烹饪器具、灶具火力大小的不同有相应的变化，其他人的标准不能直接照搬，最可靠的还是需要自己去试试。

至于软嫩，如果肉质不行还需要腌制，用酸性液体（酸奶，醋）、盐水或者嫩肉粉都可以让肉软化。

6. 选购牛排的窍门

选部位。“菲力”是从臀肉和腰肌肉取下的一块牛里脊，是牛身上最柔软的部位，最适合煎或炭烤。T 骨在去骨和切去“菲力”之后便是“纽约客”，肉质非常柔软。而肋眼切成 1.5 厘米厚，煎烤最适合。部位的选择要取决于烹调方法，比如牛嫩肩肉，肉质结实而富有弹性，厚薄口感都很好，除了做牛排，还可以做火锅片，或者烧肉、炒肉，特别是中端以后部分油脂最多，若处理得好，口感也较好。

二、意大利面

1. 概述

最早的意大利面约成型于公元 13 ~ 14 世纪，与现在我们所吃的意大利面最像。到文艺复兴时期后，意大利面的种类和酱汁也随着艺术逐渐丰富起来。

食用面团最初出现时的制造方法是将面粉团压成薄纸状，然后覆盖在食物上，放入焗炉内烹煮食用。其后，人们想到将面团切成小块状或条棒状的细长面条，而阿拉伯人更想到了将面条风干储存的做法。

番茄的出现及随后的品种改良，在意大利的那波利首次被用作酱汁搭配面条，从此令面条大受欢迎，甚至连皇室贵族也被吸引。正宗的意大利粉由铜造的模子压制而成，由于外型较粗厚且凹凸不平，表面较容易黏上调味酱料，令吃起来的味道和口感更佳。

除了原味面条外，其他色彩缤纷的面条都是用蔬果混制而成的，如番红花面、黑墨鱼面及蛋黄面等。

意大利面的酱料基本来说可分为红酱和白酱，红酱是用番茄为底的红色酱汁，白酱则是由面粉、牛奶及奶油为底的白色酱汁，此外，还有用橄榄油调味的面和用香草类调配的香草酱。

意大利南部的人喜爱食用干意粉，而新鲜意粉则在北部较为流行。一般来说，意粉多用作头菜，海鲜意粉配以白酒，而酱料浓的则配红酒。

2. 历史

当年，罗马帝国为了解决人口多、粮食不易保存的难题，想出了把面粉揉成团、擀成薄饼再切条晒干的方法，从而发明了意大利面。最初的意大利面都是这样揉了切、切了晒，吃的时候和肉类、蔬菜一起放在焗炉里做，因此当年意大利半岛上许多城市的街道、广场，随处可见抻面条、晾面条的人。据说最长的面条竟有 800 米。不过由于意大利面最初是应付粮荒的产物，所以青睐者多为穷人，但其美味很快就让所有阶层无法抵挡。

意大利面吃起来连汁带水，颇不方便。早期的人们都是用手指去抓，吃完后还意犹未尽地把蘸着汁水的十指舔净。中世纪时，一些上层人士觉得这样吃相不雅，绞尽脑汁发明了餐叉，可以把面条卷在四个叉齿上送进嘴里。餐叉的发明被认为是西方饮食进入文明时代的标志。从这个意义上讲，意大利面功不可没。

新大陆的发现开拓了人们的想象力，也给意大利面带来更多变化：两种从美洲舶来的植物——辣椒和番茄被引入酱料。到19世纪末，意大利面著名的三大酱料体系：番茄底、鲜奶油底和橄榄油底完全形成，配以各种海鲜、蔬菜、水果、香料，形成复杂多变的酱料口味。面条本身也变化纷呈，有细长、扁平、螺旋、蝴蝶等多种形状，并通过添加南瓜、菠菜、葡萄等制成五颜六色的种类。据统计，意大利面的品种竟有563种之多。可是谁会想到意大利面条最早是用脚揉面的？因为面团太大，用手实在揉不动。直到18世纪，讲卫生的那不勒斯国王费迪南多二世才请来巧匠，发明了揉面机。1740年，第一座面条工厂建成，广场晒面的大场面从此成为历史。意大利人对面条的喜爱似乎与生俱来，许多人把做面的独门秘方束之高阁，不肯轻易示人，甚至把意大利面郑重写进遗嘱。中世纪许多歌剧、小说里都提到面条。近代意大利民族英雄加里波第也曾用面条犒赏三军，甚至拿破仑在波河大进军中也拿“吃面”激励士气。

3. 特色

意大利面种类繁多，其数量据说至少有500种，再配上酱汁的组合变化，可做出上千种意大利面。

正宗的原料是意大利面具有上好口感的重要条件。除此之外，拌意大利面的酱也比较重要。一般情况下，意大利面酱分为红酱（Tomato Sauce）、青酱（Pesto Sauce）、白酱（Cream Sauce）和黑酱（Squid－Ink Sauce）。红酱是主要以番茄为主制成的酱汁，是目前最常见的；青酱是以罗勒、松子粒、橄榄油等制成的酱汁，其口味较为特殊与浓郁；白酱是以无盐奶油为主制成的酱汁，主要用于焗面、千层面及海鲜类的意大利面；黑酱是以墨鱼汁为主制成的酱汁，其主要佐于墨鱼等海鲜意大利面。而意大利面用的面粉和我们中国做面用的面粉不同，它用的是一种“硬杜林小麦”，所以久煮不糊，这就是最大的区别。

地道的意大利面都很有咬劲，口感有点硬。关键在于意大利面在滚沸汆烫时，一定要先加入一小匙盐，分量约占水的1%，加入盐还可以让面的质地更紧实有弹性，而且另一个步骤是汆烫好后，若要让面条保持有劲，要拌少许橄榄油。同时若烫好的面没用完，也可拌好橄榄油让它稍微风干后冷藏。

三、西班牙海鲜饭

西班牙海鲜饭是西餐三大名菜之一，与法国蜗牛、意大利面齐名。

海鲜饭原文叫Paella（可音译为巴埃亚），原产地为巴伦西亚，位于地中海东海岸。巴伦西亚的大米文化历史久远，源于阿拉伯人统治西班牙时期，阿拉伯人通过丝绸之路将东方的稻米、火药、橙子等传入西班牙。巴伦西亚是西班牙通往地中海的门户，地理战略位置十分重要，这里气候宜人、土壤肥沃，非常适合种植稻米和橙子。

最初的巴埃亚其实是用大米、鸡肉和蔬菜烹饪而成的一种菜肉饭，如今叫瓦伦西亚饭（paella valenciana），后来人们又在此基础上用各种不同的食材做成了海鲜饭（paella de mariscos）、墨鱼汁饭或称黑米饭（paella negra）等。由于以海鲜为原料的巴埃亚最受欢迎，在各大旅游景点餐厅的点菜率最高，因此大家便将巴埃亚干脆就叫成海鲜饭。

西班牙海鲜饭还有一大特色就是使用了西红花（azafrán）。西红花原产于小亚细亚，埃及艳后时代这种香料被用于祭祀。阿拉伯人开发了西红花的药用价值并于公元10世纪将西红花的种植传入西班牙。后来西红花经西藏传入中国，被称为藏红花。西红花、海鲜和大米的黄金组合成就了西班牙海鲜饭的独一无二。

四、批　萨

批萨，是一种发源于意大利的食品，在全球颇受欢迎。批萨饼的通常做法是在发酵的圆面饼上面覆盖番茄酱、奶酪和其他配料，并由烤炉烤制而成。奶酪通常用莫萨里拉干酪，也有混用几种奶酪的形式，包括帕马森干酪、罗马乳酪（romano）、意大利乡村软酪（ricotta）或蒙特瑞·杰克干酪（Monterey Jack）等。

其做法大致如下：先将秤好的面粉加上自家绝密的配料和匀，在底盆上油，铺上一层由鲜美番茄混合纯天然香料秘制成的风味浓郁的批萨酱料，再撒上柔软的100%甲级莫扎里拉乳酪，放上海鲜、意式香肠、加拿大腌肉、火腿、五香肉粒、蘑菇、青椒、菠萝等经过精心挑选的新鲜馅料，最后放进烤炉在260℃下烘烤5～7分钟。然后，一个美味的批萨就出炉了，值得注意的一条是：出炉即食，风味最佳。批萨按大小一般分为三种尺寸：6英寸（切成4块）、9英寸（切成6块）、12英寸（切成8块），按厚度分为厚薄两种。

批萨作为具有意大利风味的食品，已经超越语言与文化的障碍，成为全球通行的美食，受到各国消费者的喜爱。但这种美食究竟源于何时何地，现在却无从考究。有人认为，批萨来源于中国：当年意大利著名旅行家马可·波罗在中国旅行时最喜欢吃一种北方流行的葱油馅饼。回到意大利后他一直想能够再次品尝，但却不会烤制。一个星期天，他同朋友们在家中聚会，其中一位是来自那不勒斯的厨师，马可·波罗灵机一动，把那位厨师叫到身边，“如此这般”地描绘起中国北方的香葱馅饼来。那位厨师也兴致勃勃地按马可·波罗所描绘的方法制作起来。但忙了半天，仍无法将馅料放入面团中。此时已快下午两点，大家都饥肠辘辘。于是马可·波罗提议就将馅料放在面饼上吃。大家吃后，都叫“好”。这位厨师回到那不勒斯后又做了几次，并配上了那不勒斯的乳酪和作料，不料大受食客们的欢迎，从此“批萨”就流传开了。

1. 品质要求

区分一种批萨饼是否正宗要看其饼底是如何成形的。目前行业内公认的区分标准如下：如果是意式批萨饼那必然是手抛批萨饼，饼底是由手抛成形，不需要机械加工，成品饼底呈正圆形，饼底平整，“翻边”均匀，“翻边”高2～3cm，宽2cm。如果是美式批萨饼那必然是铁盘批萨饼，饼底是由机械加工成形，成品饼底呈正圆形，饼底平整，“翻边”均匀，“翻边”高4～5cm，宽3cm。除此以外的饼底成形方法均可视为不正宗的做法，会引起成品外观不佳，口感欠缺。

上等的批萨必须具备四个特质：新鲜饼皮、上等芝士、顶级批萨酱和新鲜的馅料。饼底一定要现做，面粉一般选用指定品牌，春冬两季用甲级小麦研磨而成的饼底会外层香脆、内层松软。纯正乳酪是批萨的灵魂，正宗的批萨一般都选用富含蛋白质、维生素、矿物质和钙质及低卡路里的进口芝士。批萨酱须由鲜美番茄混合纯天然香料秘制而成，具有风味浓郁的特点。

所有馅料必须新鲜，建议使用上等品种，以保证品质。成品批萨必须软硬适中，即使将其如“皮夹似的”折叠起来，外层也不会破裂。这成为现在鉴定批萨手工优劣的重要依据之一。

目前使用的主要批萨饼制作技术为意大利手抛批萨饼制作技术。在饼底的成形过程中有手抛饼底的工艺。批萨饼师傅用手将饼底抛向空中，利用离心力将饼底旋转到需要的尺寸。此工艺观赏性非常强，客人会对批萨饼师傅的高超技术赞不绝口，这是专业批萨饼店用以招揽顾客的好方法。

2. 分类方法。

（1）按大小分类　6 英寸批萨饼（SmallPizza），可供 1 ~ 2 人食用；9 英寸批萨饼（RegularPizza），可供 2 ~ 3 人食用；12 英寸批萨饼（LargePizza），可供 4 ~ 5 人食用。

（2）按饼底分类　铁盘批萨饼（PanPizza）；手抛批萨饼（Hand - tossedStylePizza）。

（3）按饼底的成形工艺分类　机械加工成形饼底；全手工加工成形饼底。

（4）按烘烤器械分类　电烤；燃气烤；木材炉烤。

（5）按总体工艺分类　意式批萨饼；美式批萨饼。

做一做：根据西餐主菜制作的方法，尝试制作一道西餐宴会常用主菜。

任务六　西餐宴会配菜制作

一、配菜的概念

配菜是指在菜肴的主料烹制完毕后装盘时，在主料旁边或另一个盘内配上一定比例的经过加工处理的蔬菜或米饭、面食等。它与主料搭配后，组合成一份完整的菜肴。

二、配菜的作用

1．增加颜色，美化造型

配菜以马铃薯类、蔬菜类、谷物类菜肴为主。其中蔬菜类配菜色彩艳丽，加工精细；谷物类配菜色彩庄重，和主菜搭配相得益彰，使得菜肴整体美观。如黑胡椒牛排主料和沙司的色调单一，都呈褐色，这就需要配菜加以补充和完善，配以金黄色的马铃薯条、橙色的胡萝卜条等，可弥补主料的色调单一，使得整体菜肴的色调显得和谐、悦目。

2．营养搭配，平衡膳食

菜肴的主料通常是动物性原料，配菜则一般是植物性原料。两者互相搭配，使菜肴既含丰富的蛋白质、脂肪，又含有丰富的维生素和矿物质；且肉菜属酸性食物，蔬菜大多属于碱性食物，因此每份菜肴营养全面、搭配合理，能满足人体的需要，从而保障人体健康。

3．完善菜肴，增添风味

菜肴的主料通常是单一原料，但配菜的品种很多，通过配菜可完善整份菜肴的口味特点。而且主料通常是动物性原料，配菜大都为植物性原料，且口味比较清淡，这样与主料相配，使两类原料的颜色、香气、口味、形状和质地等具有鲜明的对比，从而使菜肴整体显得更加协调、完美。西餐菜肴中，对主菜应该配什么配菜，通常都有一定的讲究，如煎、煮鱼应配煮马铃薯；意式菜应配面条等。

三、配菜的使用和规则

配菜在使用上有很大的随意性，但一份完整的菜肴在风格和色调上要统一、协调。常用的普通配菜有以下三种形式。

（1）以马铃薯和两种不同颜色的蔬菜为一组的配菜。如炸马铃薯条、煮豌豆可为一组配菜；烤马铃薯、炒菠菜、黄油菜花也可以为一组配菜。这样的组成形式是最常见的一种，大部分煎、炸、烤的肉类菜肴都采用这种配菜。

（2）以一种马铃薯制品单独使用的配菜。此种形式的配菜大都与菜肴的风味特点搭配合理，如煮鱼配马铃薯、法式羊肉串配里昂马铃薯等。

（3）以少量米饭或面食单独使用的配菜。各种米饭大都用于带汁的菜肴，如咖喱鸡配黄油米饭；各种面食大都用于配意大利式菜肴，如意式烩牛肉配炒通心粉。

根据西餐烹饪的传统习惯，不同类型的菜肴配以不同形式的蔬菜。一般是水产类配马铃薯泥或煮马铃薯，其他可随意；禽畜类菜肴中，烹调手段用煎、铁扒或平板炉的菜肴一般配马铃薯条、炸方块马铃薯、炒马铃薯片、煎马铃薯饼等，其他可随意；禽畜类中白烩菜或红烩菜一般配煮马铃薯、唐白令马铃薯、马铃薯泥、雪花马铃薯、面条和米饭；炸的菜肴一般可配德式炒马铃薯、维也纳炒马铃薯；黄油鸡卷可配炸马铃薯丝；烤的菜肴一般是配烤马铃薯，其他可随意；有些特色菜肴的配菜是固定的，如马令古鸡就必须配炸洋葱圈，麦西尼鸡必须配面条。

四、配菜与主菜的搭配

西餐菜肴与中餐菜肴一样，大多数都是由主料和配料组成。中餐菜肴的配料多与主料混合制作，而西餐的配料与主料大多数是分开制作的。单独的主料构不成完整意义上的菜肴，需要通过配菜补充，使主料和配菜在色、香、味、形、质、养等方面相互配合、相互映衬，达到完美的目的。因此，在配菜与主菜的搭配上应注意以下原则。

（1）选择配菜时，要注意食品原料之间颜色的搭配，使菜肴整齐、和谐。鲜明的颜色可以给人以美的感观和享受，每盘菜肴应有 2 ~ 3 种颜色，颜色单调会使菜肴呆板，颜色过多，则显得杂乱无章，不雅观。

（2）注意配料与主料数量之间的协调搭配，突出主料数量，主料占据餐盘的中心，不要让主料有过多装饰，也不要装入大量马铃薯、蔬菜及谷物类食物，且配料数量永远少于主料。

（3）突出主料的本味，用不同风味的配菜不仅可以弥补主料味道的不足，而且可以起到解腻、帮助消化的作用，但不可盖过主料的风味。如炸鱼配以柠檬片，煎鱼可配些开胃的配菜等。

（4）配菜与主料的质地要恰当搭配。如马铃薯沙拉中放一些嫩黄瓜丁或嫩西芹丁，蔬菜汤中放烤面包片，肉饼等质地软的主料应以马铃薯泥为配菜。

（5）配菜的烹调方法要与主料相互搭配。如马铃薯烩羊肉配米饭等。

（6）配菜与主菜之间应保持适度空间，不要将每种食物都混杂地堆在一起，每种食物都应该有单独空间，使其整体比例协调、匀称，方能达到最佳的视觉效果。

五、配菜的制备和排盘装饰

1．配菜的分类

配菜的种类很多，一般有马铃薯类、蔬菜类和谷物类三大类。

（1）马铃薯类　以马铃薯为主要原料制作而成的各种制品。

（2）蔬菜类　品种主要有胡萝卜、芹菜、番茄、芦荟、菠菜、青椒、卷心菜、生菜、西兰花、蘑菇、茄子、荷兰芹、黄瓜等。

（3）谷物类　品种主要有各种米饭、通心粉、玉米、蛋黄面、贝壳面、中东小米等。

2．配菜的烹调方法

（1）沸煮　西餐中使用较广泛的以水传热的烹调形式。这种烹调形式不仅能保持蔬菜原料的颜色，还能充分保留原料自身的鲜味及营养成分，使其具有清淡爽口的特点。如煮马铃薯、煮菜花、煮胡萝卜等。

（2）油煎　选用色泽鲜艳、汁多脆嫩的蔬菜，使用少量的油，在煎板上或煎锅里制成，如煎马铃薯、煎芦笋、煎蘑菇等。但某些蔬菜如番茄、茄子有时需要调味拍粉后再进行煎制。

（3）焖煮　先将原料与油拌炒，再加入适量的基础汤，用小火煮制成，如焖紫包菜、焖煮圆白菜、焖酸菜、焖红菜头等。

（4）烘烤　即把原料放入烤箱内，烤焙至熟。烘烤的蔬菜有自然的香甜味，且能保持其营养价值，但要求以不影响其色泽为佳。如烤马铃薯、烤龙须菜用锡纸包裹烤。

（5）焗　即把经过加工处理好的原料，直接放入烤箱或在原料上撒些奶酪末或面包屑放焗炉内，将菜肴表面烤成金黄色。如焗西兰花、焗意大利面条等。

（6）油炸　将原料直接放入油中进行炸制或在原料表面裹上一层面糊炸制。油炸菜肴成熟速度快，有明显的脂香味，具有良好的风味，如炸薯条等。

六、西餐排盘装饰技术

1．排盘装饰的特点

主次分明，协调搭配。西餐菜肴在装盘时，要注意菜肴中原料的主次关系，主料与配料层次分明、和谐统一，不能让配料超越或掩盖了作为中心的主料。

造型美观，精致高雅。西餐的排盘技艺一般有平面几何造型和立体造型两种，前者主要是利用点、线、面进行造型的方法，也是西餐最常用的装盘方法。立体造型的方法也是西餐摆盘常用的方法，是西餐装盘的一大特色。几何造型的目的是挖掘几何图形中的形式美，追求简洁、明快的装盘风格；后者则自然立体感强，展示了菜肴的空间美。

讲究突破，回归自然。整齐划一，对称有序的装盘，会给人以秩序之感，是创造美的一种手法，但常常缺乏动感。西餐在装盘上往往采取各种手段打破这个常规，力图将美感与动感结合起来，使菜肴造型更加现货、美妙。此外，西餐在装盘、点缀时喜欢使用天然的花草树木作为点缀物，并且遵从点到为止的装饰理念，目的是回归自然。

2．排盘装饰的形式

传统式的摆放。主菜在前，蔬菜、谷物类菜品和装饰配菜摆放在边缘。

主菜摆放在盘子中央，简单的沙司或装饰物摆在一边或其上边。

主菜放在中间，蔬菜按照图案精心地码在主菜周围。

主要原料在中间，蔬菜随意地分布在周围，下面配沙司。

谷物类或蔬菜类食物摆在中间，主要食物成片斜放着靠在配菜上面，其他蔬菜、装饰物或沙司放在盘子四周。

主菜、马铃薯类、蔬菜类、谷物类配菜和其他装饰配菜整齐地摆在盘子中央其他菜品的上部。沙司或其余的装饰配菜可摆在外圈。

蔬菜在中间，有时浇上沙司。主菜加工成不同形状如片状、大扁平圆状、小块状等，围绕在蔬菜外面。

片状的主菜放在蔬菜垫盘、蔬菜汁或面食上，若有装饰，将装饰摆在一边或周围。

3．排盘装饰的注意事项

(1) 配菜不可直接接触到盘子边缘。要根据规格选择足够大的餐盘，这样食物就不会接触盘边或从盘子边缘滑落出来。有时可淋一些辛料或剁碎的香菜或用一点沙司来点缀盘子的边缘，适量点缀可起画龙点睛的作用，但如果过量，则会使菜品的吸引力大打折扣。

(2) 热食装热盘，即过温的餐盘，以便保持菜肴的温度；冷食上冷盘，即未加热的餐盘。

(3) 通常配菜为谷物类时，摆放在主菜的左上方；配菜为蔬菜时，则摆放在主菜的右上方。无论配菜摆放在什么位置，主要食物要放在离就餐者最近的地方。

(4) 不要每盘菜都加沙司或肉汁。有时将所有食物浇上汁会掩盖食物的颜色和形状。如果食物本身美观，应让客人看见它。可将汁浇在周围或下面，或仅盖住它的一部分。

(5) 配菜的装饰比中餐单纯，实用，力求简洁。排盘要有组织地组合排列，避免过于精致、华丽。

(6) 大盘装饰无须精致地准备。小盘摆放的许多原则都适用于大盘摆放，如要求整洁，颜色和形状的协调、统一，还有保持每种食品的独立。

(7) 不要加不必要的装饰物。在许多场合，食物没有装饰物已经很漂亮了，而加上装饰物反而使盘中凌乱，破坏了餐盘的美观，同时也增加了成本。

(8) 装饰物必须是可食、无毒的，与食物相得益彰，是应在整个菜盘的设计中通盘考虑而不是随便地堆在盘子上的。

(9) 有时将配菜用一只碟来提供是必要的。这些配菜并不能增加盘子的对比效果，如烤马铃薯配一块肉或炸薯条配鸡或鱼，但是一个简单的装饰物可能会增加餐盘的颜色，并对口味的均衡有所帮助。

做一做：根据西餐配菜制作的方法，尝试制作一道西餐宴会常用配菜。

任务七　西餐宴会沙拉制作

一、概　　述

沙拉（Salad）一词来源于拉丁语中的“沙”（Sal），“沙”即盐的意思。沙拉是英语Salad的译音，我国北方习惯译作“沙拉”，上海译作“色拉”，广东、香港则译作“沙律”。如果将其意译为汉语，就指的是凉拌菜。有时候也将拌制沙拉的各种沙司酱、调味汁称作沙拉。沙拉的原料选择范围很广，各种蔬菜、水果、海鲜、禽蛋、肉类等均可用于沙拉的制作。但要求原料新鲜细嫩，符合卫生要求。沙拉大都具有色泽鲜艳、外形美观、鲜嫩爽口、解腻开胃的特点。沙拉是用各种凉透了的熟料或是可以直接食用的生料加工成较小的形状后，再加入调味品或浇上各种冷沙司或冷调味汁拌制而成的。沙拉的原料选择范围很广，各种蔬菜、水果、海鲜、禽蛋、肉类等均可用于沙拉的制作，但要求原料新鲜细嫩，符合卫生要求。沙拉大都具有色泽鲜艳、外形美观、鲜嫩爽口、解腻开胃的特点。沙拉作为冷头盘，以清凉蔬菜为主，如生菜、番茄、芦笋、茄子、青椒等，部分沙拉会以肉为辅料，如肉片、培根（熏火腿）、龙虾、虾仁、鸡丝、鸡肝、鹅肝，当然还少不了奶酪。

在制作沙拉时，根据对沙拉口味的需求，往往要注意以下几方面：

（1）制作蔬菜沙拉时，叶菜一般要用手撕，以保证蔬菜的新鲜，并注意沥干水分，以保证沙拉酱的均匀拌制。

（2）制作水果沙拉时，可在沙拉酱中加入少许酸奶，使得味道更纯美，并具有奶香味。

（3）制作肉类沙拉时，可直接选用一些胡椒、蒜、葱、芥末等原料的沙拉酱，也可在沙拉中加入以上辛辣味的原料。

（4）制作海鲜类沙拉时，可在沙拉酱中加入一些柠檬汁、白兰地酒、白葡萄酒等，这样既可保持蔬菜的原有色彩，也可使沙拉的味道更鲜美。

二、沙拉的分类

沙拉种类繁多，一般情况下，根据不同的分类方法又可分为多种。

1. 按照不同的国家分类

西方各国均有代表性的沙拉，并深受世界各国人们的欢迎。如美国的华尔道夫沙拉、法国的法国沙拉和鸡肉沙拉等。

2. 按照不同的调味方式分类

清沙拉，主要指由单纯的原料经简单刀工处理后即可供客人食用的沙拉，一般不配沙司。如生菜沙拉，即以干净的生菜切成丝后装盘即可。

奶香味沙拉，主要指在制作过程中沙拉酱加入了鲜奶油，使得奶香浓郁，并伴有一定的甜味，深受喜欢甜食的人群青睐，如鸡肉苹果沙拉。

辛辣味沙拉，主要指在制作过程中沙拉酱加入了蒜、葱、芥末等具有辛辣味的原料，如法国沙拉，调味汁中含有蒜、葱等，辛辣味较为浓郁，往往较多用于肉类沙拉，如白豆火腿沙拉。

3. 按照原料的性质分类

素沙拉，泛指一切蔬菜水果制作而成的沙拉，如法式生菜、蔬菜沙拉等。

禽蛋肉沙拉，指由禽肉、各种蛋品和各种肉类中的一种或几种制作而成的沙拉，如鸡蛋沙拉、猪蹄沙拉等。

鱼虾沙拉，主要指由各类海产、淡水鱼类、虾类及其他水产的一种或几种制作而成的沙拉，如明虾沙拉等。

其他类沙拉，主要指由以上原料中的几种混合制作而成的沙拉，如厨师沙拉等。

三、沙拉的吃法

将大片的生菜叶用叉子切成小块，如果不好切可以刀叉并用。一次只切一块，不要一下将整盘的沙拉都切成小块。

如果沙拉是一大盘端上来则使用沙拉叉。如果和主菜放在一起则要使用主菜叉来吃。

如果沙拉是主菜和甜品之间的单独一道菜，通常要与奶酪和炸玉米片等一起食用。先取一两片面包放在你的沙拉盘上，再取两三片玉米片。奶酪和沙拉要用叉子食用而玉米片则用手拿着吃。

如果主菜沙拉配有沙拉酱，很难将整碗的沙拉都拌上沙拉酱，先将沙拉酱浇在一部分沙拉上，吃完这部分后再加酱。直到加到碗底的生菜叶部分，这样浇汁就容易得多。

四、沙拉的配酱

沙拉虽然是流行于世界各地的开胃菜，不过其配酱在不同的地方却各不相同。在美国，沙拉的配酱相对比较丰富，而且使用较为普遍；在西欧，传统的欧洲人更喜欢使用一种叫做 vinaigrette 的传统沙拉酱，是由多种香料制成的；而以俄罗斯为代表的东欧国家，则偏爱食用蛋黄酱。在我国，沙拉酱的使用受到东欧的影响比较大，通常食用蛋黄酱或者基于蛋黄酱二次加工的专门的沙拉酱。

做一做：根据西餐沙拉制作的方法，尝试制作一道西餐宴会常用沙拉。

任务八　西餐宴会点心制作

一、西 点 概 述

西点又称西式糕点，是指西方国家的点心，其熟制的主要方法是烘焙。通过烘焙，西点制品不仅具有金黄的色泽和诱人的气，而且方便携带与食用，更易于实现生产的机械化、自动化和批量化，确保了生产场地和制品的清洁卫生。传统西点主要包括面包、蛋糕和其他糕点三大类。从西点的发展来看，面包的历史最为久远，它是西方人的主食，也是西方国家销售量最大的食品之一，除主食面包品种外，各种花色面包也层出不穷；在西点中，蛋糕也极具代表性，它有海绵蛋糕和油脂蛋糕两种基本类型。但由此可以派生出各种水果蛋糕、果仁蛋糕、巧克力蛋糕、花色小蛋糕等；其他糕点品种也较多，主要包括甜酥点心（塔、派等）和起酥点心两大类，此外还有泡芙、化学发酵点心、蛋白点心、布丁、饼干等。

二、蛋　　糕

1．蛋糕简介

蛋糕是一种面食，通常是甜的，典型的蛋糕是以烤的方式制作出来的。蛋糕的材料主要包括了面粉、甜味剂（通常是蔗糖）、黏合剂（一般是鸡蛋，素食主义者可用面筋和淀粉代替）、起酥油（一般是牛油或人造牛油，低脂肪含量的蛋糕会以浓缩果汁代替）、液体（牛奶、水或果汁）、香精和发酵剂（例如酵母或者发酵粉）。

蛋糕一般是正式用餐，特别是婚礼或生日聚会时可选的甜点之一。在某些传统婚礼中，新娘和新郎是第一个吃结婚蛋糕的，并常常用手指挖一块蛋糕互相送到对方嘴巴里。生日蛋糕一般有题字和装饰，并插有蜡烛。蜡烛要在许愿后吹灭。

2．蛋糕起源

最早的蛋糕是用几样简单的材料做出来的，这些蛋糕是古老宗教神话与奇迹式迷信的象征。

在欧洲，这些珍奇的原料只有僧侣与贵族才能拥有，而他们的糕点创作则是蜂蜜姜饼以及扁平硬饼干之类的东西。慢慢地，随着贸易往来的频繁，西方国家的饮食习惯也跟着彻底改变。

从十字军东征返家的士兵和阿拉伯商人，把香料的运用和中东的食谱散播开来。在中欧几个主要的商业重镇，烘焙师傅的同业公会也组织了起来。而在中世纪末，香料已被欧洲各地的富有人家广为使用，更增进了想象力丰富的糕点烘焙技术。等到坚果和糖大肆流行时，杏仁糖泥也跟着大众化起来，这种杏仁糖泥是用木雕的凸版模子烤出来的，而模子上的图案则与宗教训诫多有关联。

蛋糕最早起源于西方，后来才慢慢传入中国。

3．蛋糕做法

蛋糕的做法一般分为以下几种。

戚风打法，即分蛋打法，蛋白加糖打发，蛋黄加其他液态材料及粉类材料拌匀，二者拌和。

海绵打法，即全蛋打法，蛋白加蛋黄和糖一起搅拌至浓稠状，呈乳白色且勾起乳沫约2秒才滴下，再加入其他液态材料及粉类拌和。

法式海绵打法，蛋白加1/2糖打发，蛋黄加1/2糖打发至乳白色，两者拌和后再加入其他粉类材料及液态材料拌和。

天使蛋糕法，蛋白加塔塔粉打发泡再分次加入1/2糖搅拌至湿性发泡（不可搅至干性），面粉加1/2糖过筛后加入，拌和至吸收即可。

糖油拌和法，油类先打软后加糖或糖粉搅拌至松软绒毛状，再加蛋拌匀，最后加入粉类材料拌和。如饼干类、重奶油蛋糕等。

粉油拌和法，油类先打软，加面粉打至膨松后加糖，再打发呈绒毛状，加蛋搅拌至光滑，适用于油量60%以上的配方。如水果蛋糕。

湿性发泡，蛋白或鲜奶油打起泡后加糖搅拌至有纹路且雪白光滑，勾起时有弹性、挺立但尾端稍弯曲。

干性发泡，蛋白或鲜奶油打起泡后加糖搅拌至纹路明显且雪白光滑，勾起时有弹性而尾端挺直。

4．蛋糕烘烤

烘烤温度也是制作蛋糕的关键。烘烤前必须让烤箱预热。此外，蛋糕坯的厚薄大小，也会对烘烤温度和时间有影响。蛋糕坯厚且大者，烘烤温度应当相应降低，时间相应延长；蛋糕坯薄且小者，烘烤温度则需相应升高，时间相对缩短。一般来说，厚坯的炉温为上火180℃、下火150℃；薄坯的炉温应为上火200℃、下火170℃，烘烤时间以35～45分钟为宜。

蛋糕成熟与否可用手指去轻按表面测试，若表面留有指痕或感觉里面仍柔软浮动，那就是未熟；若感觉有弹性则是熟了。蛋糕出炉后，应立即从烤盘内取出，否则会引起收缩。

5．蛋糕分类

蛋糕的种类很多，归纳起来可分为三大类。

（1）乳沫类（清蛋糕）

乳沫类又分为蛋白类和海绵类两种。

蛋白类，即天使蛋糕，主要原料为蛋白、砂糖、面粉。特点：洁白，口感稍显粗糙，味道不算太好，但外观漂亮，蛋腥味浓。

全蛋类，即海绵蛋糕，主要原料为全蛋、砂糖、面粉、蛋糕油和液体油。特点：口感清香，结构绵软，有弹性，油脂轻。

（2）戚风类

20世纪90年代初，随着台资烘焙企业进入大陆市场，他们制作的戚风蛋糕也就逐渐流行。其实戚风蛋糕的历史并不短，至少已有三四十年了。所谓戚风，是英文 CHIFFON 译音，该单词原是法文，意思是拌制的馅料向打发的蛋白那样柔软，而戚风的打发正是将蛋黄和蛋白分开搅拌，先把蛋白部分搅拌得很蓬松，很柔软，再拌入蛋黄面糊，因而将这类蛋糕称之为戚风蛋糕。它面糊稀软、蓬松，产品特点：蛋香、油香、有回味，结构绵软有弹性，组织细密紧韧。

（3）面糊类（重油蛋糕）

它是利用配方中固体油脂在搅拌时拌入空气，面糊在烤炉内受热膨胀成蛋糕，主要原料是蛋、糖、面粉和黄油。它面糊浓稠、膨松，产品特点：油香浓郁、口感深香有回味，结构相对紧密，有一定的弹性。又称为重油蛋糕，因为油的用量达到了 100%。

三、面　　包

1. 面包简介

面包，是一种用五谷（一般是麦类）磨粉制作并加热而成的食品。以小麦粉为主要原料，以酵母、鸡蛋、油脂、果仁等为辅料，加水调制成面团，经过发酵、整形、成形、焙烤、冷却等过程加工而成。

2. 面包分类

（1）主食面包

主食面包，顾名思义，即当作主食来消费的。主食面包的配方特征是油和糖的比例较其他产品低一些。根据国际上主食面包的惯例，以面粉量作基数计算，糖用量一般不超过 10%，油脂低于 6%。其主要根据是主食面包通常是与其他副食品一起食用，所以本身不必添加过多的辅料。主食面包主要包括平项或弧顶枕形面包、大圆形面包、法式面包等。

（2）花色面包

花色面包的品种甚多，包括夹馅面包、表面喷涂面包、油炸面包圈及因形状而异的品种等几个大类。它的配方优于主食面包，其辅料配比属于中等水平。以面粉量作基数计算，糖用量 12% ~15%，油脂用量 7% ~10%，还有鸡蛋、牛奶等其他辅料。与主食面包相比，其结构更为松软，体积大，风味优良，除面包本身的滋味外，还有其他原料的风味。

（3）调理面包

属于二次加工面包，烤熟后的面包再一次加工制成，主要品种有三明治、汉堡包、热狗三种。实际上这是从主食面包派生出来的产品。

（4）丹麦酥油面包

这是近年来开发的一种新产品，由于配方中使用较多的油脂，又在面团中包入大量的固体脂肪，所以属于面包中档次较高的产品。该产品既保持面包特色，又近于馅饼（Pie）及千层酥（Puff）等西点类食品。产品问世以后，由于酥软爽口，风味独特，加上香气浓郁，备受消费者欢迎，近年来销量获得较大幅度的增长。

3．面包制法

中种法，是分两次搅拌的方法，即先搅拌中种面团，使其经过一段时间发酵，再与其他部分混合搅拌形成制作面包的面团。

夜种法，是中种法的一种，指在第一天下班前搅拌好中种面包，第二天上班时使用。

直接法，是直接进行一次搅拌的方法。

现在市场大部分采用“直接法”。

四、饼　　干

1．饼干简介

饼干是以小麦粉（可添加糯米粉、淀粉等）为主要原料，加入（或不加入）糖、油脂及其他原料，经调粉（或调浆）、成形、烘烤等工艺制成的口感酥松或松脆的食品。

饼干（Biscuit）的最简单产品形态是单纯的用面粉和水混合的形态，在公元前4000年左右古代埃及的古墓中被发现。

而真正成形的饼干，则要追溯到公元7世纪的波斯。当时制糖技术刚刚开发出来，并因为饼干而被广泛运用。一直到了公元10世纪左右，随着穆斯林对西班牙的征服，饼干传到了欧洲，并从此在各个基督教国家之中流传。到了公元14世纪，饼干已经成为全欧洲人最喜欢的点心，从皇室的厨房到平民居住的大街，都弥漫着饼干的香味。现代饼干产业是由19世纪时因发达的航海技术进出于世界各国的英国开始的，在长期的航海中，面包因含有较高的水分（35%～40%）不适合作为储备粮食，所以发明了一种含水分量很低的面包——饼干。

2．饼干制法

（1）材料　鸡蛋2个，细沙糖80克（根据自己情况酌情添加），盐1/2小匙，融化的奶油50克，面粉320克（中筋即可），泡打粉1/2小匙。

（2）做法　所有材料依序放入盆中搅拌成均匀的面团（一种材料拌匀后才可加第二种）。在桌上洒些面粉，将面团倒在面粉上，再撒一层面粉在面团上。用擀面杖擀成0.3cm厚的薄片，放置30分钟。用饼干模（其他各种形状的印模都可以，没有的话可以用杯子代替）印成各种形状的片，用叉子在上面刺一些洞，烤盘涂油后放入。烤箱预热160℃烤约20分钟。

（3）注意事项　按照上面的方法制作的是"素面饼干"，也可以制作成调味饼干，方法是将蛋黄1个、椰蓉2小匙调匀，烘烤前涂在饼干上即可。烘烤过程中，应根据自己的烤箱功率调节温度和时间，并且随时观察以防焦糊。

五、甜酥点心

甜酥点心又称混酥点心，它是用面粉、油脂、糖、鸡蛋等原料调成面团，配以各种辅料，通过成形、烘烤、装饰等工艺而制成的一类点心。这类点心的面坯无层次，但具有酥松性。

1. 甜酥点心制作原理

甜酥点心具有酥松的特点，主要与油脂的性质有关。油脂是一种胶性物质，具有一定的黏性和表面张力。当油脂与面粉调成面团时，油脂便分布在面粉中蛋白质或淀粉粒的周围并形成油膜，这种油膜影响了面粉中面筋网的形成，造成面粉颗粒之间结合松散，从而使面团的可塑性和酥性增强。当面坯遇热后，油脂流散，伴随搅拌充入面粉颗粒之间的空气遇热膨胀，这时，面坯内部结构破裂成很多孔隙结构，这种结构便是面坯酥松的原因。

2. 甜酥点心分类

甜酥点心从面团的角度通常分为两类，一类为酥点面团，另一类为甜点面团。甜点面团的含糖量和油脂高于酥点面团，酥点面团一般用于塔和派，甜点面团用于各种干点。

酥点面团的配方：低筋面粉1000克，油脂500克，白砂糖250克，水125克（或鸡蛋200克），泡打粉10克。

甜点面团的配方：低筋面粉1000克，油脂625克，白砂糖335克，鸡蛋200克，泡打粉10克。

六、起酥点心

起酥点心又称帕夫酥皮点心，国内称为清酥点心。起酥点心以独特的酥层结构在西点中别具一格。

1. 起酥点心制作原理

起酥点心是由面团包裹油脂，经过反复擀制折叠，形成一层油与一层面交替排列的多层结构。成品体积轻、分层、酥碎且爽口。

起酥点心的分层是由于面层中的水分在烘烤中因受热而产生蒸汽，蒸汽的压力迫使层与层分开。同时面层之间的油脂像"绝缘体"一样将面层隔开，防止了面层的相互黏结。在烘烤中融化的油脂被面层吸收，而且高温的油脂也作为传热介质烹制了面层并使其酥碎。

2. 起酥点心分类

起酥点心按照油脂总量（包括皮面油脂和油层油脂）与面粉量的比例，可分为三种，全起酥（油脂量与面粉量相等）、3/4 起酥（油脂量为面粉量的 3/4）、半起酥（油脂量为面粉量的 1/2）等。其中，3/4 起酥最为常用。

3/4 起酥面团配方：面粉 1000 克，油脂 750 克，盐 10 克，鸡蛋 75 克，水 450 克。其中皮面油脂 100 克，油层油脂 650 克。

七、巧克斯点心

巧克斯点心国内称为搅面类点心，成品又称“哈斗”或“泡芙”。

1. 巧克斯点心制作原理

巧克斯点心制作时先用沸腾的油、水来烫面，再加入较多的鸡蛋搅打成膨松的面糊，在烤制过程中，借助于鸡蛋的发泡力，体积涨大，形成内部的孔洞结构，成品口感松泡，外酥内软，其风味主要取决于所填装的馅料。

2. 巧克斯点心分类

巧克斯点心有两种基本类型，一类以圆形的奶油泡芙为代表，表面呈开裂状，可以填塞馅心；另一类是呈手指形的点心，表面光滑，易于用巧克力作涂面装饰。

泡芙面团配方：高筋面粉 500 克，鸡蛋 750 克，水 750 克，油脂 250 克。

艾克兰面团配方：高筋面粉 500 克，鸡蛋 800 克，水 800 克，油脂 350 克。

八、西点装饰工艺

西点装饰工艺一般包括装饰设计、装饰方法、装饰材料等内容。

西点的装饰设计一般包括装饰类型与方法的确定、图案与色彩的构思以及装饰原料的选择。西点中的装饰类型一般有简易装饰、图案装饰和造型装饰三种，其方法依制品要求而定。装饰图案有对称和非对称，规则和非规则之分，图案要求简洁、流畅、布局合理。色彩装饰力求协调、明快、雅致，其搭配方式可以采用近似或反差的原则，以产生悦目和诱人的视觉效果。

西点的装饰方法很多，常见的有色泽装饰、平面或立体造型装饰、夹心装饰、表面装饰及模具装饰等方法，具体手法有裱、抹、夹、淋、挂、编、蘸及借助模型等。

西点中的装饰材料较多，常用的有奶油制品（黄油、鲜奶油等）、巧克力制品（各式巧克力、巧克力碎片、封糖巧克力等）、糖制品（蛋白糖、翻砂糖、糖粉花、熬汤制品等）、干鲜果品（杏仁片、葡萄干、草莓、猕猴桃等）、罐头制品（黄桃罐头、红樱桃等）以及其他装饰料。常见的装饰料有以下几种。

（1）糖霜类　糖霜类装饰料的基本成分是糖和水。糖在制品中多呈细小的结晶状态，如添加蛋清、明胶、油脂、牛奶等，即制成各种不同的品种。使用时可采用浸蘸、涂抹或挤注等方法进行装饰。

（2）膏类　膏类装饰料是一类光滑、细腻，具有可塑性的软膏，其结构为泡沫与乳液并存的分散体系，糖在制品中呈细小的微晶态。主要有油脂型（奶油膏）和非油脂型（如蛋白膏）两类。各种膏类装饰料可以根据需要加入可可粉、咖啡粉、食用色素、食用香精等，对其色泽和风味加以变化和修饰。

（3）果冻　果冻又称冻胶，加热时融化，冷却时凝结成冻。常用于西点的装饰以及新鲜水果的表面上光，还可以直接用作冷食。冻胶可由天然压榨果汁借助于自身果胶的胶凝作用凝结而成；也可以加入凝结剂如明胶、琼脂制成。

做一做：根据西式点心的制作方法，尝试制作一道西餐宴会常用点心。

任务九 西餐宴会菜单制作

西餐宴会菜点设计好之后，要通过西餐宴会菜单予以呈现并向宾客介绍。西餐宴会菜单制作和菜点设计是不同的工作，由不同的人员协作完成。传统的宴会菜点设计工作不是由厨师长完成，就是由懂行的宴会经理来安排。随着饭店的经营策略和顾客需求的不断变化，单个人很难设计出既满足客人需求，又保证饭店赢利的菜点。一套完美的西餐宴会菜点往往由四个方面的人员共同设计完成，即厨师长、采购员、宴会预订员和顾客。厨师长熟知厨房的技术力量和设备条件，使设计出的菜点能保质、保量生产加工，还能发挥专长体现饭店特色；采购员了解市场原料行情，能降低菜点的原材料成本，使宴会利润增加；宴会预订员掌握预订客人的相关信息，能及时将客人的需求落实到菜点之中；顾客是上帝，让顾客参与设计菜点，能够在更大程度上使顾客称心如意。

菜单制作是将设计好的菜点呈现于印刷与装帧都很考究的印刷品上。由于西餐宴会体现情、礼、仪、乐的传统，因此西餐宴会菜单应有别于其他套菜菜单。

一、西餐宴会菜单的形式

1. 预先制定的标准宴会菜单

西餐宴会部根据客源市场及消费能力，预先制定出不同销售标准的若干套菜单，可将饭店提供的具有多种不同特色的菜点，经过巧妙的设计组合，预先设计好菜单，就像说明书一样，向客人介绍本宴会厅的宴会产品，供举办宴会者进行选择。事先确认的宴会菜单可以提供给客人不同档次与特点的套菜，以适合不同的主题宴会，满足各种档次的消费者的设宴要求。有时因为有些宾客要把自己的餐饮喜好或风俗习惯体现在宴会菜单中，则需对预定菜单略加改动。

2. 即时制定的高规格西餐宴会菜单

高规格或重要宾客宴会其菜单制定与标准宴会菜单相似，不同之处在于高规格宴会菜单能保证突出重点，更加具有针对性。这就要求设计者充分了解宾客组成情况和宾客的需求；根据接待规格标准，确定菜肴道数和结构比例；结合客人饮食喜好、设宴者所在地方特色，拟定菜单具体品种。还要根据菜单品种确定加工规格、配份规格和装盘形式，开出用料标准，确定盛器，初步核算成本。

3. 选择性西餐宴会菜单

选择性西餐宴会菜单是让顾客选择合适的菜点，再组合成宴会菜单。被选菜点每一类准备数种，然后让顾客进行选择，排列组合成菜单，使客人选择的范围增大。

总之，西餐宴会部应拥有丰富的宴会菜单供客人选择，同时又能根据客人需求即时设计西餐宴会菜单，使客人看到菜单后产生强烈的消费欲望，从而达到推销宴会的目的。西餐宴会菜单既是一种艺术品，又是一种宣传品。一份制作精美的菜单可以增强用餐气氛，反映西餐宴会厅的格调，提高饭店声誉，使客人对所列的美味佳肴留下深刻印象。西餐宴会菜单可作为一件艺术品留作纪念，引起顾客美好的回忆。西餐宴会菜单也是推销西餐宴会的有力手段，通常在菜单上印上饭店的名称、地址及位置、预订电话等信息，一般列在菜单的封底下方，西餐宴会封面则列有醒目的饭店标志，这样可起到宣传作用。

二、西餐宴会菜单的基本内容

1. 传统西餐宴会菜单

根据法国现在所流传下来的记载，法国早期的宴会都是分三梯次出菜，1656 年已经有一次上 168 盘菜的记录。到了埃斯科菲耶时代，他率先采用俄国人一直保持的一道菜吃完再上一道的服务方法，这种上菜习惯，为防止餐桌上太空，常摆放插花、烛台等装饰品。根据瑞士出版的《烹饪技术》一书所述，传统西餐宴会菜单的结构与内容如下。

序号	菜单项目	内 容 说 明
1	冷前食	1. 促进食欲的食物安排于第一道菜 2. 适用于酒会或客人未到齐时先点的菜
2	汤	1. 汤泛指用汤锅煮出来的食物 2. 有清汤与浓汤两种，具有开胃的功能
3	热前菜	1. 传统大排场时代，放置于大盘菜旁的小盘菜 2. 分量较小的热菜，以蛋、面或米类为主的菜肴
4	鱼餐	排序于肉类菜之前，以鱼或其他海鲜类为主的菜肴
5	大块菜	整块的家畜肉加以烹调，并在客人面前切割
6	热中间菜	1. 排序于大块菜与炉烤菜的中间，称之“中间菜” 2. 材料须切割小块后才烹煮，为现代餐厅的主菜
7	冷中间菜	
8	冰酒	以果汁加酒类的饮料，制成似冰沙状的一道菜 功用：调整味觉
9	炉烤菜附沙拉	用炉烤烹调，以大块的家禽肉或野味为主的菜肴，搭配色拉上桌，是大块菜的补充
10	蔬菜	均衡用餐者的营养，增加主菜的色香味，属陪衬的菜肴，被称为“装饰菜”
11	甜点	以甜食为主，包括热甜点和冷甜点
12	开胃点心	1. 属于英国式的餐后点心，与热前菜相似，味浓 2. 奶酪或酒会小点都属此类
13	餐后点心	1. 为最后一道菜，此菜一出表示全部服务完毕 2. 仅限于水果以及小甜点或巧克力

2. 现代西餐宴会菜单

用餐者在质与量上的改变，致使西餐宴会菜单的内容更为简化，于是将传统的菜单重新归类简化成六类，以下就欧陆式及美式西餐宴会菜单的内容加以说明。

欧陆式西餐宴会菜单

序号	菜单项目	内 容 说 明
1	冷前菜	冷前菜与部分冷中间菜
2	汤	汤类

续表

序号	菜单项目	内 容 说 明
3	头盘菜	热前菜与鱼餐
4	肉与蔬菜	大块肉、热中间菜、炉烤菜以及色拉与蔬菜
5	甜点	甜点与冰酒
6	餐后点心	餐后点心

美式西餐宴会菜单

序号	菜单项目	内 容 说 明
1	开胃品	西餐中第一道菜，又称开胃菜或头盘。分量少，美观鲜艳，具有开胃与刺激食欲的功用
2	汤	1. 保留传统菜单中的汤类，分为清汤与浓汤两种 2. 具有开胃的功能（可在开胃品与汤任选一种）
3	副主菜	分量较主菜少且味轻，出两道主菜时，以此为副主菜，按先鱼后肉的顺序。以鱼或其他海鲜为主的又称为鱼类菜
4	主菜	传统中间菜统称主菜，是西餐的重头戏。以大块肉、家禽或野味为原料，搭配两种以上的蔬菜，美观且营养
5	餐后点心	甜点和餐后点心的合称
6	饮料	大多限于咖啡或茶

以上六项菜单内容可依需要结合成不同的道数（如：开胃品与汤、主菜与副主菜可二选一），通常午餐仅出四至五道、晚餐五至六道、宴会六至七道（增加炉烤菜及冰酒），若需较多道数时，可依照传统的菜单结构设计。

三、西餐宴会菜单的设计

菜单既然是餐饮业宣传的利器，菜单的设计要与餐厅塑造出来的形象相吻合，外向上要能反映出餐厅的主题，颜色、字体要能搭配餐厅的装潢和气氛，甚至经由菜单内容的配置可以反映出服务的方式。

美国有餐饮学者曾指出，最赚钱的餐厅是那些能提供符合市场需求的菜单的餐厅，它们将平淡无奇的菜单赋予魅力，以吸引顾客的青睐。这句话充分说明了菜单若是设计得当，能引发顾客愉快情绪的话，那么这家餐厅的经营就成功了一半。

1. 菜单的格式

菜单的规格和样式大小应能满足顾客点菜所需的视觉效果。除了满足顾客视觉艺术上的设计外，经营者对于菜单尺寸的大小，插页的多少及纸张的折叠选择等，也不可掉以轻心。

（1）尺寸大小　餐厅对于菜单尺寸的大小应谨慎选择，以免对顾客造成不必要的麻烦与困扰。

尺寸适中。菜单尺寸太大，让客人拿起来不舒适；菜单尺寸太小，造成篇幅不够或显得拥挤。

标准尺寸。菜单最理想尺寸为23厘米×30厘米。

其他尺寸如下。

小型：15厘米×27厘米或15.5厘米×24厘米

中型：16.5厘米×28厘米或17厘米×35厘米

大型：19厘米×40厘米

（2）插页张数　餐厅可利用插页或其他辅助文字来促销特定的食物及饮料，刺激产品的销售量。插页页数太多，客人眼花缭乱，反而增加点菜时间；插页页数太少，造成菜单篇幅杂乱，不易阅读。

（3）纸张折叠　菜单的配置形式很多，不论餐厅采用何种方式，都要详细考虑西餐上菜的整体顺序。但是也可以匠心独具地配上不同的颜色、形状来显示创意。

折叠技巧：菜单经由折叠后会显得美观，并达成客人阅读方便的目的。

折叠原则：菜单折叠后要保持一定的空白，一般以50%的留白最为理想。

2. 菜单封面设计

封面是西餐宴会菜单最重要的门面，一份色彩丰富而又漂亮雅致的封面，不仅可以点缀餐厅，更可成为餐厅的重要标志。因此，西餐宴会菜单封面必须精心制作使其达到点缀餐厅和醒目的双重效果。

在设计菜单封面时，要考虑以下5个因素。

（1）封面成本　套印在封面上的颜色种类越多，封面的成本便会相应的提高。

低成本的做法。最节省的封面设计是在有色底纸上再套印一种颜色，如白色或淡色纸底上套印黑色、蓝色或红色，这样可以有效地降低成本。

高成本的做法。在有色底纸上套印两色、三色或四色，从而可以形成鲜艳丰富的图样。

（2）封面图案　菜单封面的图案必须符合餐厅经营的特色和风格，顾客通过封面的图样便能了解餐厅传达的特性与服务方式。

古典式餐厅：菜单封面上的艺术装饰要反映出古典色彩。

俱乐部餐厅：菜单封面应具有时代色彩，最好能展现当代流行风格。

主题性餐厅：菜单封面应强调餐厅的主要特色，并显现浓厚的民族风味。

连锁性餐厅：菜单封面应该放置餐厅的一贯服务标记，借此得到顾客的肯定与支持。

（3）封面色彩　封面的设计必须具有吸引力，才易引起顾客的关注，所以善用色彩是影响西餐宴会菜单设计效果的主要利器，为此要做到以下几点。

色调和谐。菜单封面的色彩要与餐厅的室内装潢相协调。

色系相近。菜单置于餐桌上并分散在客人的手中，其色彩要跟餐厅环境的整体感觉相近，自成体系。

色系相反。也可使用强烈的对比色系，使其相映成趣，展现不同的风格。

（4）封面讯息　菜单封面上有几项信息是不可少的，如餐厅名称、餐厅地址、电话号码、营业时间等。

主要讯息：菜单封面要恰如其分地列出餐厅名称，此项讯息是不可或缺的。

次要讯息：餐厅经营时间、地址、电话号码、使用信用卡付款等事项可列于封底。

其他讯息：有的菜单封面有外送的服务讯息。

（5）封面维护　顾客点菜时菜单的使用频率居高不下，容易造成毁损和破坏，需要定期更换，这就造成餐厅的营业费用上扬。做好各种维护工作，可以有效保护菜单，降低餐厅成本。

维护方法：将菜单封面加以特殊处理，如采用书套或护贝等方式，维护封面的整洁，使水和油渍不易留下痕迹，且四周不易卷曲。

慎选材质：选择合适的纸质作为菜单封面用纸，以确保正题的美观与耐用。

菜单存放：菜单的存放位置应保持清净干燥，才能延长菜单的使用年限。

人人有责：服务人员和客人的手与菜单接触最频繁，应尽量避免沾上水渍和油污。

3．菜单文字设计

菜单是通过文字向顾客提供产品和其他经营信息的，因此文字在菜单设计中发挥着重要的作用。西餐宴会菜单的文字设计主要包括以下内容。

菜单文字的表达内容一定要清楚和真实，避免顾客对菜肴产生误解，如把菜名张冠李戴，对菜肴的解释泛泛描述或夸大，外语单词的拼写出现错误等，都会使顾客对菜单产生不信任感，造成菜肴销售的困难。

在西餐宴会菜单设计中，一定要注意字体的大小和形状。

中文的仿宋体容易阅读，适合作为西餐菜肴的名称和菜肴的介绍；行书体或草写体有自己的风格，但是在西餐宴会菜单上的用途不大。

英语字母包括印刷体和手写体，印刷体比较正规，容易阅读，通常在菜肴的名称和菜肴的解释中使用；手写体流畅自如，并有自己的风格，但是不容易被顾客识别，偶尔运用可为菜单增加特色。英语字母有大写和小写之分，大写字母庄重有气势，适用于标题和名称；小写字母容易阅读，适用于菜肴的解释。此外，字体的大小也非常重要，应当选择易于顾客阅读的字号，字号太大浪费菜单的空间，使菜单内容单调；字号太小，不易阅读，不利于菜肴的推销。

西餐宴会菜单的文字排列不要过密，通常文字与空白应各占每页菜单50%的空间。文字排列过密，使顾客眼花缭乱；菜单中的空白过多，会给顾客留下产品种类少的印象。

不论是西餐厅菜单还是咖啡厅菜单，菜肴的名称都应当用中文和英文两种文字对照。法国餐厅和意大利餐厅的菜单，还应当有法文和意大利文以突出菜肴的真实性，并方便顾客点菜。当然，西餐宴会菜单的文字种类最多不要超过3种，否则给顾客造成烦琐的印象。

菜单的字体应端正，菜肴名称的字体和菜肴解释的字体应当有区别，菜肴的名称可选用较大的字号，而菜肴解释可选用较小的字号。

为了加强菜单的易读性，菜单的字体应采用深色，而纸张应采用浅色。

4．菜单色彩运用

西餐宴会菜单的颜色具有装饰及促销菜肴的作用，丰富的色调使菜单更动人，更有趣味，因此在菜单上使用合适的色彩，能增加美观和推销效果。所以，必须谨慎运用各种色彩来展现餐馆的特殊情调与风格。

（1）色彩多寡　菜单的色彩搭配合宜，才能展现餐厅的特色与气氛，因此在色彩的运用上应注意下列几项原则。

① 颜色种类越多，印刷成本越高。

② 单色菜单的成本最低，但过于单调。

③ 制作食品的彩色照片，一般以四色为宜。

④ 菜单中使用不同的颜料能产生某种凸显效果。

⑤ 人的眼睛最容易辨识的是黑白对比色。

(2) 色纸选择　选择合适的色纸，不但不会增加菜单的印刷成本，同时还具有凸显餐厅主题的效果，所以善用色纸，是美化菜单的不二法则。采用色纸能增添菜单的色彩，具有美化和点缀的效果。适合用于菜单的色纸有金色、银色、铜色、绿色、蓝色等。如果印刷文字太多，为增加菜单的易读性，不宜使用底色太深的色纸。不宜选用两面颜色相同的色纸作为菜单封面，造成印刷广告和刊登插图的困难。另外采用宽彩带，以横向、纵向或斜向粘在封面上，也能改善菜单的外观。

(3) 彩色照片　许多漂亮的菜肴和饮料无法用言语来形容，只有用照片才能显示其风貌，所以，利用彩色照片来描述食物、饮品的美味和可口，实为不错的销售方法。彩色照片能直接而真实地展示餐厅的美食佳肴。菜肴的彩色照片配上菜名及介绍文字，是宣传食物、饮品的极佳推销手段。一张拍摄优质的彩色照片胜过上千字的文字说明。彩色实例照片有助于顾客点菜，逼真的菜肴图片能提高客人的食欲。印有彩色照片的菜肴，是餐厅最愿意销售并希望顾客注意并予以购买的项目。餐厅通常将招牌菜、高价位和受顾客欢迎的菜肴，拍摄成彩色照片印在菜单上。菜单上通常需用彩色照片辅助说明的食品项目有开胃品类、沙拉类、主菜点、甜点及饮料等。

5. 菜单纸张选择

设计菜单时，必须选择合适的纸张，因为纸张品质的好坏与文字编排、美工装饰一样，会影响菜单设计质量的优劣。

(1) 菜单用纸的种类　目前餐厅中使用的西餐宴会菜单，主要采用的纸张类型有下列3种。

特种纸。特种纸有各式各样的颜色，质地分粗糙和光滑两类。从成本上看，特种纸造价非常昂贵。所以，菜单如选用这类纸张，显得典雅、很有价值。目前，不少高星级饭店和高档西餐厅常选用此种纸张来印制菜单。

铜版纸。铜版纸可以分为各种不同的型号，质地较好，较厚的铜版纸称为铜西卡。铜版纸的成本比凸版纸要高。从效果上看，护封后的铜版纸非常光滑，显得格外精致。

胶版印刷纸。胶版印刷纸是用于胶版印刷（平版印刷）的一种纸张，又分单面胶版纸和双面胶版纸两种。单面胶版纸主要用于印制宣传画单、包装盒等；双面胶版纸主要用于印制画册、图片等。胶版纸质地紧密，伸缩性较小，抗水能力强，可以有效地防止多色套印时的纸张变形、错位、拉毛、脱粉等问题，能为印刷品保持较好的色质纯度。不少高星级饭店和高档西餐厅也常选用此种纸张来印制菜单。

(2) 菜单的用纸方法　餐厅在决定采用何种纸张印制菜单时，必须考虑到菜单的使用方法，是每日更换还是长期使用。

① 每日更换的菜单：纸张轻薄。菜单若是每日更换，则可选用较薄的纸，如普通的胶版印刷纸。每日更换的菜单，不需要护封，客人用完即可丢弃。客人用餐完毕后就可以及时作处理。

不必考虑污渍：每日更换的菜单无需考虑纸张是否容易遭受油污或水渍。

不必考虑破损：每日更换的菜单没有拉破撕裂问题，可以随时补充或报废。

② 长期使用的菜单：纸张厚重。菜单若是长期使用，则应选用较厚的纸张，如高级的铜版纸或特种纸。

菜单可以护封：纸张要厚并加以护封，才能经得起客人多次周转传递，进而达到反复使用的目的。

污渍不易沾上：经过护封的菜单具有防水耐污的特性，即使沾上污渍，只要用湿布一擦即可去除。

纸质交叉使用：作为长期使用的菜单，其制作费用高昂，为降低成本，菜单不必完全印在同一种纸质上，封面采用较厚的防水铜版纸，内页选用较薄的胶版印刷纸，插页使用价格低廉的一般用纸，因插页的更换频率最高。

（3）菜单用纸的选择因素　要依照餐厅的档次选择合适的菜单用纸。一般而言，高档次餐厅使用品质较好的纸张，而低档次餐厅则使用品质较次的纸张。

高档餐厅：在高级的饭店或餐馆里，即使是只使用一次的菜单，也会选用较佳的薄型纸或花纹纸。

中低档餐厅：中低档餐厅常使用品质较次的纸张来印制菜单。

纸张的费用：菜单用纸的费用在菜单设计制作过程中，虽然只能算是小额的零星支付，但仍是不可忽视的一环。

费用额度：菜单用纸的费用应该审慎考量，不得超过整个设计印刷费用总额的1/3，以免徒增菜单制作成本。

使用状态：纸张的选择会因餐厅层次不同而有所区别。大致上，高级餐厅的用纸费用较为昂贵，一般平价餐厅的用纸费用则较为低廉。

印刷技术问题：在选择纸张时，还要考虑印刷技术问题，设法排除各种障碍，才能印刷出精美的菜单。

纸张的触感：有些纸张表面粗劣，有的光洁细滑，有的花纹凹凸，各具特色。由于菜单是拿在手中翻阅的，所以纸张的质地或手感非常重要，特别是在豪华、气派的高级餐厅里，菜单的触感更是不容忽视。

纸张的质感：纸张的强度、折叠后形状的稳定性、不透光性、油墨的吸收性和纸张的白度等，都会形成印刷上的不便，必须加以改善。

四、西餐宴会菜单的制作

1．菜单的制作原则

一份成功的菜单要能反映出饮食口味的变化和潮流，才能符合消费者的需求。因此，菜单制作要考虑以下五个原则。

（1）坚持菜单内涵品质优越、创意领先的原则　重点加强菜单收录菜品的新鲜、奇特及异质等内涵要求。

新鲜，一是要注意食物材料的新鲜程度是否符合规定；二是注意食品的安全存量。若有不足，及时予以补充。

奇特，菜单要能够发挥对于食品的品质与数量详加控制的作用，能够制作出特殊的菜式，以满足各种类型消费者的需要。

异质，菜单要能够提供与众不同的饮食口味，内容要能不断得以丰富。

稀奇，菜单要能不断推出独一无二的特色菜，同时根据市场趋势与变化潮流，作适当的调整。

安全，确保任何一款菜品都可以安心食用，制作上必须达到卫生安全标准。

（2）坚持厨艺专精、价格合理的原则　强调产品的有效性、产品的适合性及产品的多样性。

其中，产品的有效性是指食品原料有无季节性，原料是当地生产还是需要依赖进口；产品的适合性指食品是否广为消费者接受，是否合乎当地的风俗习惯；产品的多样性包括菜单是否独特有变化和食品饮料有无替代品两个部分。

（3）菜单结构要形成营销有方、供需均衡的优势　这里，要求注重产品的可售性、产品的有利性及产品的均衡性三方面内容。

产品的可售性考察的是菜单是否易于食物销售以及食品是否有足够的行销渠道；产品的有利性是指食品销售对经营者而言，是否有利可图，是否满足市场的需求与利益；产品的均衡性是指产品是否能满足消费者的营养需求，同时检验供给者与需求者之间是否能达到平衡。

（4）菜单要能体现出重视员工、强调专业的要求　通过菜单，要能检验出员工的制作能力及机械生产能力。员工制作能力，员工的工作技巧及效率会影响菜肴的供应，应给予员工充足的工作时间来完成各式菜肴，要培养出一批训练有素且技术优良的西餐厨师，以确保食物品质；机械生产能力体现在三个方面，厨房设备是否能展现食物在制备上的潜力，是否有足够且适合的用具来制备食物，是否有足够的炉面及烹调用具，以适合菜单需要。

（5）菜单要能积极发挥服务顾客、掌握市场的作用　根据餐厅的种类、服务的形式及顾客的需求来制作菜单。餐厅种类对菜单制作有较大的影响，因为食物的烹饪方式和菜色因餐厅种类而有差别，不同类型的餐厅，提供不同的菜肴口味；服务形式要求服务方式因地制宜，以服务方式影响顾客对菜肴的选择；要具体调查顾客的需要，每个人对食品各有其不同的喜好，而通过调查及统计方法，可了解顾客的饮食趋势，系统地研究顾客的属性有助于开发潜在的餐饮市场。

2. 菜单的制作要求

（1）菜单设计者应具备的条件　西餐厅的菜单一般由餐饮部门的经理和主厨担任设计工作，也可另外设置一名专职的菜单设计人员。菜单设计者应将焦点放在顾客身上，考虑各种相关因素，才能明白顾客用餐的需求。因此，菜单设计者应具备以下六项条件。

① 具有权威性与责任感：菜单设计者具有权威性才能制定明确的食物决策，具有强烈的责任感才能完成切实可行的计划。

② 具有广泛的食品知识：菜单设计者对于食物的制作方法及供应方式有充分的了解，能完美展现食物的最佳烹调状态，以满足消费者的口味，同时顾及食品的价格与营养成分，设计出价格合理且营养均衡的产品。

③ 具有一定的艺术修养：设计的菜单要合乎艺术原则，对于食物色彩的调配，兼具理性与感性，能将食物的外观、风味等作良好的配合，使用合适的装饰物，以完善菜肴的

面貌。

④ 具有创新和构思能力：要随时使用新的食谱，大胆尝试新发明的菜点，并且留意食物发展的新趋势。

⑤ 具有调查和学习能力：收集各种食物的相关资料，以供参考，吸收各方面的专业知识，以增加菜单设计的能力，根据调查资料或研究报告，分析消费者对食物的喜好程度，了解西餐厅内部厨房设备的生产能力及各项用具如何妥善搭配。

⑥ 以顾客立场为出发点：设计者应根据顾客的要求制作菜单，而非个人主观的好恶，要避免将客人喜爱或不太欢迎的菜肴集中于一份宴会菜单中，要倾听客人的建议或投诉，将其作为菜单改善的最高指导原则。

（2）菜单设计者的主要职责

① 与相关人员（主厨或采购部门主管）研制菜单。

② 按照季节变化编制新的菜单。

③ 试吃、试做各式菜肴。

④ 检查为宴会预订客户所设计的宴会菜单。

⑤ 审核食物的每日进货价格。

⑥ 配合财务部门人员一起控制食品与饮料的成本。

⑦ 了解顾客的需求，提出改进及创新菜肴的建议。

⑧ 从事新产品的促销工作，向客人介绍餐厅的宴会菜肴。

⑨ 结合市场行情，制定食品的标准价格与分量。

⑩ 在不影响食物质量的情况下，找出降低食物成本的方法。

（3）菜单制作的要求　制作一份完善又精美的菜单，除了有合理的价格外，还要考虑其他各项需求，才能让菜单达到尽善尽美的境界。

菜单的样式、颜色能与餐厅气氛相呼应；菜单摆放或坐或立，应能引起客人的注意；桌式菜单印刷精美，可平放于桌面，供客人观看；活页式菜单便于更换，可随时穿插最新讯息；悬挂式菜单能美化餐厅环境，吸引客人的目光。

菜单项目不断创新，带给客人新鲜奇特的感觉，根据季节的周而复始变换餐厅的菜单内容，设计“周末宴会菜单”和“假日宴会菜单”，丰富菜单的内容，引起客人的兴趣。

菜单不仅是西餐厅的销售工具，更是很好的宣传广告，客人既是西餐厅工作人员的服务对象，也是义务的推销员。因此，西餐厅可举办各种促销或娱乐活动，菜单设计者应融入当地人的生活习性，重视饮食的营养均衡及环保卫生，满足消费者视觉和精神方面的追求。

五、西餐宴会菜点名称的命名与翻译

1. 西餐宴会菜点名称的命名

在西餐中，按照法国名厨 A. Escoffier 的分类法，菜品常用地名、人名、戏剧、战役、神灵以及主要原料等来命名。

（1）以地名命名　“Marengo”是一道典型的以地点命名的菜肴，讲的是在 1800 年 6 月 14 日，法国皇帝拿破仑一世在意大利的一个名叫 Marengo 的村庄与奥地利军队激战，士兵饥饿之时，厨师找到鸡、蛋、虾及面包等原料，做出了一道简便实惠的菜肴，士兵吃饱后与奥地利军队再战，最终取得胜利。为纪念此战役，拿破仑命令以此地名作为菜名。类似的以地名命名的菜肴还有 Waterloo（滑铁卢，拿破仑兵败之地）、Bolognaise（布朗尼斯，意大利出产肉肠的地方）等。

（2）以人名命名　“Dubarry”则是一道以人名命名的菜肴。Madama Dubarry 是法国路易十四的皇后，据说这位路易皇帝非常重视美食，经常在凡尔赛宫举行厨艺大奖赛，得第一名的厨师，将由皇后亲自授予奖项。皇后去世后，路易皇帝十分伤心。有一天，御厨创制了一道菜肴，用奶酪白汁淋在花椰菜表面，再撒上奶酪粉以慢火焗匀，色泽金黄诱人。因其颜色酷似皇后的美艳头发，勾起了路易皇帝对已故皇后的情思，遂以 Dubarry 的名字作此菜式的名，以尽绵绵的思念。类似的以人名命名的菜肴有 Alexander（亚历山大，俄国皇帝）、Beillat - Savarin（倍拉特·赛帆，法国名厨兼品尝家）、Bechamel（白切尔，英国一位著名的管家）等。

（3）以神灵命名　“Veronique”是神话中的女神。据说，远航的海员在宁静的夜里都能听到她哀怨的琴声。有一次，一位海员厨师在感触之下，做出了一道白汁鱼的菜式，用鱼白汁比喻女神的美丽容颜，配在旁边的白提子比做她的泪。菜美情深，此菜后来成为一道法国名菜。类似的神灵命名的菜肴还有 Diane（戴安娜，神话中的狩猎女神）等。

（4）以地方特产命名　“Lyonnaise”是以原料命名的菜式。众所周知，法国里昂（Lyon）以出产洋葱闻名，所以用洋葱炒的菜都用此词。著名的有葱炒薯即里昂薯（Lyonnaise Pota - tose）、洋葱奄列（Lyonnaise Groupa）等。

（5）以戏剧人物命名　有为庆祝一个戏剧的演出成功而特别用话剧名或剧中人的名字来命名那些特别的菜式的，如 Aida（阿依达，剧名）、Belle - Helene（贝勒·海伦，剧中人）、Carman（卡门，剧名）等。

（6）以想象命名　有一些菜式在命名时，不合常规，菜名让人忍俊不禁。如在英国，圆形的果子酥饼叫“Fat Rascal”（意为“胖乎乎的小淘气”）；将一根肉肠放在面浆里焗熟，称为“Toad - in - a - hole”（意为“洞中的癞蛤蟆”）；把三条猪肉肠放在面浆里焗熟名为“Three - pigs - in - a - blanket”（意为“毛毯下的三只小猪”）。由此可见，不管菜肴如何命名，它总是与各国的文化、风俗、习惯等紧紧相连的。

2. 西餐宴会菜点名称的翻译

西餐菜名的翻译没有固定的方式，通常有以下几种模式可以参照。

（1）以主料开头的翻译方法　介绍菜肴的主料和辅料，形式为：主料（形状）+（with）辅料

例如：杏仁鸡丁色拉 Chicken Cubes with Almond Salads

番茄炒蛋 Scrambled Egg with Tomato

介绍菜肴的主料和味汁，形式为：主料(形状)+(with,in)味汁

例如：煮鱼荷兰沙司 Boiled Fish with Holland Sauce

红酒鸡 Chicken in Red Wine

（2）以烹制方法开头的翻译方法　介绍菜肴的烹法和主料，形式为：烹法 + 主料（形状）

例如：香炸猪排 Deep - fried Pork Chop

烤羊排 Roast Beef Steak

介绍菜肴的烹法、主料和味汁，形式为：烹法 + 主料(形状) + (with,in)味汁

例如：红烩牛肉 Braised Beef with Tomato Sauce

黄烩鸡块 Stewed Chicken with Brown Sauce

(3) 以形状或口感开头的翻译方法　介绍菜肴的形状（口感）和主料、辅料，形式为：形状(口感) + 主料 + (with)辅料

例如：时蔬鸡片 Sliced Chicken with Seasonal Vegetables

介绍菜肴的形状(口感)、主料和味汁,形式为:形状(口感) + 主料 + (with)味汁

例如：香酥鸡块沙司 Fragrant Fried Chicken with Tyrolinne Sauce

鱼片番茄沙司 Sliced Fish with Tomato Sauce

六、西餐宴会菜单实例

1. 家宴菜单

A 套

奶油黄瓜沙拉 Cucumber Salad with Cream

北欧海鲜浓汤 Nordic Seafood Soup

茄汁烩鱼片 Stewed Fish Slices with Tomato Sauce

洋葱烟肉批 Roasted Ham with Honey

冷杂拌肉 Cold Mixed Meat

田园风光批萨 Garden Veggies Pizza

麝香猫咖啡 Sumatra Luwak Coffee

B 套

鸡脯沙拉 Chicken - breast Salad

德式都兰豆啤酒浓汤 German - style Bean & Beer Soup

鸡蛋鲱鱼泥子 Minced Herring with Eggs

蜜汁烤火腿 Grilled Pork Chops

冷烤油鸡蔬菜 Cold Roast Chicken with Vegetables

水果森林批萨 Fruit Forest Pizza

波多黎各雅克精选咖啡 Puerto Rico Alto Grande Coffee

C 套

番茄黄瓜沙拉 Cucumber Salad with Tomato

地中海奶油松蓉汤配野生黑松露 Mediterranean Cream Matsu Take with Wild Truffle

鸡蛋托鲱鱼 Herring on Eggs

牛肝泥 Mashed Ox Liver

冷烤火鸡 Cold Roast Turkey

玛格丽塔批萨 Margarita Pizza

热巧克力奶油浓缩咖啡 Hot Chocolate Cream Espresso

D 套

甜菜沙拉 Beetroot Salad

古拉式传统牛肉浓汤配黑麦面包 Traditional Rich Beef Soup with Rye Bread

酿馅鱼 Stuffed Fish
洋葱烟肉派 Bacon and Onion Pie
什锦肉冻 Mixed Meat Jelly
香浓牛肉批萨 Beef Lover′s Pizza
热焦糖玛其朵 Hot Caramel Macchiato

2. 婚宴菜单

A 套
法式马铃薯沙拉 French Potato Salad
忌廉浓汤 Cream Soup
香辣基围虾 Spicy Shrimp Stew with Cucumber
黑椒牛仔骨 Wok – fried Beef Rib with Black Pepper Sauce
菠菜芝士批萨 Spinach & Cheese Quiche
三文鱼酸奶 Smoked Salmon with Yoghurt
贵格纳干红 Manoir Grignon Cabernet – syrah
白巧克力奶油布丁 White Chocolate Brulee

B 套
泰式墨鱼仔沙拉 Thai Baby Cuttle Fish Salad
排骨藕汤 Pork Spare – rib Lotus Root Soup
日式烤鱼 Roasted Mackerel Japanese Style
泰式红咖喱鸡 Red Curry Chicken "Thai" Style
白汁焗西兰花 Grain Broccoli
鸡蛋木司 Egg mousse
普瑞丽维蒂尔冰酒 Pillitteri Vidal Ice Wine
芒果布丁 Mango Pudding

C 套
华道夫沙拉 Wardolf Salad
芸豆肚片汤 Pork Tripe and White Board Bean Soup
盐焗三文鱼 Salmon in Salt Crust with Herbs
凯郡鸡胸 Marinated Cajun Chicken Breast
咖喱蔬菜 Vegetable Curry
芝麻香蕉球 Banana & Black Sesame Ball
十字木桐 Corix Mouton
热枣布丁 Warm Sticky Date Pudding

D 套
泰式凤爪沙拉 Thai Chicken Feet Salad
蔬菜清汤 Clear Vegetable SoupXO
酱爆墨鱼仔 Wok – fried Baby Cuttle – fish with " XO" Sauce
香煎鸡胸 Pan – fried Chicken Breast
法式蔬菜 Vegetable Rataouille

芝士火腿三文治 Mini Sandwich

梅铎马逊红 Chateau Maison Blanche

香草布丁 Vanilla Pudding

3. 生日宴菜单

A 套

法式松露鹅肝酱佐青苹果乳酪及鱼子酱 French Style Foie Gras with Green Apple Cheese and Caviar

地中海奶油松蓉汤配野生黑松露 Editerranean Cream Matsutake with Wild Truffle

地中海式甜虾沙拉 Mediterranean Style Sweet Shrimp Salad

炭烤 T 骨牛扒配黑椒沙司及炒蘑菇 T – Bone Steak with Black Pepper and Fried Mushrooms

海鲜茄汁炒意大利面 Tomato cooked in Soy and Vinegar with Seafood Sauteed Italian Spaghetti

北欧香梨布丁佐鲜巧克力慕斯　Nordic Snow Pear Pudding with Chocolate Mousse

旗岩龙树堡极品红 Flagstone Dragon Tree

冰卡布奇诺 Ice Cappuccino

B 套

顶级鱼子酱及生煎冰岛带子配北极风味奶油菜花泥及鲜芦笋 Pan – fried Scallops with Arctic Flavor Spinach and Cauliflower Spread

古拉式传统牛肉浓汤配黑麦面包 Traditional Rich Beef Soup with Rye Bread

意大利蔬菜啫喱饼佐中式辣味汁 Italian Salad with Chinese – style Spicy Dressing

炭烤西冷牛扒配蘑菇沙司及黑醋栗 Grilled Sirloin Steak with Mushrooms and Blackcurrant

地中海芝士香草焗粉团佐意大利萨拉米 Mediterranean Salami and Cheese Meatball

热中式甜饼配香草冰激凌及薄荷啫喱 Chinese Cake with Vanilla Ice Cream and Mint Jelly a la Mode

坎普侯爵珍藏干红 Marques de Campo Nuble Crianza

冰焦糖玛其朵 Ice Caramel Macchiato

C 套

挪威烟熏三文鱼佐奶油蘑菇及香草烩蛋 Norwegian Smoked Salmon with Braised Mushroom and Sauted Vanilla Cream

法国栗蓉南瓜汤佐新鲜罗勒及鹅肝油 French Chestnut Pumpkin Soup with Fresh Basil Oil

奥斯陆酸甜三文鱼配蔬菜沙拉卷 Mediterranean Cream Matsutake with Wild Truffle

炭烤肉眼配香草牛肉沙司及马铃薯饼 Grilled Rib – eye Steak with Mushrooms and Hash Browns

那不勒斯金枪鱼焗饭配车达芝士 Naples Tuna Rice with Cheddar & Cheese

黑巧克力慕斯佐法式奶油炖蛋 Dark Chocolate Mousse with Creme Brulee

梅铎马逊红 Chateau Maison Blanche

冰巧克力奶油浓缩咖啡 Ice Chocolate Cream Espresso

D 套

卜艮第香草汁焗蜗牛 Bourgogne Vanilla Baked Snails
爱丽克斯巴伐利亚马铃薯汤伴法兰克福肠 Bavarian Potato Soup with Frankfurt Sausages
普罗旺斯马铃薯炙烤八爪鱼沙拉 Provence Potatoes Brolide Octopus Salad
煎法国鹅肝配焦糖苹果汁黑块菌 Foies Gras with Caramel Apple Cider and Black Truffles
香浓咖喱牛肉饭 Sweet Curried Beef with Rice
鲜草莓慕斯蛋糕伴咖啡力娇 Fresh Strawberry Mousse with Kahlua
诺比罗特级黑皮诺干红 Nobilo Icon Pinot Noir
特调冰咖啡 Special Ice Coffee
4. 节日宴菜单
A 套（情人节菜单）
凯撒沙拉 Caesar Salad
奶油野菌菇浓汤 Creamy Wild Mushroom Soup
香草扒银鳕鱼伴酸奶汁 Panfried Cod Fish
蜜汁烧猪肋排 Crossroad Home Made Smoked Pig Ribs
传统意大利肉酱面 Spaghetti Bologhese
木瓜香草冰激凌佐浆果酱 Papaya Stars with Vanilla Cream and Berry Coulis
巴巴莱斯科珍藏红 MGM Mondo del Vino Barbaresco
白巧克力奶油布丁 White Chocolate Brulee
B 套（感恩节菜单）
当日新鲜蔬菜沙拉 Fresh Vegetable Salad
苹果番茄汤 Apple with Tomato Soup
烧烤原只秋刀鱼 Roast Stuffed Sardines
安格斯菲力牛排 Angus Beef Tenderloin
蒜香白酒海鲜扁面 Linguine W/Seafood
绿茶慕斯 Green Tea Mousse
翠岭珍藏赤霞珠 Veramonte Cabernet Sauvignon
焦糖布丁 Cream Caramel / Caramel Custard
C 套（圣诞节菜单）
泰式海鲜粉丝沙拉 Thai Glassnoodle & Seafood Salad
每日例汤 Day's Soup of Chef
烧烤香蒜大虾 Roasted Prawns with Black Pepper and Garlic
意式香辣烤半鸡 Roasted Half Chicken
香料红茄虾宽面 Rigatoni Aragosta
热情果木司 Passion Mousse
杜诗山麝香甜白 Muscat de Rivesalte
芒果布丁 Mango Pudding
D 套（元旦节菜单）
黑鱼子酱酿烟熏三文鱼拼鱿鱼筒 Inkfish Rolls with Caviare and Smoked Salmon
地中海海鲜汤 Seafood Soup

辣汁蚬肉青蚝薯船 Hot Clam，Mussel and Potato Mixtures Contained in Boat
香煎鸭脯配蓝莓汁 Panfried Duck Breast
青酱鸡肉蘑菇罗勒宽面 Fettuccine W/Chicken & Mushrooms and Oglio
波尔多皇冠贵族红 Maison bouey
绿茶布丁 Green Tea Pudding

5．商务宴菜单

A 套
蔬菜沙拉 Vegetable Salad
意大利杂菜汤 Minestrone Soup
炭烤牛菲利配蒜味马铃薯泥 Charcoal Grilled Beef Tenderloin with Garlic Potato
甜点 Dessert
夏日水果杯 Fresh fruit
咖啡或茶 Coffee or tea

B 套
咖喱花菜腰果沙拉 Cauliflower & Cashew Nuts Salad Curry Flavour
当日奶汤 Daily cream soup
香煎鱼排配甜椒沙司 Pan – fried fish fillet with capsicums sauce
甜点 Dessert
水果盆 Fresh Fruit
咖啡或茶 Coffee or Tea

C 套
尼可斯金枪鱼沙拉 Nicoise Salad
匈牙利牛肉汤 Hungarian Beef Soup
意式猪排配炒饭 Pork Piccata with Fried Rice
甜点 Dessert
水果盆 Fresh Fruit
咖啡或茶 Coffee or Tea

D 套
厨师长特选沙拉 Chef's Salad
洋葱汤 Onion Soup
台式烤鸡排配日式烧烤汁 Roasted Chicken with Teriyaki
甜点 Dessert
水果盆 Fresh Fruit
咖啡或茶 Coffee or Tea

练一练：设计一份圣诞节 6 人菜单。

讨论与探究：

1．西餐宴会菜点设计需要考虑哪些方面的影响因素？
2．采用小组合作的形式完成一桌完整西餐宴会的菜点制作。

参 考 文 献

1. 闫文胜. 西餐烹调技术. 北京：高等教育出版社，2004.
2. 郭亚东. 西餐烹调师. 北京：中国劳动社会保障出版社，1995.
3. 麦志成. 西菜烹饪大全. 香港：万里出版社，1997.
4. 郭亚东. 西式烹调技术. 北京：高等教育出版社，1995.